高等院校网络空间安全系列规划教材

大数据安全与隐私保护

康海燕 编著

北京邮电大学出版社
www.buptpress.com

内 容 简 介

本书主要介绍当前大数据时代背景下，大数据安全与隐私保护领域的背景知识、基础理论、隐私保护技术和大数据安全技术等方面的最新研究成果和进展；探索大数据在应用领域遇到的挑战，并对今后的研究路线提出建议和展望。大数据共享时代，数据安全的关键在于维护数据安全和促进数据开发利用，以数据开发利用和产业发展促进数据安全，以数据安全保障数据开发利用和产业发展，简单概括为"以安全促可信，以可信促发展"。本书也为构建可信数据空间和解决数据治理难题提供了新的思路和方法。

本书内容的特点是理论和实践相结合，适用对象为网络空间安全专业、信息安全专业、计算机相关专业的本科生、研究生及相关学者。

图书在版编目（CIP）数据

大数据安全与隐私保护 / 康海燕编著. -- 北京：北京邮电大学出版社，2024.（2025 重印）.
ISBN 978-7-5635-7243-4

Ⅰ. TP274

中国国家版本馆 CIP 数据核字第 2024PE7872 号

策划编辑：马晓仟　　责任编辑：马晓仟　谢亚茹　　责任校对：张会良　　封面设计：七星博纳

出版发行：北京邮电大学出版社
社　　址：北京市海淀区西土城路 10 号
邮政编码：100876
发 行 部：电话：010-62282185　传真：010-62283578
E-mail：publish@bupt.edu.cn
经　　销：各地新华书店
印　　刷：三河市骏杰印刷有限公司
开　　本：787 mm×1 092 mm　1/16
印　　张：14.75
字　　数：395 千字
版　　次：2024 年 7 月第 1 版
印　　次：2025 年 8 月第 2 次印刷

ISBN 978-7-5635-7243-4　　　　　　　　　　　　　　　　　　　　　定价：45.00 元

· 如有印装质量问题，请与北京邮电大学出版社发行部联系 ·

前言

随着信息科学与技术的迅速发展,大数据正在成为信息时代的核心战略资源,对国家治理能力、经济运行机制、社会生活方式产生深刻影响。然而,大数据是一把双刃剑,在我们享受大数据带来便利服务的同时,各项技术应用背后的数据安全风险也日益凸显。数据安全和隐私泄露风险是制约组织间数据流通的一大障碍。近年来,有关数据泄露、数据窃听、数据滥用等的安全事件屡见不鲜,保护数据资产已引起各国高度重视。在我国数字经济进入快车道的时代背景下,如何开展数据安全治理,提升全社会的"安全感",已成为普遍关注的问题。同时,大数据安全已经上升到国家主权的高度,是国家竞争力的直接体现,是数字经济健康发展的基础。正因为大数据的价值至关重要,所以在加快推动数据资源开放共享和应用开发的同时,必须构建大数据安全保障体系,保护国家的大数据安全和公民的隐私权。

为此,本书对"大数据安全与隐私保护"进行探讨和分析,以其理论基础为侧重点,应用技术为补充描述的方式推进各章节中内容的讲解,旨在引导学生重点理解和掌握大数据安全与隐私保护中用到的前沿技术和理论方法,使读者能够深刻地了解大数据安全与隐私保护在当前信息时代下的重要性,力求让读者清楚当前流行的数据安全技术的背景和框架,并引导读者在大数据安全道路上走出自己的创新之路。

本书主要由3部分内容构成。第一部分(1~3章)为大数据安全管理和大数据技术的概述,讲述了大数据的定义、新兴的数据处理架构、大数据安全面临的挑战和个人隐私保护方面受到的威胁等。第二部分(4~8章)介绍了大数据隐私保护技术及其应用,着重描述目前数据隐私保护的相关理论及研究成果,从隐私保护的常用技术、隐私攻击模型、区块链隐私保护技术和隐私保护技术的应用几个方面引导读者全方位学习隐私保护在大数据中的应用。第三部分(9~10章)介绍了大数据安全与隐私保护策略、法律法规。总之,本书"以安全促可信,以可信促发展",探索大数据使用时在安全领域遇到的挑战,并对今后的研究路线提出建议和展望。

本书从构思到编写得到了多位老师的鼓励和支持,团队成员也对此做出了许多努力和贡献。他们是:司夏萌、邓婕、李昊、冀源蕊、王骁识、程涛、吴思远、王嘉康、冀珊珊、张聪明、张义钒、刘鑫旭、李颖。感谢国家社科基金项目(21BTQ079)、教育部人文社会科学研究项目

(20YJAZH046)的支持。

  感谢本书参考文献的所有作者,他们的工作给了我极大帮助和启发,是他们刻苦钻研和辛勤工作的成果创造了大数据安全与隐私保护这片天地。书中有些基本概念和基础知识已经比较成熟,为避免基础知识和基本概念的歧义,书中引述了许多学者和专家相关论文中的说法。其中大部分引述已征得相关专家的认可,但由于各种原因仍有大量概念未能征求原著者意见,书中已尽量做出明确标注。再次对所有参考文献的作者表示衷心感谢,未尽事宜,敬请谅解!

  由于作者水平有限,书中疏漏在所难免,恳请各界学者、专家和读者批评指正。

作 者

目录

第1章 绪论 ··· 1
1.1 大数据的概述 ··· 2
1.1.1 大数据的定义 ··· 2
1.1.2 大数据兴起的背景 ··· 3
1.1.3 大数据的价值 ··· 3
1.1.4 大数据的应用场景 ··· 4
1.2 大数据生命周期与安全风险 ··· 5
1.2.1 大数据生命周期与安全风险概述 ··· 5
1.2.2 大数据安全及大数据安全技术 ··· 6
1.3 大数据面临的挑战 ··· 7
1.3.1 技术方面的挑战 ··· 7
1.3.2 政策方面的挑战 ··· 7
1.3.3 国际关系方面的挑战 ··· 8
1.4 大数据安全与隐私保护的研究目标 ··· 8
1.4.1 大数据安全与隐私保护的区别和联系 ··· 8
1.4.2 大数据安全与隐私保护的研究目标 ··· 9
1.5 本书的研究内容与架构 ··· 9
1.5.1 研究内容 ··· 9
1.5.2 本书架构 ··· 10
本章小结 ··· 11
思考题 ··· 11
参考文献 ··· 12

第2章 大数据安全管理 ··· 13
2.1 管理目标与原则 ··· 14
2.2 访问控制技术 ··· 15

- 2.2.1 访问控制技术基本概念 ... 15
- 2.2.2 访问控制模型 ... 16
- 2.2.3 大数据访问控制 ... 25
- 2.2.4 访问控制语言 ... 27
- 2.3 存储与灾难管理 ... 28
  - 2.3.1 大数据存储 ... 28
  - 2.3.2 数据备份与灾难管理 ... 29
- 本章小结 ... 29
- 思考题 ... 30
- 参考文献 ... 30

第3章 大数据处理技术 ... 31

- 3.1 大数据技术框架 ... 32
  - 3.1.1 大数据计算框架的设计目标 ... 32
  - 3.1.2 批量处理框架 ... 33
  - 3.1.3 流式处理框架 ... 36
  - 3.1.4 大数据计算框架比较 ... 38
- 3.2 大数据处理步骤 ... 38
  - 3.2.1 数据采集与存储 ... 39
  - 3.2.2 数据预处理 ... 40
  - 3.2.3 数据分析 ... 41
- 3.3 大数据处理实例 ... 42
- 本章小结 ... 46
- 思考题 ... 47
- 参考文献 ... 47

第4章 大数据隐私保护技术 ... 49

- 4.1 隐私保护的相关知识与常用技术 ... 50
  - 4.1.1 相关知识及定义 ... 50
  - 4.1.2 常用技术 ... 53
- 4.2 匿名技术 ... 60
  - 4.2.1 匿名技术的核心思想 ... 60
  - 4.2.2 匿名技术的基础概念 ... 60
  - 4.2.3 k 匿名 ... 62
  - 4.2.4 k 匿名扩展技术 ... 64
- 4.3 差分隐私 ... 67

4.3.1 差分隐私的思想来源及其相关定义 ... 67
4.3.2 差分隐私主要技术 ... 69
4.3.3 差分隐私中的精度分析研究 ... 71
4.4 加密技术 ... 77
4.4.1 传统加密技术 ... 77
4.4.2 安全多方计算 ... 78
4.4.3 同态加密 ... 81
4.5 联邦学习技术 ... 82
4.6 其他技术 ... 82
4.6.1 随机化技术 ... 82
4.6.2 基于希波克拉底数据库的隐私保护模型 ... 84
本章小结 ... 84
思考题 ... 85
参考文献 ... 85

第5章 机器学习中的隐私保护技术 ... 87
5.1 机器学习隐私保护基础 ... 89
5.1.1 机器学习概述 ... 89
5.1.2 机器学习中的隐私分类 ... 91
5.2 机器学习隐私威胁 ... 92
5.2.1 隐私攻击类型 ... 92
5.2.2 攻击者模型 ... 93
5.3 机器学习隐私保护方案 ... 94
5.3.1 扰动方案 ... 94
5.3.2 加密方案 ... 98
5.4 联邦学习中的隐私保护方案 ... 102
5.4.1 联邦学习基础知识 ... 102
5.4.2 联邦学习隐私威胁与保护方案 ... 105
5.5 蜂群学习中的隐私保护方案 ... 106
5.5.1 蜂群学习基础知识 ... 107
5.5.2 蜂群学习的优势与隐私风险 ... 109
5.5.3 蜂群学习的展望 ... 111
本章小结 ... 112
思考题 ... 112
参考文献 ... 113

第6章 位置大数据隐私保护技术 118

6.1 位置大数据隐私保护基础 119
6.1.1 位置大数据定义及特征 119
6.1.2 基于位置的服务 120
6.1.3 位置大数据隐私风险 121

6.2 位置大数据隐私攻击方法与保护模型 122
6.2.1 位置大数据隐私攻击方法 122
6.2.2 位置大数据隐私保护模型 124

6.3 基于缓存的时空扰动位置数据隐私保护方法 126
6.3.1 问题描述 126
6.3.2 相关定义 127
6.3.3 解决方法 129

6.4 基于缓存的中国剩余定理位置数据隐私保护方法 130
6.4.1 问题描述 130
6.4.2 相关定义 131
6.4.3 模型框架 132

6.5 基于本地化差分隐私的时序位置数据发布方法 133
6.5.1 问题描述 133
6.5.2 相关定义 133
6.5.3 模型框架 135

本章小结 140
思考题 140
参考文献 140

第7章 社交网络中的隐私保护技术 142

7.1 社交网络隐私保护基础 143
7.1.1 社交网络定义及特征 143
7.1.2 社交网络中的隐私风险 144

7.2 基于分割采样的社交网络数据发布方法 145
7.2.1 问题描述 145
7.2.2 相关定义 145
7.2.3 解决方法 145

7.3 基于Skyline计算的社交网络隐私保护方法 148
7.3.1 问题描述 148
7.3.2 相关定义 148

7.3.3 解决方法 …… 150
　7.4 基于隐私攻击的社交网络数据分析方法 …… 153
　　　7.4.1 问题描述 …… 153
　　　7.4.2 相关定义 …… 153
　　　7.4.3 解决方法 …… 155
　本章小结 …… 157
　思考题 …… 158
　参考文献 …… 158

第8章 区块链中的隐私保护技术 …… 159

　8.1 区块链隐私保护基础 …… 161
　　　8.1.1 区块链概述 …… 161
　　　8.1.2 区块链中的隐私分类 …… 163
　8.2 区块链中的隐私威胁 …… 164
　　　8.2.1 网络层面临的数据隐私威胁 …… 164
　　　8.2.2 交易层面临的数据隐私威胁 …… 165
　　　8.2.3 应用层面临的数据隐私威胁 …… 165
　8.3 网络层数据隐私保护方案 …… 166
　　　8.3.1 网络层数据隐私保护分析 …… 166
　　　8.3.2 网络层数据隐私主要保护技术 …… 166
　8.4 交易层数据隐私保护方案 …… 168
　　　8.4.1 交易层数据隐私保护分析 …… 168
　　　8.4.2 交易层数据隐私主要保护技术 …… 168
　8.5 应用层数据隐私保护方案 …… 171
　　　8.5.1 应用层数据隐私保护分析 …… 171
　　　8.5.2 应用层数据隐私主要保护技术 …… 171
　8.6 区块链数据隐私保护未来研究方向 …… 172
　　　8.6.1 安全多方计算 …… 172
　　　8.6.2 可信执行环境 …… 173
　　　8.6.3 联邦学习 …… 173
　本章小结 …… 174
　思考题 …… 174
　参考文献 …… 174

第9章 大数据隐私保护策略 …… 177

　9.1 大数据隐私保护标准化工作 …… 178

9.1.1 大数据隐私保护标准化组织 178
9.1.2 大数据隐私保护相关标准 180
9.1.3 大数据安全与隐私标准提案 182
9.2 企业管理层面的大数据隐私保护策略 183
9.2.1 企业数据的泄露 184
9.2.2 企业数据隐私保护面临的挑战 184
9.2.3 企业数据安全治理策略 185
9.3 个人层面的大数据隐私保护策略 188
9.3.1 个人隐私的泄露 188
9.3.2 个人数据隐私保护面临的挑战 189
9.3.3 个人隐私保护策略 190
本章小结 193
思考题 194
参考文献 194

第10章 大数据安全与隐私保护法律法规 195

10.1 大数据时代中国公民的隐私困境 196
10.2 数据化时代我国个人信息、个人隐私保护之间的关系 197
10.3 大数据时代我国隐私权保护法律制度的现状及问题 198
10.3.1 中国数据安全"三驾马车"崛起的意义与解读 199
10.3.2 《关键信息基础设施安全保护条例》的解读 203
10.3.3 《民法典》中对个人信息与个人隐私保护的相关立法现状及不足 204
10.4 大数据时代国外公民隐私权保护法律制度及启示 205
10.4.1 国外大数据隐私权保护法律制度解读 205
10.4.2 国外经验对我国的启示 206
本章小结 207
思考题 207
参考文献 207

附录A 学习建议 209

附录B 相关算法 210

附录B.1 k 匿名实验 210
附录B.2 差分隐私拉普拉斯机制实验 214
附录B.3 差分隐私指数机制实验 217
附录B.4 差分隐私高斯机制实验 220
附录B.5 时序关联位置隐私发布算法 TRLP 实验 223

第 1 章 绪 论

> **本章学习要点**
> - 掌握大数据的定义及相关概念
> - 了解大数据生命周期及其安全风险
> - 了解大数据面临的挑战
> - 了解大数据安全与隐私保护的研究目标

当前,随着数据成为第五类生产要素,大数据已经成为信息时代的核心战略资源,以大数据为代表的数据密集型科学将成为新技术变革的基石,并对国家治理能力、经济运行机制、社会生活方式产生深刻影响,大数据已成为继云计算、人工智能等之后信息技术领域的另一个信息产业增长点。大数据"宝藏"已成为信息时代的"石油"与"钻石",但各项技术应用背后的数据安全风险也日益凸显。在我国数字经济进入快车道的时代背景下,如何保障数据安全,促进数据开发利用,维护国家主权和安全,已成为普遍关注的问题。与此同时,数据泄露、数据窃听、数据滥用等安全事件的屡次发生,也使数据资产保护引起了各国的高度重视。虽然目前我们还没有找到一种方法可以完美保障大数据安全和守护我们的隐私,但"道阻且长,行则将至;行而不辍,未来可期"。面对这个日新月异的大数据时代,在这里,我们一起探讨如何实现大数据处理、安全管理及隐私保护。

1.1 大数据的概述

"十四五"规划《纲要》提出"加快迎接数字时代,激活数据要素潜能,推进网络强国建设,加快建设数字经济、数字社会、数字政府,以数字化转型整体驱动生产方式、生活方式和治理方式变革",强调以数字化转型驱动生产方式、生活方式和治理方式的变革,以此来实现加快数字化发展、建设数字中国的远景目标,充分释放数据价值(红利)。

1.1.1 大数据的定义

数据,是任何"以电子或非电子形式对信息的记录",是对客观事物的性质、状态以及相互关系等进行记载的物理符号或这些物理符号的组合。它是可识别的、抽象的符号,如数字、文字、字母、声音、图片和视频等,是未经处理的原始素材。数据是对客观事实的描述,是与客观事实相关的、无序的、未经加工处理的原始材料。数据本身并没有任何意义,其所蕴含的意义与价值是从数据本身"挖掘""创造"而来的。数据是信息的载体,信息是数据的内涵。这里主要关注电子化、数字化的数据。

网络数据,被2017年正式施行的《中华人民共和国网络安全法》定义为"通过网络收集、存储、传输、处理和产生的各种电子数据"。《中华人民共和国网络安全法》提出了"维护网络数据完整性、保密性和可用性""鼓励开发网络数据安全保护和利用技术""防止网络数据泄露"等要求,并要求在中国境内收集和产生的个人信息和重要数据应当在境内存储。通过建立网络安全等级保护、关键信息基础设施安全保护以及数据本地化和跨境流动等制度,对数据及关键基础设施安全进行保护。

大数据(big data),IT行业术语,是指无法在一定时间范围内用常规软件工具进行捕捉、管理和处理的数据集合,是需要在新处理模式下才能具有更强的决策力、洞察发现力和流程优化能力的海量、高增长率和多样化的信息资产[1]。特别是随着5G技术的不断发展,大数量级、多种类、高时效性的数据将成为现实,实时特点将会更加凸显,会对个人隐私数据产生深远的影响。

大数据的5V特点(IBM公司提出):Volume(大量)、Variety(多样)、Velocity(高速)、Veracity(真实性)、Value(低价值密度)。

大数据技术的战略意义不在于掌握庞大的数据信息,而在于对这些含有意义的数据进行专业化的处理和利用。换言之,如果把大数据比作一种产业,那么这种产业实现盈利的关键在于提高对数据的"加工能力",通过"加工"实现数据的"增值"[2]。

随着云时代的到来,大数据吸引了越来越多的关注。大数据通常用来形容一个公司创造的大量非结构化数据和半结构化数据,这些数据在下载到关系型数据库用于分析时会花费过多时间和金钱。大数据急需一些专门技术,以有效地处理大量的数据。适用于大数据的技术,包括大规模并行处理(MPP)数据库、数据挖掘、分布式文件系统、分布式数据库、隐私保护技术、虚拟化技术、云计算平台、互联网和可扩展的存储系统。

敏感数据,2021年7月,美国统一法律委员会(ULC)投票通过了《统一个人数据保护法》(UPDPA)。该法案将"敏感数据"定义为独立于"个人数据"的数据类别。"敏感数据"是包含以下内容的个人数据:(1)种族或民族血统、宗教信仰、性别、性取向、公民身份或移民身份;(2)足以远程访问账户的凭据;(3)信用卡或借记卡号码或金融账号;(4)社会安全号码、税务识别号码、驾驶执照号码、军人识别号码或政府颁发的身份证件上的识别号码;(5)实时地理定位;(6)犯罪记录;(7)收入;(8)疾病或健康状况的诊断或治疗;(9)基因测序信息;(10)控制者知道或有理由知道的未满13岁的数据主体的信息。

数据安全,是指通过采取必要措施,确保数据处于有效保护和合法利用状态,以及保障持续安全状态的能力。

另外,数据安全属于计算机系统安全范畴。国际标准化组织(ISO)对计算机系统安全的定义是:为数据处理系统建立和采用的技术和管理的安全保护,保护计算机硬件、软件和数据不因偶然和恶意的原因遭到破坏、更改和泄露。

数据安全产业是为保障数据持续处于有效保护、合法利用、有序流动状态而提供技术、产品和服务的新兴业态。

1.1.2 大数据兴起的背景

大数据兴起的背景是第三次信息化浪潮。自2012年以来,大数据的概念被越来越多的人认知。人们用它来描述和定义信息爆炸时代产生的海量数据,并命名与之相关的技术发展与创新。大数据如催化剂般使科技掌控数据的能力飞跃性地提升,也使人们更为深刻地理解大数据所带来的价值与潜力。

2017年12月,中国提出"要构建以数据为关键要素的数字经济,要切实保障国家数据安全,要加强关键信息基础设施安全保护,强化国家关键数据资源保护能力,增强数据安全预警和溯源能力"。2019年7月,在G20大阪峰会的数字经济特别会议上,中国提出"要共同完善数据治理规则,确保数据的安全有序利用;要促进数字经济和实体经济融合发展,加强数字基础设施建设,促进互联互通;要提升数字经济包容性,弥合数字鸿沟"。"数据安全"已上升到了我国国家安全战略高度。近年来,我国陆续发布了一系列数据及其安全相关的法律法规和标准规范,使数据资产价值得到确认。政府部门、企业持续加大在数据治理、数据存储、数据保护、数据加密等方面的重视程度和投资力度。

1.1.3 大数据的价值

图灵奖获得者Jim Gray提出,继实验科学、理论科学、计算机科学之后,数据密集型科学将成为人类科学研究的第四个范式。大数据正在成为信息时代的核心战略资源,对国家治理能力、经济运行机制、社会生活方式产生深刻影响。数据的价值正在逐步得到体现,而且随着未来基于大数据的技术(人工智能、云计算、区块链、产业互联网、泛在感知等)越来越多,数据能够产生的价值也会越来越大,所以把数据称为"无价之宝"也有一定的道理。数据的价值在未来会体现得越来越明显,主要基于以下几个方面的原因。

第一,大数据技术不断提升数据自身的价值,使数据成了21世纪的石油和钻石。大数据技术的核心诉求之一就是数据的价值化。大数据产业链几乎都是围绕数据价值化来打造的,随着大数据技术的不断发展,数据的价值必然会越来越大。2020—2022年因受新冠疫情的影响,以数据为核心的数字技术逐步成为经济发展的新驱动力,也深刻地改变人们的日常生活,实时疫情地图使我们对全国的疫情防控形势尽在"掌"握,如"健康码"成为我们的随身证件,"行程码"也成了"旅行必备"。大数据在疫情防控期间的应用发展,不仅为疫情监测、防控救治、资源调配等提供了有效指引,也给全社会上了一堂生动的数据科普课,彰显了大数据作为国家基础性战略资源的重要意义。

第二，人工智能（AI）离不开数据。数据作为人工智能的三大支柱（数据、算法、算力）之一，是人工智能发展的重要基础，在未来的智能化时代也将扮演重要的角色，所以数据的价值必然会随着人工智能技术的发展而得到提升。在工业互联网时代，人工智能技术是一个重要的发展趋势，借助人工智能技术，工业互联网能够发挥更大的作用，从而为广大的行业/企业赋能。然而，如何保证 AI 浪潮下的数据安全，是一个亟待解决的问题。

第三，数据是互联网的价值载体。互联网发展到现在，亟须一个体现互联网价值的载体，而数据就是天然的载体，相信随着互联网的不断发展，互联网整合社会资源的能力会越来越强，数据的价值也会不断攀升。

由此可以看出，大数据技术的发展和应用会逐步融入我们的生活。但是，对大数据进行挖掘时，所涉及的安全及隐私问题将成为大数据技术应用中一个待解决的问题。

1.1.4 大数据的应用场景

大数据作为数字经济时代最核心、最具价值的生产要素，正在加速成为全球经济增长的新动力、新引擎，深刻地改变着人类社会的生产和生活方式。5G 连接、人工智能、云计算、区块链、产业互联网、泛在感知等 ICT 新技术、新模式、新应用，无一不以海量数据为基础，同时又激发数据量呈指数级增长。大数据的应用场景很多，一些应用场景和例子如图 1-1 所示。

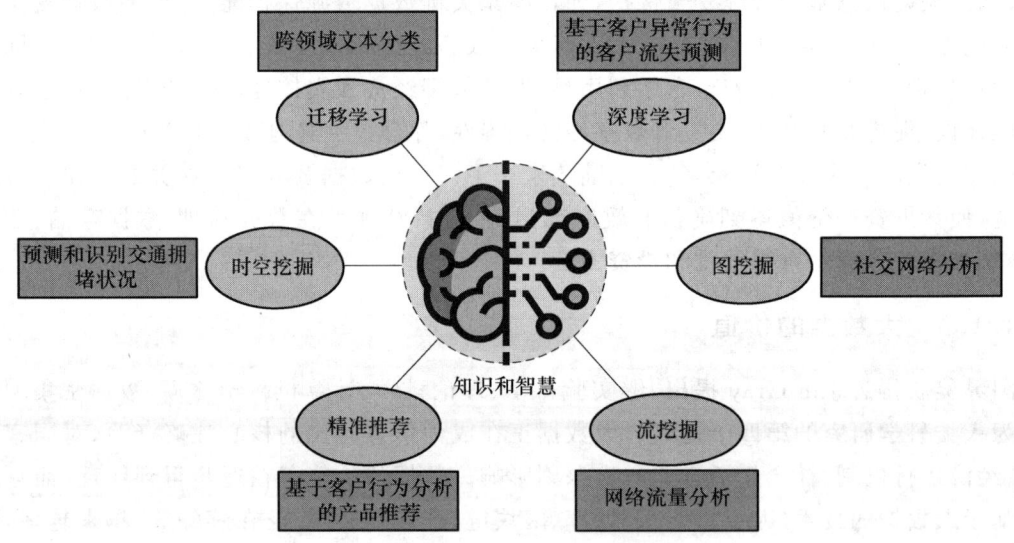

图 1-1　大数据的应用场景和例子

1. 基于客户行为分析的产品推荐

产品推荐的一个重要方面是基于客户交易行为分析的交叉销售。根据客户信息、客户交易历史、客户购买过程的行为轨迹等客户行为数据，以及同一商品其他访问或成交客户的客户行为数据，进行客户行为的相似性分析，为客户推荐产品，包括浏览这一产品的客户还浏览了哪些产品、购买这一产品的客户还购买了哪些产品、预测客户还喜欢哪些产品等。产品推荐是 Amazon 的发明，它为 Amazon 等电子商务公司赢得了近 1/3 的新增商品交易。

产品推荐的另一个重要方面是基于客户社交行为分析的社区营销。通过分析客户在微博、微信、社区里的兴趣、关注、爱好和观点等数据,为客户推荐他本人喜欢的、他圈子里流行的、推荐给他朋友的相关产品。

通过对客户行为数据的分析,产品推荐将更加精准、个性化。传统企业既可以依赖大型电子商务公司和社区网络的产品推荐系统提升销量,也可以依靠企业内部(公司自有的电子商务网站、企业社区等)的客户交易数据进行客户行为数据的分析,实现企业直销渠道的产品推荐。

2. 网络流量分析

网络流量分析是流挖掘的常见应用之一。通过实时监测和分析网络流量数据,可以识别网络攻击、入侵和其他异常行为,帮助保护网络安全。例如,在一个大型企业网络中,流挖掘可以检测到大量来自单个 IP 地址的流量,并与已知的攻击模式进行比对。这有助于及时发现分布式拒绝服务攻击(DDoS)或僵尸网络活动,并采取相应的防御措施。

3. 社交网络分析

图挖掘可用于分析社交网络中的用户关系、社群结构和信息传播。例如,在 Twitter 上,通过构建用户之间的关注关系图,可以识别具有高度影响力的用户,帮助定位关键意见领袖或发现重要的信息传播路径。

4. 预测和识别交通拥堵状况

时空挖掘可用于分析历史交通数据和实时交通信息,预测和识别交通拥堵状况。通过挖掘交通流量、车速和路段之间的时空关系,可以预测未来的交通状况,并为交通管理部门和驾驶员提供实时的路况信息和导航建议。时空挖掘亦可应用于疾病暴发监测和传染病控制。通过分析地理位置和时间的数据,可以检测和跟踪疾病的传播模式和趋势。例如,在流行病暴发期间,通过分析患者的地理位置和病例报告的时间,可以确定疾病的传播范围和速度,帮助公共卫生部门采取相应的措施。

5. 跨领域文本分类

迁移学习可用于跨领域文本分类。例如,先在一个领域(如电影评论)上训练一个文本分类模型,然后将其迁移到另一个领域(如餐厅评论)上。由于文本之间存在一定的语义相似性,预训练模型可以捕捉通用的文本表示,从而在新的领域上实现更好的分类性能。

6. 基于客户异常行为的客户流失预测

客户数据分析中发现客户的投诉增多、客户评价出现负面情绪、客户购买量明显减少等现象,根据客户行为模型,预测客户流失的可能原因,并采取针对性措施。

1.2 大数据生命周期与安全风险

1.2.1 大数据生命周期与安全风险概述

大数据生命周期分为数据采集/预处理、数据存储、数据处理、数据传输、数据共享、数据销毁六个阶段,如图 1-2 所示。从产业生态面临的数据安全挑战看,各领域在数据全生命周期的不同阶段面临不同程度的安全风险。因此,大数据生命周期不同阶段对应不同的安全需求,如表 1-1 所示,通过构建和融合这些能力,可以系统化、端到端地在全生命周期保护数据安全。

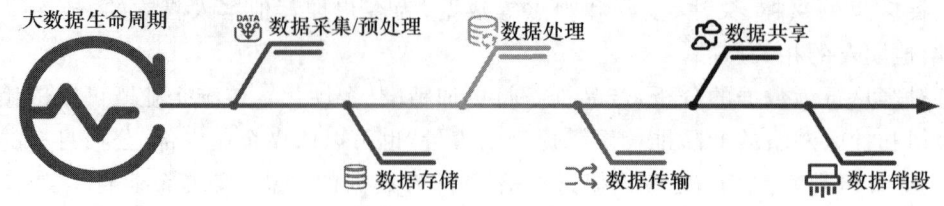

图 1-2 大数据生命周期

表 1-1 大数据生命周期不同阶段的安全需求

大数据生命周期	安全需求
数据采集/预处理	数据分类和分级、身份认证、权限控制等
数据存储	软硬件数据加密、数据隔离存储、完整性保护/WORM、数据度量、数据容灾备份等
数据处理	访问控制、用户间隔离、防侧信道攻击、REE/TEE/SEE硬件隔离机制、日志审计等
数据传输	身份认证、传输通道加密、敏感数据加密、密钥管理等
数据共享	隐私保护技术(数据脱敏/水印)等
数据销毁	安全擦除/消磁等

数据传输的完整性保护和数据存储的完整性保护。实现完整性保护的安全技术和机制包括一般的校验码机制(如奇偶校验、海明校验等)、密码系统支持的校验机制、隐藏信息技术支持的纠错机制等。访问控制、身份鉴别、边界隔离与防护等实际上也都是与完整性保护有关的安全技术和机制。

数据传输的保密性保护和数据存储的保密性保护。由于系统的非法泄露实际上是对系统中的软件和数据信息的泄露,所以系统泄露同样可以归结为信息泄露。实现保密性保护的安全技术和机制主要包括密码系统支持的加密机制、隐藏信息技术支持的信息保护机制等。访问控制、身份鉴别、边界隔离与防护等实际上也都是与保密性保护有关的安全技术和机制。

边界隔离与防护是一种适用于信息系统边界(也称网络边界)安全防护的安全技术,主要包括防火墙、入侵检测、防病毒网关、非法外连检测、网闸、逻辑隔离、物理隔离、信息过滤等,用于阻止来自外部网络的各种攻击行为。使用边界隔离与防护技术进行安全防护首先要有明确的边界,包括整个信息系统的外部边界和信息系统中各个安全域的内部边界。

《中华人民共和国数据安全法》第三十二条规定:"任何组织、个人收集数据,应当采取合法、正当的方式,不得窃取或者以其他非法方式获取数据。法律、行政法规对收集、使用数据的目的、范围有规定的,应当在法律、行政法规规定的目的和范围内收集、使用数据。"互联网企业收集和使用数据应符合此条规定,否则将面临法律风险。

1.2.2 大数据安全及大数据安全技术

大数据技术是一把双刃剑,大数据带来的巨大价值与其引发的安全问题同样引人深思。与传统的信息安全问题相比,大数据安全面临的问题主要体现在用户的隐私保护、大数据的可信性保证和实现大数据访问控制三个方面。因此,各种大数据安全技术应运而生,目的是对大数据带来的危险进行有效的控制。

大数据安全技术包括:大数据访问控制技术、大数据安全计算技术(安全多方计算[3]、同态加密[4]、可信计算[5]）、大数据溯源技术、大数据认证技术、大数据水印技术和大数据威胁发现技术等。

大数据安全技术多如繁星，为了对大数据安全技术进行较为全面的了解，便于读者理解，本书从访问控制（详见第2章）、数据处理（详见第3章）、大数据隐私保护（详见第4~8章）、保护策略（详见第9章）及相关法律法规（详见第10章）等多个角度对其进行介绍。

一个完善的大数据安全与隐私保护方案，必须建立在对大数据安全需求充分理解的基础之上。实现安全需求，需要我们对可能的安全事件及其影响进行充分的识别。基于此，需要从风险评估体系、等级保护体系乃至具体技术细节对抗风险挑战与安全威胁。

1.3 大数据面临的挑战

1.3.1 技术方面的挑战

大数据海量、多源、异构、动态的特征要求大数据系统提供存储结构复杂、开放性、分布式计算和高效精准的服务，但是这些特殊需求传统安全措施解决不了。

第一，大数据访问控制难题。访问控制是实现数据受控共享的有效手段，由于大数据可以被用于多种不同场景，因此其访问控制问题十分突出：难以预设角色，实现角色划分。具体来说，由于大数据应用范围广泛，因此它通常被来自不同组织或部门、不同身份与目的的用户访问，实施访问控制是基本需求。然而，在大数据的场景下，有大量的用户需要实施权限管理，且用户具体的权限要求未知：面对大量未知的数据和用户，预先设置角色十分困难；同时，难以预知每个角色的实际权限。因此，面对大数据，安全管理员可能无法准确为用户指定其可以访问的数据范围，而且这样做效率不高。

第二，从机器学习方面来看，机器学习等分析算法需要进行更加智能化、高效化的发展，才能更好地适应大数据时代。例如，在对大数据进行数据采集和信息挖掘的时候，要注重用户隐私数据的安全问题，在不泄露用户隐私数据的前提下进行数据挖掘。

第三，从数据存储方面，获取到的数据在预处理后需要更加高效的存储方式。

第四，当前大数据的数据量并不是固定的，而是在应用过程中动态增加的，但是传统的数据隐私保护技术大多是针对静态数据的，所以如何有效地开展应对大数据动态数据属性和表现形式的数据隐私保护也是要注重的安全问题。

第五，大数据带来的高级可持续攻击挑战。传统的检测是基于单个时间点进行的基于威胁特征的实时匹配检测，而高级可持续攻击（APT）是一个实施过程，很难被实时检测。

第六，大数据溯源技术的安全应用挑战。大数据溯源技术旨在帮助使用者确定数据的来源，进而检验分析结果是否正确，或对数据进行更新。

第七，大数据的数据远比传统数据复杂，现有的敏感数据的隐私保护能否满足大数据复杂的数据信息，也是应该考虑的安全问题。

1.3.2 政策方面的挑战

在大数据时代，数据的收集与保护成为竞争的着力点。从隐私的角度来看，大数据时代把网络大众带入了一个开放、透明的"裸奔"时代，例如引发隐私泄露这一关键问题：人们在网络上的个人信息基本上一览无余,甚至在平时生活中会在不知情的情况下泄露了个人信息。没有相应的法律,我们很难判断哪些数据应该共享,哪些数据谁可以用,谁不可以用,出了问题很难找出谁是幕后黑手。所以,政府机关应尽快建立大数据背景下完善的信息安全法律法规和大数据技术的行业通用标准,才能有效减少大数据带来的消极影响[6]。

1.3.3 国际关系方面的挑战

大数据蕴含着丰富的政治、经济、文化、社会信息,一个国家的科技发展、社会动向、经济浮动、军事行动、国家安全等信息均可以利用大数据技术分析并传递出来。所以,各个国家应时刻注意本国重要信息的安全问题,警惕非法泄露信息行为,力争掌握数据信息的主动权。这样一来,可以有效防止因数据信息权力争夺导致的科技战争。一个典型的例子是跨境数据流动。数据的跨境流动是大数据的一个特殊属性。在法律制度、数据服务外包、打击网络犯罪方面保护跨境数据的安全是很重要的。所以,建立大数据安全标准体系框架时,要对传统数据的采集、组织、存储、处理等生命周期各方面的安全标准进行适用性分析,适合的接着采用,不适合的要进行修订,缺项的必须增加。

大数据时代未来的发展方向如下。

首先,数据库能力的提升。谷歌公司的 Spanner 和亚马逊公司的 Redshift 都体现了这种变化;数据库的能力越来越强,它可以解决很多大数据问题。同时,数据将趋于资源化,资源化是指大数据将成为企业和社会关注的重要战略资源,并成为大家争相抢夺的新焦点。因此,企业必须提前制订大数据营销战略计划,抢占市场先机。

其次,大数据未来会与云计算更加紧密而深入地结合。大数据离不开云处理,云处理为大数据提供了弹性可拓展的基础设备,是产生大数据的平台之一。物联网、工业互联网等新兴计算形态,将让大数据营销具备更大的影响力。尽管目前工业互联网平台的应用还处于发展的初级阶段,但工业互联网平台的未来将在设备物联和系统互联方面全面打通,所以现阶段应当在数据管理和分析应用方面为工业互联网平台营销赋能[7];而大数据技术未来在物联网方面的应用,可以在统计技术标准、优化数据安全管理、控制成本投入等方面着重进行发展和改进。

最后,未来的大数据会和人工智能这一当今热门核心技术进行完美地结合。可以通过人工智能技术给大数据建立更好的索引,因此人工智能促进大数据发展和大数据融合会是一个很重要的发展方向。虽然人工智能技术是大数据分析的利器,但面临大数据问题时,现有的机器学习、深度学习、计算智能等人工智能分析方法、大数据平台都存在许多不足,难以有效解决大数据的诸多问题[8]。目前,人工智能技术进一步研究的主要方向有:分布式深度学习算法、设计机器学习模型并行策略[9]、分布式优化算法、优化分布式集群环境[10]、分配深度神经网络的并行训练、优化深度学习参数、建立先进的大数据平台等。

1.4 大数据安全与隐私保护的研究目标

1.4.1 大数据安全与隐私保护的区别和联系

大数据安全是为防止数据,尤其是个人身份信息被非法操纵或窃取而采取的相关技术手段,而保护数据隐私则是为了防止数据被非法查看和调用。简单地说,大数据安全体系将数据孤岛的壁垒越建越高,想要找到漏洞攻破需要付出极高的经济与时间成本。

实现数据安全并不代表实现数据隐私保护,事实上这是两个完全不同的概念。数据安全是指保护数据的可用性、完整性等特性,倾向于防御来自外来敌手的威胁,阻止敌手在未经授权的情况下接触、使用数据。而与之对应地,数据隐私保护是指对原数据进行处理以防止隐私数据的泄露,倾向于对数据进行处理,其面对的环境是将数据释放出以供各方查询甚至直接获取,与数据安全相比,在数据隐私保护中敌手可能会获得更多的信息。举一个不是很恰当的例子,在古代,镖局是专门为人保护财物或人身安全的机构,可以说镖局是中国古代"数据保护"的开山鼻祖。镖局的镖师把货物从一个地方运送到另一个地方,其间不仅要保护货物的安全,还需保护货物的秘密不被别人知道。但总会有一种情况发生,有人事前得知货物的准确信息前来劫镖。最后,就算是货物安全被保住,但货物的信息早已不胫而走。从这个例子中我们可以看出数据安全和数据隐私保护的差别。

利用已知条件推导出未知因素是大数据的普遍分析方法,该技术衍生的安全风险主要是个人隐私的泄露或是敏感信息的泄露。例如,利用导航数据为一个人的活动进行画像,并不是一件困难的事情;通过手机联系人的关联,很容易分析一个人的朋友圈等。如果这些行为仅仅是为了商业利益,并且能进行适度管控,则问题不大。但是,如果隐私信息被恶意利用,就可能导致重大的安全问题。

同样地,利用已知的公开数据,是有可能推导出一个机构的未知数据的。但如果推导出的是这个机构的敏感数据,那么对这个机构来说威胁就大了。

隐私保护计算助力数据价值释放,即助力生产、生活、治理方式的变革,以及营造良好的数字生态。

1.4.2 大数据安全与隐私保护的研究目标

采集、存储、处理和通信技术的快速发展正在改变着被私有企业和公共机构所采纳的信息系统结构。有两个重要的现象说明这个改变是必要的。首先,由于正在扩增的存储能力,现代设备的计算能力和组织机构掌握的信息量正在快速增长。其次,被组织机构搜集的数据中包含着敏感信息(例如:信用信息,财务数据,健康诊断,网络行为),这些信息是机密的,需要被保护。

因此,仅靠现有法律规范来约束是远远不够的,必须采用必要的技术手段来解决大数据安全与隐私保护问题。怎样处理原始数据,从而使它有效避免隐私攻击,同时支持有效的数据实用性,这是一个值得认真研究的问题。

大数据安全与隐私保护研究的目标是:解决大数据发布中用户隐私保护和数据的可用性之间的矛盾,找到行之有效的发布方法。具体来说,数据发布中隐私保护主要考虑以下两点:(1)保证数据流转过程中不泄露个人的隐私信息;(2)保证数据发布过程中数据的效用。

1.5 本书的研究内容与架构

1.5.1 研究内容

数据安全是大数据时代的主题,只有进行科学有效的数据安全治理,才能确保数字经济的持续健康发展,这是我国国民经济和社会发展的重要任务。本书的主要研究内容如图1-3所示。图1-3通过结合大数据处理技术及数据生命周期,以本书章节结构为脉络对本书的具体内容进行介绍。图1-3的结构分为上中下三层。

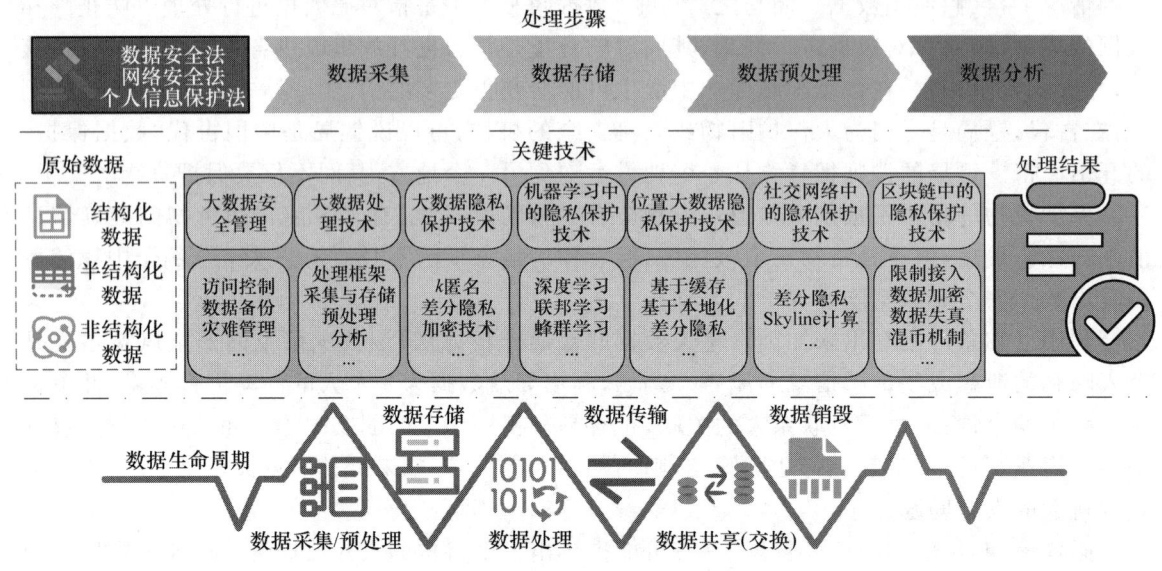

图1-3 数据应用及隐私保护步骤与技术

上层部分描述大数据处理分析流程。在当今大数据时代的背景下,要以相关法律法规为指导,在践行《数据安全法》《网络安全法》及《个人信息保护法》等法律的同时,依照数据采集、数据存储、数据预处理和数据分析的顺序,进行数据分析处理,挖掘数据价值。在此过程中,实现大数据安全与隐私保护是至关重要的一环。

中层部分描述了大数据安全与隐私保护的核心技术。依照从基础到深化、从理论到应用的逻辑关系,阐述了实现大数据安全与隐私保护的具体方向,包括大数据安全管理、大数据处理技术、大数据隐私保护技术、机器学习中的隐私保护技术、位置大数据隐私保护技术、社交网络中的隐私保护技术、区块链中的隐私保护技术及各方向对应的代表性关键技术。

下层部分描述了数据生命周期。实现大数据安全与隐私保护,"数据"是主体,其生命周期,包括数据采集/预处理、数据存储、数据处理、数据传输、数据共享(交换)和数据销毁六个环节,同时这六个环节也与图1-3上层的大数据分析处理流程、中层的数据隐私保护技术相互呼应,共同构成了本书的撰写思路。

1.5.2 本书架构

本书聚焦大数据安全与隐私保护技术,重点从机器学习、位置大数据、社交网络、区块链等方面对大数据安全与隐私保护展开研究,本书的组织架构和建议学时如下。

第1章,绪论(建议2学时)。介绍大数据的定义、生命周期与安全风险,以及面临的挑战,给出大数据安全与隐私保护的研究目标,并介绍本书的主要研究内容与架构。

第2章,大数据安全管理(建议2学时)。介绍大数据安全管理的管理目标与原则、访问控制技术、存储与灾难管理的基础知识。

第3章,大数据处理技术(建议2学时)。介绍几种大数据技术框架,给出大数据处理步骤,并通过实例"基于网络日志大数据进行用户行为分析与预测"来阐述大数据处理技术。

第 4 章，大数据隐私保护技术(建议 10 学时)。介绍隐私保护中的相关知识和常用技术，并详细介绍匿名技术、差分隐私、加密技术、联邦学习技术以及其他技术。在附录 B 部分中补充本章相关的几种算法实验，以方便初学者理解相关隐私保护技术的原理。

第 5 章，机器学习中的隐私保护技术(建议 6 学时)。主要介绍机器学习隐私保护基础和隐私威胁，并从扰动和加密两个方向介绍机器学习中的隐私保护技术，最后详细介绍联邦学习和蜂群学习中的隐私保护方案。

第 6 章，位置大数据隐私保护技术(建议 2 学时)。介绍位置大数据隐私保护基础，对位置大数据的攻击方法和保护模型进行总结，并介绍三种针对位置大数据的隐私保护方案。

第 7 章，社交网络中的隐私保护技术(建议 2 学时)。介绍社交网络中的隐私保护基础，并详细介绍三种针对社交网络中数据的隐私保护方案。

第 8 章，区块链中的隐私保护技术(建议 2 学时)。介绍区块链隐私保护基础和隐私威胁，从网络层、交易层、应用层三方面介绍相关的数据隐私保护方案，并提出区块链数据隐私保护的未来研究方向。

第 9 章，大数据隐私权保护策略(建议 2 学时)。介绍大数据隐私保护中的标准化工作，研讨了管理层面的大数据隐私保护策略和个人层面的大数据隐私保护策略。

第 10 章，大数据安全与隐私保护法律法规(建议 2 学时)。介绍我国的网络隐私保护策略及存在的问题，研讨我国隐私权保护法律制度的现状及问题，通过分析国外的法律制度提出对我国隐私保护的法律制度方面的建议。

本 章 小 结

在数据科学蓬勃发展的今天，数据已成为继土地、劳动力、资本及技术之后的第五类生产要素，大数据已成为当今时代的特征。在数据要素重要性日益凸显、大数据交流共享需求日益增长的今天，实现大数据的高效处理、隐私保护及价值定义成了各方关注的热点问题。本章从相关定义、生命周期、安全风险、面临的挑战和隐私保护目标五个方面对大数据进行了介绍，在说明时代背景、应用需求及存在问题的同时，引出大数据安全与隐私保护的紧迫性。

综上所述，随着大数据相关产业、数据科学及数据市场化需求的进一步发展，大数据必将有更广阔的应用空间，同时，实现大数据安全与隐私保护也将变得更为迫切。

思 考 题

1. 简述什么是大数据？
2. 简述数据生命周期的六个阶段，并回答数据经常处于哪几个阶段？
3. 什么样的数据能被称为隐私数据？
4. 数据应用与数据保护是不可调和的吗？
5. 为什么要实现大数据安全与隐私保护？

参 考 文 献

[1] FAN J, HAN F, LIU H. Challenges of big data analysis[J]. National Science Review, 2014, 1(2): 293-314.

[2] SOLLINS K R. IoT big data security and privacy versus innovation[J]. IEEE Internet of Things Journal, 2019, 6(2): 1628-1635.

[3] KHAN W, KUMAR T, ZHANG C, et al. SQL and NoSQL Database Software Architecture Performance Analysis and Assessments—A Systematic Literature Review[J]. Big Data and Cognitive Computing, 2023, 7(2): 97-103.

[4] VENKATRAMAN S, VENKATRAMAN R. Big data security challenges and strategies[J]. AIMS Mathematics, 2019, 4(3): 860-879.

[5] GOPALANI S, ARORA R, GOPALANI S, et al. Comparing apache spark and map reduce with performance analysis using K-Means[J]. International Journal of Computer Applications, 2015, 113(1): 8-11.

[6] CHAIKEN R, JENKINS B, LARSON P, et al. SCOPE: easy and efficient parallel processing of massive data sets[J]. Proceedings of the VLDB Endowment, 2008, 1(2): 1265-1276.

[7] OGBUKE N J, YUSUF Y Y, DHARMA K, et al. Big data supply chain analytics: ethical, privacy and security challenges posed to business, industries and society[J]. Production Planning & Control, 2022, 33(2): 123-137.

[8] PENG S, SUN S, YAO Y D. A survey of modulation classification using deep learning: Signal representation and data preprocessing[J]. IEEE Transactions on Neural Networks and Learning Systems, 2021, 33(12): 7020-7038.

[9] HARIRI R H, FREDERICKS E M, BOWERS K M. Uncertainty in big data analytics: survey, opportunities, and challenges[J]. Journal of Big Data, 2019, 6(1): 1-16.

[10] OUSSOUS A, BENJELLOUN F Z, LAHCEN A A, et al. Big Data technologies: A survey[J]. Journal of King Saud University-Computer and Information Sciences, 2018, 30(4): 431-448.

第 2 章　大数据安全管理

本章学习要点
- 了解大数据安全管理的管理目标与原则
- 掌握访问控制技术
- 了解访问控制相关模型和语言
- 了解大数据如何存储
- 了解大数据存储与灾难管理

案例：2023年1月，美国知名通信运营商T-Mobile发布通告，由于系统存在漏洞，部分用户的个人资料遭到恶意用户窃取，"不良行为者"未经授权通过单个API获取数据，使超过3 700万用户账户的个人信息泄露。这一事件引发了对大数据隐私和合规管理的广泛讨论，其中包括用户数据的合法收集和使用、数据共享的安全管理、用户隐私保护的措施等方面的问题。该案例反映了大数据安全管理在各个行业中的重要性，以及面临的安全挑战和应对措施。在大数据环境中，组织需要制定合适的安全管理策略和措施，包括加密、访问控制、监测、应急响应等。在大数据时代的浪潮中，我们应该如何做好大数据安全管理呢？

本章首先从大数据管理目标与原则角度出发，深入学习大数据安全管理措施；其次，大数据安全管理涉及多种技术手段，包括数据加密、访问控制、安全审计、隐私保护等，本章着重讲述访问控制技术；最后，对大数据存储进行介绍，讲述数据备份与灾难管理措施。

2.1 管理目标与原则

在大数据安全和隐私保护中,管理目标与原则是一个非常重要的方面。它定义了大数据企业在安全和隐私保护方面的目标和原则,是制定有效的安全策略和措施的基础,也是大数据安全和隐私保护的重要保障。

制定适当的管理目标与原则旨在在大数据采集、存储、处理和传输的过程中对数据的隐私进行保护。以下是一些值得考虑的大数据安全管理目标和原则。

(1) 保护数据的完整性。数据的完整性是指数据未被意外或故意修改或损坏。保护数据的完整性是指确保数据在传输、存储和处理过程中保持完整和正确的状态。这可以通过使用数据加密和数字签名等技术来实现,例如,在云计算环境中使用数据加密和数字签名来保护数据的完整性。在云计算环境中,客户数据通常存储在云服务提供商的服务器上。为了保证数据的完整性,可以使用数据加密技术对数据进行加密存储,以防止未经授权的访问和修改。

(2) 保护数据的保密性。数据的保密性是指只有授权的人员可以访问和使用数据。为了保护数据的保密性,需要采用严格的访问控制和加密技术,以防止未经授权的访问和泄露。例如,在医疗机构中,病人的医疗记录包含大量敏感的个人健康信息,如病史、诊断和治疗计划等,这些信息必须得到保护,以避免未经授权的访问和泄露。医疗机构通过分配角色和权限来实现以上数据的保密,即只有具有特定角色和被授权的医生、护士和行政人员才能够访问病人的医疗记录。

(3) 保障数据的可用性。数据的可用性是指数据应随时可用并且能够满足业务需求。为了保障数据的可用性,应采用数据备份和恢复技术,并建立适当的灾备机制,以确保数据在意外情况下能够恢复,后文将给出具体实例。

(4) 合规性要求。在大数据的处理过程中,需要遵守各种法律法规要求,如《中华人民共和国个人信息保护法》《中华人民共和国网络安全法》等。为了确保合规性,需要建立适当的合规性监测和管理机制。

(5) 风险管理。在大数据处理过程中,存在各种风险,如网络攻击、数据泄露等。为了降低这些风险,需要建立风险管理体系,并采取适当的措施来防范和降低风险。这里以企业为例进行描述。企业首先通过建立数据分类和标记机制,对不同级别的数据进行分类管理和访问控制,从而降低数据泄露风险;其次加强数据加密和数字签名等安全技术的应用、数据备份和灾难恢复机制,提高数据安全性和可靠性;最后加强员工安全意识教育,提高员工的风险管理能力,防范员工因操作不当而导致的安全问题。

(6) 数据生命周期管理。对大数据的整个生命周期进行管理,包括对数据的采集、存储、处理、传输、共享和销毁等各个环节的管理。这包括对数据的合法性、合规性、安全性和隐私保护进行全面管理,确保大数据在生命周期内得到妥善的处理和保护。

综上所述,大数据安全管理[1]目标和原则包括:保护数据的完整性和保密性,保障数据的可用性,合规性要求,风险管理,数据生命周期管理等。这些目标和原则可以帮助组织建立安全的数据管理体系,降低数据泄露和未经授权的数据访问的风险,保护用户隐私和数据安全,同时能够提高企业的声誉和竞争力。

2.2 访问控制技术

随着信息化程度的提高,信息系统安全问题显得尤为突出。对于系统的信息安全,不仅要考虑防御外界攻击的能力,还要考虑阻止系统信息的泄露等系统内部防范措施。访问控制技术[2]起源于20世纪70年代,当时是为了满足管理大型主机系统上共享数据授权访问的需要而提出的,是一种重要的信息安全技术。所谓访问控制,就是在鉴别用户的合法身份后,通过某种途径显式地准许或限制用户对数据信息的访问能力及范围,从而控制对关键资源的访问,防止非法用户的侵入或者合法用户的不慎操作而造成破坏。访问控制有很重要的作用:(1)防止非法的用户访问受保护的系统信息资源;(2)允许合法用户访问受保护的系统信息资源;(3)防止合法的用户对受保护的系统信息资源进行非授权的访问。访问控制技术作为实现安全操作系统的核心技术,是系统安全的一个解决方案,是保证信息机密性和完整性的关键技术,对访问控制的研究已成为计算机科学的研究热点之一。随着网络和计算技术的不断发展,访问控制的应用也扩展到更多的领域,比较典型的有操作系统、数据库、无线移动网络、网格计算、云计算、边缘计算、社交网络等等。

2.2.1 访问控制技术基本概念

访问控制是指通过某种途径显式地准许或限制访问主体(用户、进程、服务等)对系统资源的使用,也就是限制访问主体是否被授权对客体(文件、系统等)的访问,从而防止非法用户侵入或者因合法用户的不慎操作造成系统资源的破坏。访问控制的一般原理:在访问控制中,访问可以对一个系统或在一个系统内部进行。访问控制框架内主要涉及请求访问、通知访问结果以及提交访问信息等操作,主要包含了主体、客体、访问控制实施模块和访问控制决策模块。访问控制实施模块执行访问控制机制,根据主体提出的访问请求和决策规则对访问请求进行分析处理,在授权范围内,允许主体对客体进行有限的访问;访问控制决策模块表示一组访问控制规则和策略,它控制着主体的访问许可,限制其在什么条件下可以访问哪些客体。

访问控制包含以下三方面含义:一是机密性控制,保证数据资源不被非法读取;二是完整性控制,保证数据资源不被非法增加、改写、删除和生成;三是有效性控制,保证资源不被非法访问主体使用和破坏。访问控制系统中有三个基本要素:主体(subject),客体(object)以及访问控制策略(access control policy)。其中第三个要素,即访问控制策略是访问控制技术的关键内容,如图2-1所示。

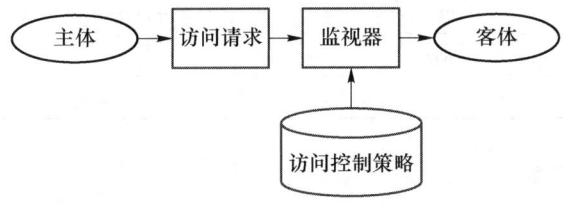

图2-1 访问控制基本操作

主体是指一个提出请求或要求的实体,是动作的发起者,但不一定是动作的执行者,可以是用户,也可以是任何主动发出访问请求的智能体,包括程序、进程、服务等。传统的访问控制方式中使用最广泛的是对用户的控制。

客体是需要接受其他主体访问的被动实体,包括所有受访问控制机制保护的系统资源,在不同应用场景下有着不同的具体定义。比如,客体在操作系统中可以是一段内存空间、磁盘上的某个文件,在数据库里可以是一个表中的某些记录,在 Web 上可以是一个特定的网页,在网络结构中可以是广义上的某个数据包结构。

访问控制策略是主体对客体操作行为的约束条件集。简单地讲,访问控制策略是主体对客体的访问规则集,它直接定义了主体对客体可以实施的具体作用行为和主体对客体访问时行为上的条件约束。访问控制策略在某种程度上体现了一种授权行为,也就是主体访问客体的时候,所允许的操作权限。主体进行访问动作的方式取决于客体的类型,一般是对客体的一种操作,比如请求内存空间、文件的操作问题、修改数据库表中记录,以及浏览陌生服务器中的某些页面等。

访问控制的实施主要包括授权和访问检查两个方面。授权指的是将对客体的操作许可赋予主体,制定访问控制策略,并提供给访问检查使用。访问检查发生在主体要求访问客体的时候,检查是否存在授权制定的相应访问控制策略,只有通过检查的操作才是允许发生的。

2.2.2 访问控制模型

访问控制模型是访问控制技术的核心,建立规范的访问控制模型,是实现严格访问控制策略的基础。经历几十年的发展,先后出现了多种重要的访问控制模型,如自主访问控制、强制访问控制、基于角色的访问控制、基于任务的访问控制、基于属性的访问控制等,它们的基本目标都是防止非法用户进入系统对系统资源进行非法使用和破坏。

1. 自主访问控制

自主访问控制(Discretionary access control,DAC)是根据主体所属身份或工作组进行访问控制的一种方法。其基本思想是:主体(用户或用户进程)可以自主地把自己拥有的对客体的访问权限全部或部分地授予其他主体或从其他主体收回所给予的访问控制权限。因此,DAC 又称为基于主体的访问控制。

DAC 基础模型是访问控制矩阵模型,矩阵的行对应系统的主体,列对应系统的客体,元素表示主体对客体的访问权限。在访问控制矩阵模型中,一般建立基于行(主体)或列(客体)的访问控制方法,如表 2-1 所示。

表 2-1 DAC 基础模型实例

主体	客体		
	Edit.exe	Fun.dir	Bill.docx
Alice	{execute}	{execute,read}	—
Bob	—	{execute,read,write}	{read,write}

存取矩阵(M)的定义如下:

$$M = (M_{so})_{s \in S, o \in O}, \quad M_{so} \subset A$$

其中,S 为主体集合,s 为主体;O 为客体集合,o 为客体;A 为存取模式集合;M_{so} 表示主体 s 在客体 o 上执行的操作。

基于行的自主访问控制是在每个主体上都附加一个该主体可以访问的客体的明细表,根据表中信息的不同可分为三种形式：权能表（capabilities）、前缀表（profiles）和口令（password）。权能表决定用户是否可以对客体进行访问以及进行何种形式的访问（读、写、改、执行等）。一个拥有某种权力的主体可以按一定方式访问客体，并且在进程运行期间其访问权限可以被添加或删除。前缀表包括受保护的客体名以及主体对它的访问权。当主体访问某客体时，自主访问控制系统检查主体的前缀是否具有它所请求的访问权。至于口令，每个客体（甚至客体的每种访问模式）都需要一个口令，主体访问客体时首先向操作系统提供该客体的口令。

基于列的自主访问控制是对每个客体都附加一个可访问它的主体的明细表。它有两种形式：保护位（protection bits）和访问控制表（Access Control List，ACL）。保护位是指对所有的主体指明一个访问模式集合，但由于它不能完备地表达访问控制矩阵，因而很少被使用。访问控制表可以决定任一个主体能否访问该客体，它通过在客体上附加一个主体明细表来表示访问控制矩阵。表中的信息包括主体的身份和对客体的访问权。访问控制表是实现自主访问控制最好的一种安全机制，系统安全管理员通过维护 ACL 来控制用户是否可以访问有关数据。

自主访问控制已在许多系统中实现（如 UNIX）。它的优点是容易实现、思想简单，具有相当的灵活性。此外，它比较容易查出对某一特定资源拥有访问权限的所有用户，有效地实施授权管理，这一般符合人们对权限的基本认识。自主访问控制的缺点是：(1)当用户数量越来越多，数据量越来越大时，访问控制矩阵就会变得非常庞大，当组织内成员和资源发生变化时，维护该矩阵所需的庞大的工作量使得任务难以实现；(2)自主访问控制策略的实施完全依赖于主体，造成主体的权限过大，因此往往要求主体拥有专业的安全知识，才能维持整个系统的安全运行。系统管理员拥有至高无上的权利，一个公正、公平、经验丰富又高效的管理员将成为系统稳定运行的关键因素。

2. 强制访问控制

强制访问控制（Mandatory Access Control，MAC）是为了满足信息机密性的要求以及抵御特洛伊木马之类的攻击，是基于网格（Lattice-based）的系统强制主体服从访问控制策略的一种访问控制模式。其本质是基于网格的非循环单向信息流政策，也就是信息流只能从低安全级别向高安全级别流动，通过无法回避的权限限制来阻止直接或间接的非法入侵。强制访问控制根据客体中信息的敏感级和访问主体的访问级限制主体对客体的访问。与自主访问控制不同的是，在强制访问控制中，对客体的访问策略的设置不再由客体的拥有者（主体）决定，而是由中心化的授权机构进行设置。MAC 模型示意图如图 2-2 所示。

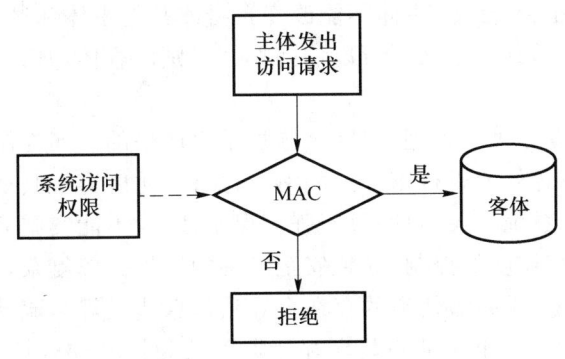

图 2-2　MAC 模型示意图

强制访问控制技术的代表模型是 Bell-Lapadula 模型和 Biba 模型。

Bell-Lapadula 模型实现了"下读/上写",可以保证信息按照梯度安全标签进行单向流动,从而实现高等级数据的保密性。在 Bell-Lapadula 模型中,主体和客体被分别设置为敏感(sensitive)、机密(secret)和绝密(top secret)三个安全等级,如图 2-3 所示。当主体对客体发出访问请求时,系统将对主体和客体的安全级别进行比较,随后在模型里比对该操作是否合法和安全。

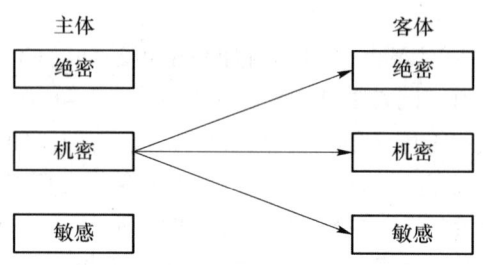

图 2-3 Bell-Lapadula 模型

Biba 模型实现了"下写/上读",可以保证高完整性的信息按照梯度标签进行单向流动,从而实现高等级数据的完整性。Biba 模型中的主体和客体被分别设置为高完整性(high integrity)、中等完整性(medium integrity)和低完整性(low integrity)三个完整性级别,如图 2-4 所示。当主体对客体发出访问请求时,系统将对主体和客体的安全级别进行比较,随后在模型里比对该操作是否合法和安全。

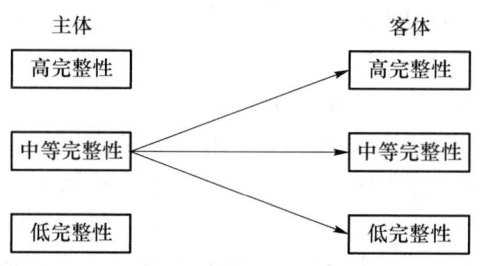

图 2-4 Biba 模型

强制访问控制最早被应用在军方和安全部门的系统中,系统中的主体和客体都被分配一个强制性固定的安全属性,利用安全属性决定一个主体是否可以访问某个客体。安全属性由安全管理员(security officer)分配,主体不能改变自身或其他主体和客体的安全属性。访问者拥有包含等级列表的许可,其中定义了可以访问哪个级别的客体,其访问策略是由授权中心决定的强制性规则。

强制访问控制的优点是集中管理,对客体施加了更严格的访问控制,可以防止特洛伊木马之类的程序攻击,对用户意外泄露机密信息的情况也有预防能力。其缺点是:增加了不能回避的访问限制,因而影响了系统的灵活性;过于强调保密性,但不能实施完整性控制;对系统中的用户和资源也需要进行细粒度的控制,导致安全级别的维护比较复杂,无法解决资源和用户角色变更带来的巨大工作量;逆向潜信道的存在会导致信息违反规则流动,但现代计算机系统中的这种潜信道是难以去除的,如大量的共享存储器以及为提升硬件性能而采用的各种 Cache 等,在 MAC 系统中实现单向信息流的前提是系统中不存在逆向潜信道,这就给系统增加了安全漏洞。

国际上具有代表性和影响力的强制安全机制之一是在 Linux 操作系统上实现的 SELinux 强制访问控制机制。

3. 基于角色的访问控制

随着计算机网络的广泛使用,信息的完整性变得越来越比机密性重要,DAC 策略和 MAC 策略已无法满足信息完整性的要求,于是基于角色的访问控制应运而生。

基于角色的访问控制(Role-Based Access Control,RBAC)[3]是指在应用环境中,在用户和访问权限之间引入角色的概念,通过对用户进行角色认证来确定用户在系统中的访问权限。它的基本思想是根据相应的角色分配规则,系统只需问用户是什么角色,而不用管用户是谁,用户通过角色的分配和取消来完成用户权限的管理。此访问过程先实现权限与角色的关联,再实现角色与用户的关联,从而实现用户与权限的关联,利用角色实现用户和权限的逻辑隔离,如图 2-5 所示。RBAC 策略的特点是"用户可以改变,但角色不能改变"。

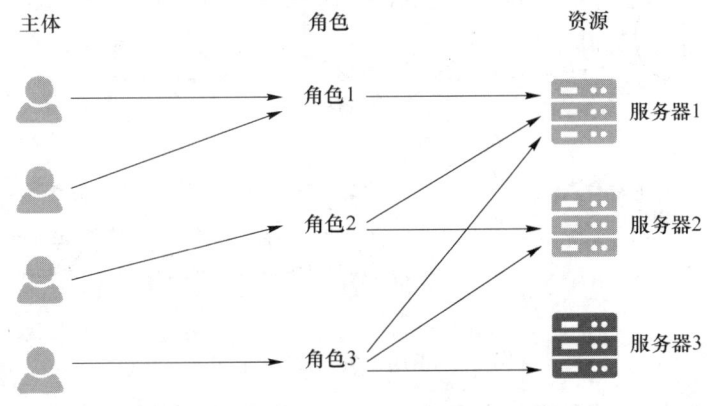

图 2-5 基于角色的访问控制

角色可以看作一组操作的集合,不同的角色具有不同的操作集,这些操作集由系统管理员分配给角色。在下面的实例中,我们假设 $T_1,T_2,T_3,\cdots,T_i$ 是教师,$S_1,S_2,S_3,\cdots,S_j$ 是学生,$M_1,M_2,M_3,\cdots,M_k$ 是教务处管理人员,那么老师的权限为 $T_{MN}=\{$上传所教课程的成绩,查询成绩$\}$;学生的权限为 $S_{MN}=\{$查询成绩,打印本人成绩,对教课老师的评价$\}$;教务管理人员的权限为 $M_{MN}=\{$查询成绩,修改成绩,打印成绩清单$\}$。通过角色简化了各种环境下的授权管理,角色既是用户的集合也是权限的集合。角色是相对稳定的,而用户和权限之间的关系则是易变的。在 RBAC 中,主体是可以对其他实体实施操作的主动实体,可以拥有一个或多个角色;客体是接受其他实体动作的被动实体,是可识别的系统资源,且可以包含另外一个客体;用户就是可以独立访问系统中数据或用数据表示的其他资源的主体。角色-权限分配是根据完成某项任务所需的权限为角色分配一定的访问权限,即建立角色与访问权限的多对多关系。用户-角色分配是根据用户所要完成的任务,为用户授予一定的角色,从而授予访问权限,即建立用户与角色的多对多关系。用户与特定的一个或多个角色相联系,角色与一个或多个访问权限相联系。会话是一个动态概念,用户为完成某项任务激活角色集时建立会话,用于对角色的分配和权限的分配等进行约束,以适应实际的要求。角色基数是角色可以被分配的最大用户数,这是对角色的一个约束性条件。

RBAC 支持三个安全原则:最小权限原则、责任分离原则和数据抽象原则。第一个原则可将其角色配置成完成任务所需要的最小权限集。第二个原则可调用独立互斥的角色共同完成特殊任务，如核对账目等。第三个原则可通过权限的抽象控制一些操作，如财务操作可用借款、存款等抽象权限，而不用操作系统提供的典型的读、写和执行权限。这些原则需要通过RBAC各部件的具体配置才可实现。

在许多研究单位和大量学者的研究基础上，20世纪90年代，美国GeorgeMason大学的信息安全技术实验室系统化地提出了基于角色的访问控制模型RBAC96[3]，并且得到了广泛认可，它的组成结构如图2-6所示。

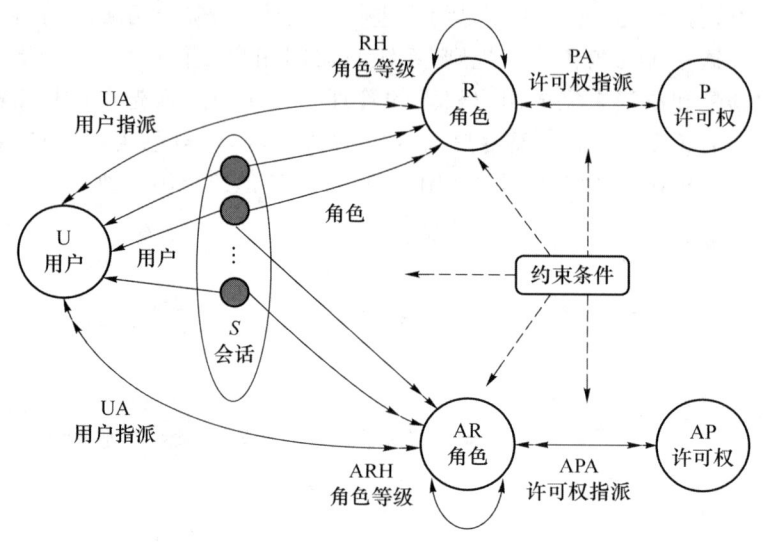

图2-6　RBAC96的组成结构

基于角色的访问控制具有以下优点：实现了用户和访问权限的逻辑分离，便于最小特权原则的实施，便于管理员对授权的管理，便于文件分级管理，便于根据工作需要分级，责任独立，便于大规模实现。角色访问是一种灵活而有效的安全措施，节约管理开销，系统管理模式明确，当前大部分的数据管理系统采用了角色访问控制策略来管理权限。它的缺点是，由于职责分离，原来对身份标志的窃取变为对角色的窃取，任何一个主体或对象会因此损害到整个对象组和用户组，角色的继承、不加限制的权限授予会违背安全性策略。此外，角色重叠的模糊本质会使错误配置成为一种实际的风险。

4. 基于任务的访问控制

Thomas和Sandhu[3]于1993年提出了基于工作流和任务的访问控制模型，于1994年给出了基于任务的授权模型的概念基础，并于1998年明确提出了基于任务的访问控制模型，使得访问控制不仅与用户相关联，还与当前任务相关联。

基于任务的访问控制模型（Task-Based Access Control，TBAC）是一种以任务为角度，采用动态授权从应用和企业角度来解决安全问题的主动安全模型。该模型的基本思想是：授予用户的访问权限，不仅依赖于主体和客体，还依赖于主体当前执行的任务和任务的状态，也就是在任务执行前授予权限，在任务完成后权限被冻结。在TBAC中，用户的访问权限控制并不是静止不变的，访问权限是与任务绑定的，权限的生命周期随着任务的执行被激活，并且用户的权限随着执行任务的上下文环境发生变化，任务完成后访问权限的生命周期也就结束了。TBAC模型可以精确地描述任务执行过程中权限的动态变化，它可以为不同的工作流建立不同的访问控制策略，也能为某个工作流的不同执行阶段执行不同的访问控制策略，属于主动访问控制模型的范畴。

TBAC 模型由工作流、授权结构体（authorization unit）、受托人集（trustee-set）、许可集（permissions set）四部分组成。

（1）工作流是指将各种复杂的商务过程按工程化的要求重新调整，以便进行管理和控制。工作流包括活动、控制流、主体、数据项和数据流五个要素。授权步（authorization step）是访问控制所能控制的最小单元，是指在一个工作流程中对处理对象的一次处理过程。授权步由受托人集和多个许可集组成。

（2）授权结构体：是由一个或多个授权步组成的结构体，它们在逻辑上是联系在一起的。授权结构体分为一般授权结构体和原子授权结构体。一般授权结构体内的授权步依次执行，原子授权结构体内部的每个授权步紧密联系，任何一个授权步失败都会导致整个结构体的失败。授权结构体是任务在计算机中进行控制的一个实例。

（3）受托人集是可被授予执行授权步的用户的集合。

（4）许可集是受托人集的成员被授予授权步时拥有的访问许可。

在 TBAC 中，授权模型采用 (S,O,P,L,AS) 五元组来表示。S、O、P 与传统的访问控制中的授权模型意义一致，分别代表主体、客体和权限。L 代表生命周期，AS 代表授权步，P 是 AS 所持有的权限，L 是 AS 的生存期。在任务执行过程中，授权步内部维护一个状态机，可以随着执行上下文的改变而动态地进行状态迁移，也可以由管理员干预，从而达到动态授权的目的。TBAC 授权步状态机的状态迁移如图 2-7 所示。其中，授权步没有被调用时处于休眠（dormant）状态，被调用后处于激活（invoked）状态，开始执行后处于有效（valid）状态，因事件发生或不满足执行条件时处于挂起（hold）状态，当条件满足或事件结束时恢复为有效状态，当生命周期结束时转换为无效（invalid）状态，此时授权步不再被使用。

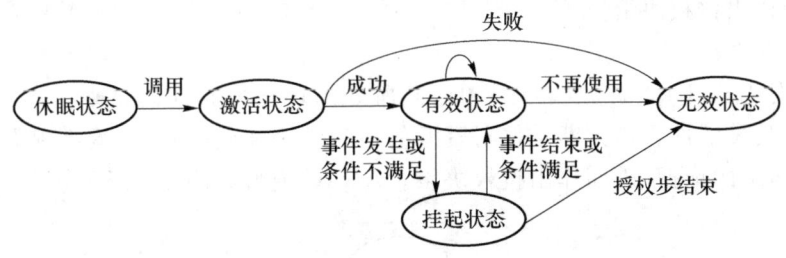

图 2-7　TBAC 授权步状态机的状态迁移

TBAC 从工作流中的任务角度建模，可以依据任务和任务状态的不同，对权限进行动态管理。在任务的执行过程中，如果某一权限不再需要，该权限将被授权步自动回收。TBAC 支持最小特权原则，即任务执行时，用户只能获得所需的最小权限；支持最小泄露原则，即如果任务没被执行或已经执行完毕，用户获得的所有权限将被收回。授权步之间的分权依赖关系，可以满足需要多方参与的敏感任务要求。因此，TBAC 非常适合分布式计算和多点访问控制的信息处理控制以及工作流、分布式处理和事务管理系统中的决策制定。

5. 基于属性的访问控制

云计算、物联网等新型计算环境为我们提供了便捷的数据共享、融合计算等服务，极大地提高了数据的处理效率，使计算和存储资源得到充分的利用，其中包含了大量的具有"所有权"特征的个人隐私数据。这些隐私数据与个人隐私或机构利益密切相关，一旦泄露就可能造成巨大的损失。

新型计算环境具有海量性、动态性和强隐私性的特点,给访问控制技术的应用带来了巨大的挑战,使得传统的面向封闭环境的访问控制模型,如 DAC、MAC、RBAC 等,难以直接使用于新型计算环境。

(1) 海量性。在封闭环境中,用户和资源的数量有限,但在新型计算环境中,用户和终端的数量庞大。传统的访问控制系统采用静态的访问控制管理方式对用户及其相应的权限进行管理,这种方式需要存储大量的用户及权限信息。但用户及资源的海量特性,会给维护和存储一个庞大的访问控制列表带来极大的存储和管理负担,同时使得用户权限查询效率非常低。

(2) 动态性。新型计算环境下,节点和用户在不断移动,访问数据对象实时变化;同时,节点可能不断接入和退出,体现出很强的动态性。传统的访问控制机制要求预先设定用户-权限的对应关系,但这种动态性使得我们无法预知所有用户信息,也无法准确了解用户和权限结构,更无法预设用户-权限对应关系。此外,这种动态性使得访问控制对于访问控制策略更新的实时性更加敏感,同时传统访问控制机制采用单一的授权机构的管理方式,因此海量用户的频繁变化会带来非常大的管理及运算负担。

(3) 强隐私性。随着公共平台上信息的共享程度越来越高,人们对数据隐私和个人隐私信息的保护提出了更高的要求。大多数服务提供商通过明文方式进行数据存储,一旦存储服务器被黑客攻破,用户存储的所有数据就会被泄露。为了使用户放心将自己的数据交付于数据服务提供商,除需要对用户的访问操作进行控制外,还需考虑对数据本身的保护。

基于属性的访问控制(Attribute-Based Access Control,ABAC)由于其可实现对主体、客体以及访问控制策略的细粒度刻画而广受关注,其核心思想是将主体、客体、权限以及访问请求所处的上下文环境通过属性及属性值对来描述策略,从而实现属性值的运算,使策略描述更加精确。当判断主体对资源的访问是否被允许时,决策要收集实体和环境的属性作为策略匹配的依据,进而作出授权决策。

1) ABAC 三要素

ABAC 充分考虑主体、资源(客体)和访问所处的环境的属性信息来描述策略,策略的表达能力更强、更具灵活性。当判断主体对资源的访问是否被允许时,决策要收集实体和环境的属性作为策略匹配的依据,进而作出授权决策。ABAC 模型如图 2-8 所示。

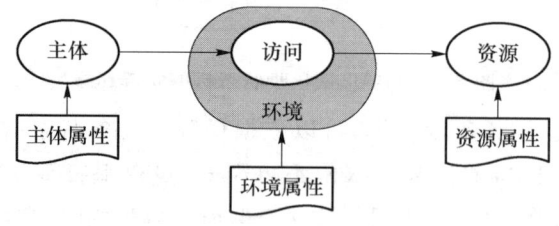

图 2-8　ABAC 模型

(1) 主体属性。主体是对资源执行操作的实体(如用户、应用程序或进程)。每个主体拥有相关属性,这些属性定义了主体的身份和特征。属性包括主体标识、姓名、单位、职位等。主体集合 $S=\{s_1,s_2,s_3,\cdots,s_n,\cdots,s_N\}$,用于标识访问控制的主体,所属主体是指通过身份鉴定的访问请求者,n 表示主体 s 的序号,N 表示主体的数量。

(2) 资源属性。资源是被主体执行操作的实体(如物理服务器,数据库)。与主体一样,资源也拥有可用于访问控制决策的属性。例如,物理服务器的名称、所有者、IP 地址、地域等。

(3) 环境属性。在大多访问控制模型中环境属性往往被忽略。环境属性描述了访问发生时的环境和上下文信息,比如当前日期和时间、当前网络安全等级等。它不同于主体或资源属性,但可用于指定访问控制策略和进行策略决策。

2) ABAC 的控制架构

ABAC 模型控制架构[4]如图 2-9 所示。

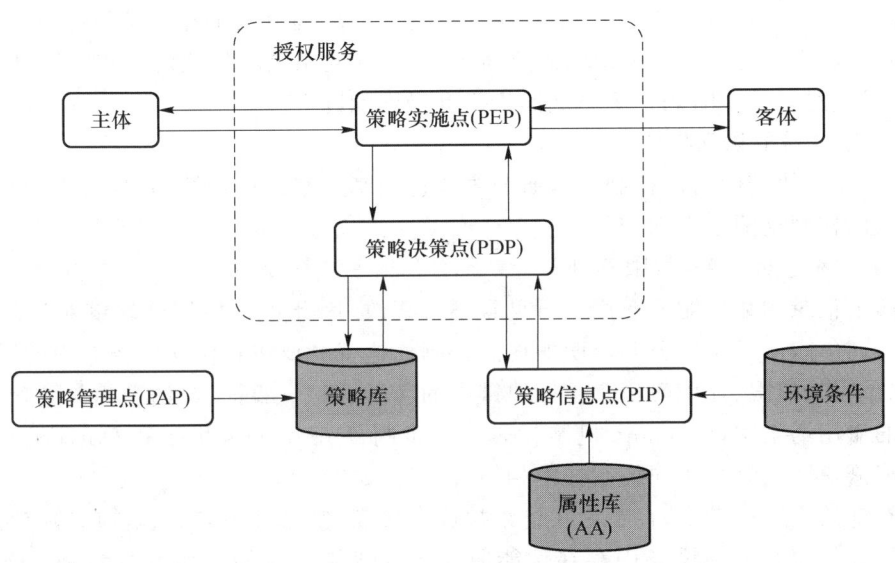

图 2-9 ABAC 模型控制架构

属性库(Attribute Authority,AA),负责创建和管理主体、资源或环境的属性。AA 是一个逻辑主体,本身可以存储属性的信息,也可以不存储。它的主要功能是把属性绑定到相应的实体,在提供和发现属性方面扮演重要的角色。数据中心通常有配置库和参数中心等可以提供客体、环境等方面不同属性权威的属性信息库。

策略实施点(Policy Enforcement Point,PEP),负责请求授权决策并实施决策。它截取主体对资源的请求,实施访问控制。PEP 可表示一个单一的实施点,也可以是网络中物理分布的多个点。

策略决策点(Policy Decision Point,PDP),负责评估使用的策略,作出授权决策(允许/拒绝)。PDP 本质上是一个策略评估引擎。当请求中没有给出策略需求的主题、资源或环境属性时,它从相应的 AA 中获取属性值。

策略管理点(Policy Administration Point,PAP),负责创建和管理访问控制策略,为 PDP 提供策略查询服务。策略由策略规则、条件和其他访问限制组成。

3) ABAC 的优点及缺点

基于属性的访问控制的优点是具有强大的表达能力,具有很强的灵活性和良好的可拓展性,可以较好地解决复杂信息系统中的细粒度控制和大规模主体动态授权的问题,为云计算系统架构、开放网络环境等应用场景提供了较为理想的访问控制方案。实体属性可以从不同的视角描述实体,因为用于属性描述的策略可以表达基于属性的逻辑语义,灵活地描述访问控制策略。如果将传统访问控制中的身份、角色以及资源安全密级等信息抽象为实体的某个属性,ABAC 可以被看作传统访问控制技术的超集,可以实现传统访问控制模型的功能。

然而,ABAC 在实现以上功能的同时,也提出了以下要求。

(1) 简洁的策略描述框架。ABAC 需要简单易用的策略描述和分析工具,以降低用户描述 ABAC 策略的难度。

（2）完善的策略合成模型。ABAC 策略合成代数模型需要具有方便添加新的策略合成操作符以增加策略合成的能力。同时，还应研究相应的代数操作的普适性。

（3）高效的安全属性交互协议。ABAC 需要安全、高效的协商协议来为属性交互服务。同时考虑隐私信息保护等问题，支持凭证中属性的颗粒度提交或不经意访问控制。

（4）易理解的通用本体。ABAC 需要简洁、高效的通用策略描述语言和本体，以解决多组织域之间的属性描述、策略表达等方面的语义互操作问题。

6. 基于区块链的访问控制

目前，基于区块链的访问控制技术研究主要包括基于交易进行策略/权限管理和基于智能合约进行访问控制这两个方面。

1）基于交易进行策略/权限管理

区块链上记录的数据对所有用户可见且不可篡改，因此可以使用区块链对访问控制的策略/权限进行管理，从而实现公开透明的访问控制。这就需要将传统访问控制中的用户、角色、属性、资源、动作、权限、环境等概念与区块链中的交易、账户、验证、合约等相关概念进行结合。在公有链的应用场景中，Damiano 机制、Zyskind 机制、FairAccess 机制和 Dorri 机制分别从不同的角度将区块链交易与访问控制技术相结合。

在私有链的应用场景中，存在区块链维护成本较高、签名开销较大、响应时延较长的问题，特别是在计算能力有限的设备中存在性能瓶颈。以智能家居的应用背景为例，Dorri 机制建立本地私有区块链，提出了轻量级的解决方案，引入了存储、访问、监控、生成设备、删除设备等交易类型，对传统区块链协议进行了扩展，增加了策略头存储策略列表，策略头用于授权设备且执行 HOME 主人的访问控制策略。

将区块链与当前主流的访问控制模型相结合，兼容性高，易于实现。但是，由于当前主流的区块链共识机制是基于算力的，因此单独运行区块链来提供访问控制服务存在较大的计算开销；此外，区块生成需要一定时间，难以实现策略的实时更新。基于交易进行的策略/权限管理研究对比如表 2-2 所示。

表 2-2 基于交易进行的策略/权限管理研究对比

机制	Damiano 机制	Zyskind 机制	FairAccess 机制	Dorri 机制
应用背景	泛化	移动应用	物联网	物联网
访问控制机制	ABAC	DAC	OrBAC	ACL
安全性分析	未分析	已分析	未分析	已分析
计算开销	高	中	中	低
私有链	否	否	否	是

2）基于智能合约进行访问控制

智能合约是存储在区块链上的能够自动运行的脚本，是通过计算机程序自动执行合同条款的交易协议。由于智能合约具有强制自动执行的特点，因此一些研究通过使用智能合约来实现对资源的访问控制。

将区块链技术应用于访问控制领域主要有如下 5 个优点：

（1）策略被发布在区块链上，能够被所有的主体可见，不存在第三方的越权行为；

（2）访问权限能够基于区块链通过与权限拥有者进行交易，使被访问资源权限更容易地

从一个用户转移到另一个用户,资源拥有者无需介入用户,因此权限管理更加灵活;

(3) 权限最初由资源拥有者通过交易对其进行定义,整个权限的交易过程在区块链上公开,便于审计;

(4) 使资源的管理使用权真正掌握在用户手中;

(5) 基于智能合约能够实现对资源自动化的访问控制保护。

但是,基于智能合约进行访问控制也存在一些亟待解决的问题:

(1) 由于被区块链记录的交易不可撤销,因此访问控制策略及权限不易更新;

(2) 区块容量有限,单个交易无法存储较大规模数据,使其应用受限;

(3) 所有策略及权限交易信息都公开存放在区块链上,容易被攻击者利用,产生安全风险,需要有效的方法对交易信息进行保护;

(4) 区块链技术交易确认需要时间(如比特币 10 分钟左右才产生新的区块),无法对实时请求进行响应。

2.2.3 大数据访问控制

1. 应用场景分析

大数据具有大规模、高速性、多样性和价值性的特点。大数据应用通常是一个包含了数据收集、存储、共享和利用等多个环节、多种技术的庞大且复杂的系统。因为大数据应用场景的不同,所以这些环节和技术具有较大差异,大数据访问控制所要面对的安全问题也必然是各不相同的。但是,大数据应用的一些特征给访问控制带来了新的问题。

(1) 数据从多个渠道大量汇聚,往往达到 TB、PB 级,这增加了访问控制策略制定以及授权管理的难度,导致过度授权和授权不足现象越来越常见。

(2) 数据类型组成通常包括结构化、半结构化、非结构化数据,且在社交网络大数据、工业大数据等场景下数据往往呈现出顺序、大量、快速、连续的流特点。这给访问控制客体的描述增加了困难,为细粒度访问控制的实施提出了挑战。

(3) 在诸如社交网络、医疗、交通等大数据场景下,个人用户成为数据的重要来源。这增加了访问控制对数据客体中个人隐私的保护难度。

(4) 大数据应用往往具有更加复杂的数据用户类型,这些数据用户在分享数据时,出现了诸如朋友关系、病人与医生相关性、业务流程等安全约束需求。这造成了访问数据的主体集合构成复杂化,同时增加了分享数据时安全需求的描述难度。

(5) 为了充分利用大数据创造价值,大数据应用收集到的数据除了会在企业或组织内的不同部门之间分享,还可能提供给第三方分析者部分数据访问权限,使得访问控制的范围进一步扩大。这为访问控制增加了数据分析这一数据访问场景,而大数据分析架构本身缺乏对安全性的考虑。

要实现大数据场景下的数据受控共享亟须解决上述问题。虽然许多现有的访问控制技术不是针对大数据场景提出的,但是却能够用于应对大数据场景下访问控制存在的问题。不同类型的大数据存在多样化的访问控制需求。例如,在 Web2.0 个人用户数据中,存在基于历史记录的访问控制;在地理地图数据中,存在基于尺度以及数据精度的访问控制需求;在流数据处理中,存在数据时间区间的访问控制需求等。现有的技术无法解决上述所有大数据访问控制中的问题,实际系统中的大数据访问控制一定是多种访问控制技术的综合应用。

（1）角色挖掘。角色是基于角色的访问控制模型的核心概念。在采用 RBAC 的大数据应用中，系统和数据的规模与复杂性都远远超出了管理员的能力，所以为了减少过度授权和授权不足现象的发生，自动化地对角色进行挖掘并完成授权意义重大。角色挖掘主要用于解决如何产生角色，建立用户-角色、角色-权限的映射关系。相比"自上而下"进行人为的角色设计，角色挖掘是"自下而上"地从系统分配关系中自动化地实现角色定义和管理工作，以减小对管理员的依赖。

（2）基于风险的访问控制。由于大数据应用系统的复杂性，因此通常会存在特定的访问需求在设计策略时没有考虑，或者由访问需求的变化引起访问控制策略不再适合等问题。此时，如果严格按照预先定义的策略执行访问控制，将产生授权不足、无法完成业务的情况，这对于医疗、交通等对可用性要求较高的大数据场景是无法接受的。基于风险的访问控制不再严格按照预先分配的权限进行访问控制，而是先衡量访问行为所带来的风险。因此，当发生一些未预料到的访问行为时，若其风险可接受，则仍然允许访问。这对于大数据应用来说非常必要，极大地提高了系统可用性。

（3）半/非结构数据的访问控制。半/非结构数据存在细粒度访问控制难以实施的问题。

① XML 数据的访问控制。XML（可扩展标记语言，Extensible Markup Language）数据是在金融、医疗等领域应用最为广泛的一种半结构化数据。它采用一系列简单的标记来描述数据，使得数据更容易被理解和交换。金融、医疗领域对 XML 数据的系统访问控制需求迫切。基本解决方法是采用 DTD（Document Type Definition）或其他能够描述 XML 文档格式的机制进行授权和访问控制。

② 图数据的访问控制。社交网络中的朋友关系属于图形的半结构化数据，这类数据的访问控制可应用基于关系的访问控制模型（Relationship-Based Access Control，ReBAC），将访问请求者与资源所有者之间的关系作为访问控制判定的一个依据。

③ 文本数据的访问控制。文本数据在结构上近乎无规则，对此类数据实施细粒度访问控制的难点是缺少恰当的方式来描述客体。解决文本数据的细粒度访问控制的方法是基于内容的访问控制（Content-Based Access Control，CBAC），将用户拥有文本的内容与新请求文本的内容进行相似度分析，并依据分析结果进行访问控制判定，从而使用户只能够访问与其相关的文本内容。

（4）针对隐私保护的访问控制。随着大数据应用对个人数据的大量采集、存储和分析，用户的个人隐私正面临着前所未有的严重威胁。基于此，引入意图的概念来保护个人隐私，并提出基于意图的访问控制模型（Purpose-Based Access Control，PBAC）。

（5）基于密码学的访问控制。传统访问控制方案的安全性依赖于可信的引用监控器，而基于密码学的访问控制方案的安全性则依赖于密钥的安全性，能确保大数据分析架构自身的安全。一方面，由于大数据分析架构的复杂性，很难建立可信的引用监控器；另一方面，部分大数据场景下，数据是处于所有者控制范围外的。因此，不依赖于可信引用监控器的基于密码学的访问控制对于大数据的一些特定场景具有重要意义。

2．应用场景——面向社交网络隐私保护的访问控制

近年来，在线社交网络[5]（Online Social Network，OSN）不断发展，已成为人们日常生活中必不可少的组成部分。用户的交流信息、配置信息、分享的图片信息等含有大量的敏感信息，这些信息的泄露和不正常传播会给用户带来极大的隐患。为缓解用户对隐私的忧虑，大部分社交网络都采取了对信息的访问控制策略,并且将访问控制策略的描述、执行权限赋予用户本身。

OSN 具有和传统系统不同的特点,具体来说,社交网络为每个用户提供一个虚拟空间,此虚拟空间上存有朋友列表、交流信息、分享信息、评价信息、配置信息、历史信息等。朋友列表有大量可使用的控制信息,这些控制信息对访问控制策略的设计有极大的帮助;交流信息、分享信息的属性信息能够精确描述一类用户的某些特点,从而提供大量的控制信息;评价信息牵涉多方用户;配置信息显示了用户的基本情况,也提供大量的控制信息;历史信息显示了用户对朋友的隐私倾向。此外,社交网络还具有数据量大、数据个性化、数据动态性、强隐私化等特点。

目前,面向社交网络隐私保护的访问控制的研究主要有基于关系的访问控制模型、基于属性的访问控制模型和基于语义的访问控制模型三个方向。

(1) 基于关系的访问控制模型

社交网络可抽象为由不同用户及对应社交关系组成的网络拓扑。在社交网络中,可根据社交关系的类型、深度和可信度等因素对访问者进行细粒度区分,从而精确描述对某一资源的不同权限的访问者。基于关系的访问控制模型没有考虑资源的内容和其他因素,不能完全体现出社交网络结构中主体、客体之间的精确关系,因此需要增加其他因素使其能够更加精细地识别每个访问者的身份。

(2) 基于属性的访问控制模型

社交网络具有动态性,用户可随时随地添加/删除好友、分享/删除各式各样的数据等。属性作为资源的固有因素,可有效对用户、资源、访问者之间的限制条件进行描述。因此,基于属性的访问控制模型适用于具有动态特征的社交网络。将属性因素作为控制因素,可有效区分用户的身份、增加更多的约束条件、提出复杂的限制因素,基于这些特征,研究者提出细粒度的访问控制模型。

(3) 基于语义的访问控制模型

数据资源的语义信息显示了资源之间的内在联系,从而提供了极为丰富的控制信息。依靠这些控制信息,可对用户、资源、访问者进行限制,从而构建细粒度的访问控制模型。社交网络中的访问控制模型不仅考虑用户的社交关系因素,而且要考虑资源之间的语义因素。资源的语义不仅反映出资源之间的内在联系,而且体现出资源之间的逻辑关系,因此能够为访问控制策略提供限制条件。语义网是一种描述语义信息的重要方式,可以认为是在万维网数据资源的基础上添加语义元数据构建而成的,这些元数据蕴含了资源之间的内在联系。本体描述语言(Web Ontology Language,OWL)能够描述资源之间的联系,分离信息结构和内容,形式化地描述信息,可以精确描述用户、资源、访问者三者之间的限制条件。使用本体描述语言对社交网络中的用户、资源、策略以及各种限制条件等要素进行模拟,并将访问控制中的相应操作映射到对本体的操作。

2.2.4 访问控制语言

在访问控制技术的发展和工程实践中,出现了许多对高效的用户访问、授权管理和流程进行描述的语言,这些语言作为访问控制理论和工程实践之间的桥梁,起着至关重要的作用,也是后人研究访问控制技术的主要工具。目前主要有以下 3 种语言可以对访问控制进行描述:

其作用各不相同。

（1）安全断言标记语言（Security Assertion Markup Language，SAML）是一个基于 XML 的标准，用于在不同的安全域之间交换认证和授权数据。SAML 定义了身份提供者和服务提供者的工作：①认证申明，表明用户是否已经认证，通常用于单点登录；②属性申明，表明某个主体的属性；③授权申明，表明某个资源的权限。

（2）服务供应标记语言（Services Provisioning Markup Language，SPML）是一个基于 XML 的标准，主要用于创建用户账号的服务请求和处理与用户账号服务管理相关的服务请求。其主要有两个目的：一是自动化 IT 配置任务，通过标准化配置工作，使其更容易封装配置系统的安全和审计需求；二是实现不同配置系统间的互操作性，可以通过公开标准的 SPM 接口来实现。

（3）可扩展访问控制标记语言（Extensible Access Control Markup Language，XACML）是一种基于 XML 的策略语言和访问控制决策请求/响应的语言，支持参数化的策略描述，可对 Web 服务进行有效的访问控制。该语言主要定义了一种表示授权规则和策略的标准格式，还定义了一套评估规则和策略，以做出授权决策的标准方法。XACML 提供了处理复杂策略集合规则的功能，补充了 SAML 的不足，很适合应用于大型云计算平台的访问控制，对于实现跨多个信任域的联合访问控制有着重要作用。

2.3　存储与灾难管理

大数据存储与灾难管理[6]在现代信息技术领域中具有重要的地位和作用。随着大数据技术的快速发展和广泛应用，企业、政府、科研机构等各类组织面临着海量、高速、多样化的数据存储和处理需求，同时灾难事件如自然灾害、人为事故等时有发生，对数据的安全性和可用性提出了更高的要求。因此，大数据存储与灾难管理变得尤为重要①。数据备份存储与灾难管理是大数据安全的重要组成部分。

2.3.1　大数据存储

大数据存储[6]是指存储和管理大规模、高速、多样化数据的技术和方法。随着大数据技术的快速发展和广泛应用，越来越多的组织需要有效地处理和管理大量的数据，包括结构化数据（如数据库、数据仓库）和非结构化数据（如文本、图像、视频等）。大数据存储解决了传统数据存储技术在处理大数据方面的限制，提供了更高效、可扩展、灵活的数据存储和管理方式。

大数据存储通常需要具备以下几个特点。

（1）高容量：大数据存储需要能够存储大量的数据，包括量大、速度快、种类多样化的数据。

（2）高性能：大数据存储需要具备高性能的数据处理能力，包括高速的数据读写能力、高

---

① 典型案例：2022 年 8 月 8 日，位于美国艾奥瓦州康瑟尔布拉夫斯的谷歌数据中心发生爆炸，造成 3 人受伤。事故发生后，多个地区的谷歌地图、谷歌搜索出现中断服务情况，有数据显示，该故障影响了全球 40 多个国家/地区的至少 1 338 台服务器，受影响国家包括美国、澳大利亚、南非、肯尼亚、以色列、南美洲部分地区、欧洲和亚洲部分地区。因此，数据备份存储和灾难管理是必不可少的。

并发的数据处理能力、低延迟的数据查询能力等,以满足大规模数据处理的需求。

(3) 可扩展性:大数据存储需要具备良好的可扩展性,能够随着数据量的增加而灵活扩展存储容量和计算能力,以应对不断增长的数据存储需求。

(4) 弹性和灵活性:大数据存储需要具备灵活的数据模型和数据访问方式,能够适应不同类型和不同格式的数据,包括结构化、半结构化和非结构化数据,支持多样化的数据处理需求。

(5) 数据安全:大数据存储需要具备高级的数据安全特性,包括身份认证、访问控制、数据加密等,以保障数据的机密性、完整性和可用性。

(6) 容灾和备份:大数据存储需要具备良好的容灾和备份策略,以防止数据丢失和业务中断,确保数据的持久性和业务的连续性。

2.3.2 数据备份与灾难管理

1. 数据备份

数据备份[7]是指将数据复制到另一个存储介质中,以便在发生数据丢失或破坏时恢复数据。备份的存储介质通常为磁带、硬盘或云存储等。备份可以通过手动或自动方式进行。手动备份需要人工操作,而自动备份则可以通过自动化工具实现。数据备份的具体实现可以根据不同的需求和场景进行选择。常见的数据备份方法包括定期手动备份、自动备份、镜像备份及增量备份等。

2. 灾难管理

灾难管理[8]是指组织在面临自然灾害、人为灾害、技术灾害或其他突发事件时,通过预先制定的计划、策略和措施,对灾害进行管理和应对,以保护组织的资源、人员和业务持续运营的能力。

在大数据存储和管理中,灾难管理至关重要。大数据通常包含着组织的核心业务数据、客户信息、市场分析等重要数据,一旦遭遇灾害事件,数据的丢失、损坏或不可用都可能对组织造成严重影响,导致业务中断、财务损失甚至声誉受损。因此,灾难管理在大数据环境中的作用非常重要。

灾难管理通常包括灾难预防、灾难准备、灾难响应和灾难恢复四个阶段。灾难预防阶段包括进行风险评估、灾难演练和实施安全措施等行为,旨在减少灾难事件发生的可能性。灾难准备阶段包括制定灾难管理计划、备份数据、制定紧急通信和协调流程等行为,以便在灾难发生时能够迅速做出反应。灾难响应阶段包括组织应急小组、启动灾难管理计划、进行灾难评估等行为,旨在迅速掌握灾难情况并采取应对措施。灾难恢复阶段包括恢复业务运营、恢复数据、修复系统等行为,以便尽快从灾难中恢复正常运营。

本 章 小 结

本章首先介绍大数据管理目标与原则;其次,对于大数据安全管理涉及的多种技术手段进行相应的归纳总结;最后,对大数据安全管理的存储与灾难管理进行介绍,并描述了数据备份与灾难管理措施。

思 考 题

1. 大数据安全管理目标和原则主要包括哪些内容？
2. 随着网络和计算技术的不断发展，访问控制的应用也扩展到更多的领域。访问控制包含哪些含义？访问控制系统的三个基本要素是什么？
3. 大数据存储与灾难管理在现代信息技术领域中具有重要的地位和作用，在大数据处理中，由于数据量庞大，因此数据处理的不可控因素也增加了，如何做好数据的应急处理？

参 考 文 献

[1] 中国信息通信研究院. 数据安全治理实践指南（1.0）[R/OL]. [2023-11-18]. http://www.caict.ac.cn/kxyj/qwfb/ztbg/202107/P020210720377857004616.pdf.

[2] 李凤华,熊金波. 复杂网络环境下访问控制技术[M]. 北京:人民邮电出版社,2019.

[3] THOMAS R K, SANDHU R S. Task-based authorization controls(TBAC):A family of models for active and enterprise-oriented authorization management[J]. Database security XI:status and prospects,1998:161-181.

[4] DA SILVA C E,DINIZ T,CACHO N,et al. Self-adaptive authorisation in OpenStack cloud platform[J]. Journal of Internet Services and Applications,2018,9(1):1-17.

[5] 张引,陈敏,廖小飞. 大数据应用的现状与展望[J]. 计算机研究与发展,2013(增刊2):216-233.

[6] 林子雨. 大数据技术原理与应用:概念、存储、处理、分析与应用[M]. 北京:人民邮电出版社,2017.

[7] NELSON S. Pro data backup and recovery[M]. Berkeley:Apress,2011.

[8] CHANG V. Towards a big data system disaster recovery in a private cloud[J]. Ad Hoc Networks,2015,35:65-82.

第 3 章

大数据处理技术

本章学习要点	• 熟悉现有大数据技术框架 • 熟悉大数据处理步骤 • 理解大数据处理实例

案例：网络搜索引擎已经成为人们获取信息的主要途径。当我们在搜索引擎中输入关键词时，我们的行为和需求都被记录在所谓的网络日志中。而这些网络日志不仅仅是简单的记录，它们蕴含着巨大的潜力。通过深入分析基于网络日志的大数据，我们可以揭示出令人惊讶的信息。想象一下，通过分析网络日志中的用户行为和搜索模式，我们可以准确判断一个人的性格特征，并预测出他们接下来可能要做的事情。这项技术在安全领域尤为重要，因为它能够帮助我们辨识潜在的危险人群。例如，黑客经常利用社会工程学的方法，即利用人们的弱点进行攻击。通过分析网络日志中的用户行为和搜索记录，我们可以识别出那些行为模式与典型用户行为不符的用户。这样，我们就能够及时发现潜在的黑客攻击并采取相应的防御措施。如何运用大数据处理技术来挖掘网络日志中的宝贵信息，从而为安全领域提供更准确、更高效的决策支持呢？让我们带着问题一起进行本章的学习。

随着云计算、大数据的快速发展，大数据时代已经到来。正如阿里巴巴创始人马云在演讲中说的："未来的时代将不再是 IT 时代，而是大数据的时代！"哈佛大学社会学教授加里·金对于大数据时代这样说："这是一场革命，庞大的数据资源使得各个领域开始了量化进程，无论是学术界、商界还是政府，所有领域都将开始这种进程。"

本章将从大数据技术框架、大数据处理步骤、大数据处理实例三个方面介绍大数据处理技术。

3.1 大数据技术框架

近年来,随着互联网、物联网和云计算的快速发展,人类社会逐渐步入了大数据时代[1]。所谓的大数据,指的是所涉及的资料量规模巨大到无法通过主流软件工具在合理时间内达到撷取、管理、处理并整理成为帮助企业达到经营决策更积极目的的资讯。大数据的发展在给计算机等行业带来发展机遇的同时,也带来了新的挑战,并促进了新技术的发展和旧技术的革新[2]。

图 3-1 展示了大数据技术架构,架构从底部的物理集群开始,通过操作系统管理硬件资源,操作系统之上是大数据存储和大数据计算框架,用于存储大规模数据和处理大数据,再上层是应用程序支撑和应用程序;左侧的集群监控和集群协作,用于管理集群状态;右侧的任务队列,用于调度任务。整体构建了一个完整的大数据处理架构,用于有效地处理和分析海量数据。其中,最核心部分就是数据存储与共享层中的大数据存储和数据分析层中的大数据计算框架。大数据存储指的是数据分析与计算后结果存放的位置,其实就是关系型数据库和 NoSQL[3](非关系型数据库),它可以提供数据存储服务。在操作系统上搭建可扩展、高效可靠、具有容错能力的分布式大数据计算框架,计算依赖存储,两者共同构成数据处理的核心服务。本节重点对大数据计算框架进行分析。

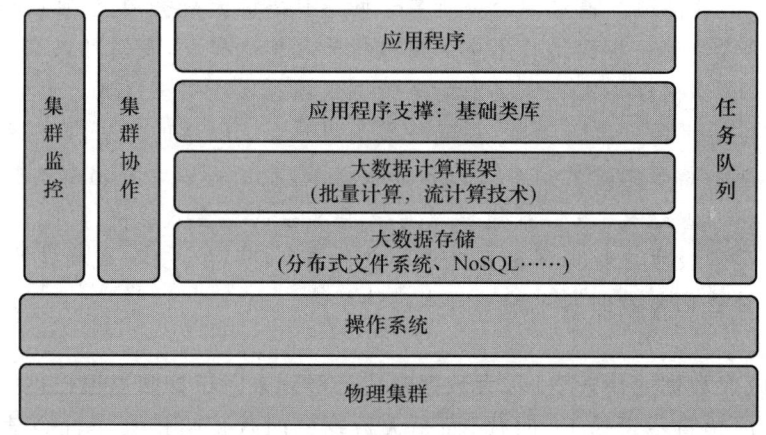

图 3-1 大数据技术架构

3.1.1 大数据计算框架的设计目标

近年来,MapReduce 框架、Spark 框架等大数据处理框架已得到广泛的应用,然而在设计大数据处理框架时,存在诸多性能和安全方面的挑战,因此在大数据计算框架的设计过程中需要面临以下挑战。提供满足这些挑战要求的性能是大数据框架的设计目标[4]。

1. 性能挑战

(1) 可扩展性:计算框架的可计算规模以及计算并发度等指标被系统的可扩展性所影响。现有的大数据计算框架大多采用主从模式的架构设计,虽然有利于管理和任务调度,但是主节点的性能会限制系统的可扩展性。另外,在现有弹性计算集群部署中,如何快速平衡负载也是系统可扩展性的一大挑战。

(2) 容错能力:大数据计算框架需要考虑底层存储系统的不可靠性,应该具有出现错误后自动恢复的容错能力。在大数据计算中,如果在中间阶段发生错误,必须确保大数据计算框架能够重新执行任务。

(3) 资源利用率:大数据计算平台中存在多用户共同使用、多任务共同执行的情况。计算框架资源利用率的高低代表其能够创造价值的大小。在运行的过程中要保证用户使用计算资源的公平性,也要保证整个系统合理利用资源,使系统保持较高的吞吐率,还要保证任务调度算法高效以及开销低。

(4) 高效可靠的 I/O:大数据计算中,硬盘和网络的读写(I/O)速率远远低于内存的读写速率,导致整个任务的执行效率降低,计算资源被浪费。在现有的计算机体系结构下,尽可能使用内存有效提高处理的速度,但是算法的合理性和内存的不可靠性都是需要考虑的问题。

2. 安全挑战

(1) 调度安全。目前常用的大数据处理框架是分布式处理框架,大数据处理中遇到任务调度问题是不可避免的。因此,如何通过一定的隔离方法确保任务的调度安全是目前面临的一大问题。

(2) 执行安全。执行安全主要指在大数据处理任务执行过程中如何防止恶意用户非法访问或篡改数据库中的数据和信息,以及如何避免隐私数据的泄露。

(3) 结果可信。任务执行完成后的结果可信问题是指如何确保计算结果真实可靠。目前,理论上研究较多的是可验证计算方法,但由于其性能开销过大,因此尚未实际应用于 MapReduce 等处理框架中。

3.1.2 批量处理框架

在大数据时代,除了需要解决数据的大规模存储和高效存储的问题,还需要解决大规模数据的高效处理问题。大数据批量处理框架设计的初衷是解决大规模、非实时的数据计算问题,即更注重整个计算框架的吞吐量。Google 公司在 2004 年提出了大规模数据处理的并行计算模型和方法 MapReduce,它具有低成本、高可靠性、高可扩展的特点,降低了大数据计算分析的门槛,得到大数据处理人员的青睐。在此基础上,大数据研究人员又设计了众多的批量处理框架,从编程模式、存储介质等角度不断提高批量处理的性能,使其适应更多的应用场景,下面将介绍常见的批处理框架。

1. MapReduce 计算框架

MapReduce[5]是一种并行计算模型,它用于大规模数据集(大于 1 TB)的并行运算,它将复杂的并行计算过程高度抽象到两个函数中:Map(映射函数,用来把一组键值对映射成一组新的键值对)和 Reduce(归约函数,用来保证所有映射的键值对中每一个共享相同的键组)。MapReduce 极大地方便了分布式编程工作,编程人员可以很容易地将自己的程序运行在分布式系统上,完成海量数据集的计算。MapReduce 计算框架如图 3-2 所示,分为 Map 阶段和 Reduce 阶段。在 Map 阶段,输入数据被切分为多个部分,然后通过 Map 中的 Mapper 类进行处理。Mapper 将输入数据转换为键值对,并将其发射出去。输出的键值对首先进入内存缓存进行存储,当缓存达到一定阈值时,数据会溢出到磁盘,并进行排序。在 Map 阶段执行完毕后,临时的排序文件将被合并存储到 HDFS 中。在 Reduce 阶段,Reduce 中的 Reducer 类启动时会启动一个线程从磁盘读取 Mapper 输出的数据,并将数据写入 Reducer 所在机器的内存。

如果内存中的数据溢出到磁盘,则再次进行排序。数据读取完成后,临时文件将被合并,作为 Reduce 函数的输入数据源。

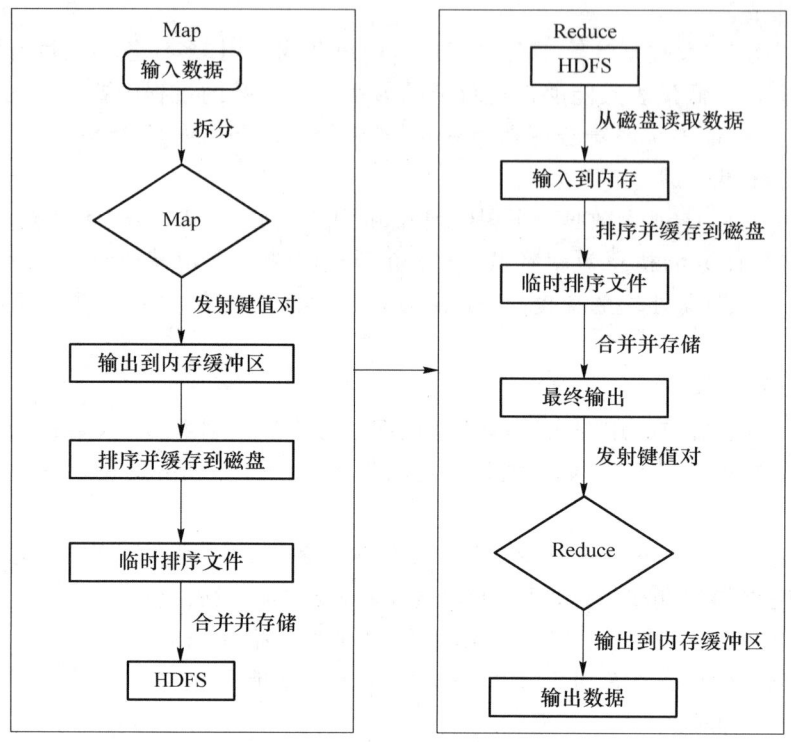

图 3-2　MapReduce 计算框架

MapReduce 的主要优点如下。

(1) MapReduce 可以处理大规模数据集。通过将任务分解为多个独立的 Map 阶段和 Reduce 阶段,并将它们分布在多个计算节点上并行执行,MapReduce 可以有效地处理大规模数据,实现高吞吐量和并行性能。

(2) 当节点发生故障时,MapReduce 可以自动重新执行失败的任务,确保任务的完成和数据的一致性。此外,MapReduce 还支持备份机制,将数据复制到多个节点上,提高数据的可靠性和容错能力。

(3) MapReduce 提供了一种通用的编程模型,适用于各种数据处理和分析任务。开发人员可以使用自己熟悉的编程语言编写 Map 函数和 Reduce 函数,根据具体需求进行定制化的数据处理操作。这种灵活性使得 MapReduce 满足不同领域和应用场景的数据处理需求。

MapReduce 的主要缺点是:MapReduce 的数据处理过程中需要频繁地读写磁盘,将中间结果保存在磁盘上,并在不同阶段之间进行数据传输。这样的磁盘 IO 操作会引入额外的延迟和开销,影响整体性能,尤其在大规模数据集的情况下,磁盘 IO 操作成为 MapReduce 的瓶颈。

2. Dryad 计算框架

Dryad 是微软发布的分布式运算框架。Dryad 的编程模型比 MapReduce 更具一般性。Dryad 计算框架用有向无环图(DAG)描述任务的执行过程,其中用户指定的程序是 DAG 图的节点,数据传输的通道是边,可通过文件、共享内存或者传输控制协议(TCP)通道来传递数据,而任务相当于图的生成器,可以合成任何图,甚至在执行的过程中这些图也可以发生变化,以响应计算过程中发生的事件。在大数据处理方面,微软借助 Dryad 也形成了完整的软件栈,部署了分布式存储系统 Cosmos[6],提供 DryadLINQ 编程语言,使大规模的分布式计算更容易进行。

Dryad 的主要优点是:(1)在容错性方面,Dryad 支持良好,在其底层的数据存储支持数据备份;(2)在任务调度方面,Dryad 的适用性广,在多核和多处理器上同样有良好的性能;(3)在扩展性方面,Dryad 可用于各种规模的集群计算平台,下至单机多核计算机,上至多台计算机组成的集群,甚至可以用于拥有数千台计算机的数据中心。

Dryad 的主要缺点是:(1)Dryad 的学习曲线相对陡峭,需要用户熟悉其编程模型和相关工具才能有效地使用;(2)与其他一些分布式计算框架相比,Dryad 的支持和社区相对较小,这可能导致用户在遇到问题时难以获得及时的帮助或找到相关的资源;(3)Dryad 对底层硬件有一定的依赖性,特别是对于使用专用硬件加速的任务。这可能导致一些部署和配置上的复杂性,并限制了它在不同硬件环境中的可移植性。

3. Spark 计算框架

Spark 最初诞生于美国加州大学的 APM 实验室,目前是 Apache 软件基金会下的顶级开源项目之一。Spark 是一种高效通用的分布式计算框架,是一个可应用于大规模数据处理的快速、通用引擎,它采用基于 DAG 图的编程模型,提供了丰富的编程接口。Spark 可以在 DAG 图中划分不同的阶段以完成复杂应用的定义,而 MapReduce 只能通过串联多个任务实现复杂应用。Spark 发展至今,已经形成了完整的软件栈,在 Spark 的上层,已经能够支持在分布式内存中进行快速数据分析 Shark、流计算 Spark Streaming、机器学习算法库 MLlib、面向图计算的 GraphX 等。

Spark 的主要优点如下。(1)在计算效率方面,Spark 运行速度快,使用先进的 DAG 图执行引擎,支持循环数据流与内存计算,减少了磁盘 I/O 带来的开销,更适用于机器学习等需要迭代计算的算法。(2)在容错性方面,Spark 数据以弹性分布式数据集(RDD)[7]的形式存在,依靠 Lineage 的支持,能够以操作本地集合的方式来操作分布式数据集。通过记录跟踪所有 RDD 的转换流程,可以保证 Spark 计算框架的容错性。(3)Spark 支持使用多种语言进行编程,简洁的 API 设计有助于用户轻松构建并行程序,并且可以通过 Spark Shell 进行交互式编程。

Spark 的主要缺点如下。(1)Spark 在处理大规模数据集时需要大量的内存,这可能会导致内存消耗过高。如果数据集无法全部加载到内存中,Spark 将会频繁地进行磁盘读写,从而影响性能。(2)由于 Spark 的执行模型涉及将数据分成不同的任务进行并行处理,以及可能需要进行数据传输和网络通信,因此会导致一定的延迟。对于对实时性要求较高的应用程序,这种延迟可能会成为一个问题。(3)Spark 是一个功能强大的框架,但也具有一定的复杂性。它有多个组件和概念(如 RDD、DataFrame、Spark Streaming 等),需要用户熟悉这些概念并了解它们的工作原理。

4. GraphLab 计算框架

GraphLab 是一个开源的图计算框架,由 Select 实验室在 2010 年提出并使用 C++语言实现。该框架专注于机器学习的流处理并行计算,目标是:像 MapReduce 一样提供高度抽象的计算模型,能够高效执行与机器学习相关的迭代算法,并保证计算过程中数据的一致性和高效的并行计算性能。

GraphLab 的主要优点如下。(1)相比于 MapReduce 框架,GraphLab 提供了更简单的编程接口,使用户无需关注进程间的通信。它更适合处理具有高度数据依赖、需要信息交互和频繁计算的场景。(2)GraphLab 提出了图计算的理论和方法,能够解决单机系统中的大规模图计算问题,并形成完整的面向机器学习的并行计算框架。

GraphLab 的主要缺点是:在处理较大规模的自然图时可扩展性差、负载极不均衡等。

3.1.3 流式处理框架

大数据包括静态数据和动态数据,大数据计算包括批量计算和实时计算,大数据批量处理框架一般重视数据处理的吞吐量,而大数据流式处理框架更关注数据处理的延时,即处理数据的实时性。而传统的 MapReduce 框架主要用于静态数据的批量处理,并不适合用于处理流数据。随着人们对大数据处理实时性的要求越来越高,对海量流数据进行实时计算成为大数据领域的一大挑战,因此业界提出了流式处理的概念。现在流式处理的典型框架包括 Storm、S4、Samza、Spark Streaming 等。

1. Storm 计算框架

Storm 是一个免费的开源分布式实时计算系统,旨在处理实时数据流。它通过提供高度可扩展和可靠的数据处理功能,满足了实时数据处理、实时分析和事件处理等场景的需求。

Storm 采用了一种称为"流式计算"的模型,可以连续地接收和处理数据流,而不是像批处理系统那样按照固定的时间间隔处理数据。这使得 Storm 能够实时地处理大量的数据,并以低延迟的方式提供结果。在 Storm 中,数据流由"拓扑"表示,拓扑是由多个"处理器"(也称为"节点")组成的有向无环图。每个处理器负责接收输入数据流,执行特定的计算操作,并将结果发送到下一个处理器。通过灵活的编程接口,用户可以定义自己的处理器逻辑,从而根据应用需求实现复杂的数据处理和分析。Storm 的分布式架构允许在集群中运行多个处理器并行处理数据流。它提供了容错机制,当节点发生故障时,数据可以被重新分配和处理,确保数据不会丢失,并保持系统的可靠性。

Storm 的主要优点是:(1)Storm 可方便地与队列系统和数据库系统进行整合;(2)Storm 的并行特性使其可以运行在分布式集群中;(3)Storm 可以自动进行故障节点的重启,以及节点故障时任务的重新分配;(4)Storm 是一款免费的开源框架。

Storm 的主要缺点是:(1)集群存在负载不均衡的情况;(2)任务的部署不够灵活,不同的拓扑之间存在不能相互通信的问题,计算结果不能共用。

2. S4 计算框架

S4(Simple Scalable Streaming System)是一种开源的分布式流处理系统,旨在处理大规模、高速的实时数据流。S4 由雅虎实验室(Yahoo! Research)开发,它提供了一种高度可扩展、灵活可靠的流处理框架。S4 的设计理念是将数据流划分为多个事件流,并通过事件驱动的方式进行处理。它采用了分布式计算模型,将处理逻辑分布在多个计算节点上,从而实现高性能和高吞吐量的数据处理。每个计算节点上的处理逻辑由 S4 应用程序开发者编写,并通过事件处理器对数据进行转换、过滤、聚合等操作。S4 框架的核心组件是流处理器(Stream Processing Unit,SPU),它是一个独立的计算节点,负责处理特定的数据流。多个 SPU 可以组成一个逻辑处理单元(Processing Element,PE),形成一个具有水平扩展性的处理集群。SPU 之间通过事件发送和接收消息,实现数据的流动和处理。

S4 框架的主要优点是:(1)能够轻松处理大规模数据流处理任务,并支持水平扩展;

(2)具有快速响应和处理数据的能力;(3)具备强大的容错机制,能够在节点故障时自动进行故障切换,确保系统的可用性;(4)提供灵活的编程模型和 API,支持多种编程语言,并可与不同的数据存储和处理系统集成。

S4 框架的主要缺点如下。(1)数据持久化相对简单,数据存在丢失的风险;(2)节点发生故障时需要手动切换到备份节点,导致任务重新执行;(3)缺乏自动负载均衡能力。

3. Samza 计算框架

Samza 是一个开源的分布式流处理框架,由 LinkedIn 开发并开源。它旨在处理实时数据流,并提供高度可扩展、容错性强和一致性保证的流处理功能。Samza 的设计理念是将数据流划分为多个分区,并在多个计算节点上并行处理这些分区。它基于 Apache Kafka 消息队列系统接收和传输数据,保证了高吞吐量和可靠性。Samza 提供了一个简单而灵活的编程模型,使用者可以使用 Java 或 Scala 编写自定义的处理逻辑。用户可以定义输入流和输出流,通过处理函数对数据进行转换、过滤、聚合等操作,并将结果发送到指定的输出流中。Samza 还与其他开源项目集成,如 Apache Hadoop 和 Apache Flink,以便更好地利用现有的大数据生态系统;它提供了这些系统的连接器,可以方便地与其他数据存储和处理框架进行交互。

Samza 的主要优点是:(1)在可扩展性方面,Samza 底层的 Kafka 实现了动态的集群水平扩展,提供了分区、可复制的流以及可高吞吐和可水平扩展的消息队列,YARN 为 Samza 提供了分布式的运行环境;(2)在容错性方面,如果服务器中有机器宕机,Samza 中的 YARN 将把正在进行的任务迁移到另一台机器重新执行,除此之外,YARN 还提供任务调度、状态监控等功能;(3)Samza 按照 Kafka 中的消息分区进行处理,保证消息有序、并发的执行,Kafka 还把消息存入硬盘,以此保证数据安全。

Samza 的主要缺点是:(1)相对于其他流处理框架,Samza 的配置和设置相对复杂,它需要与 Kafka 和 YARN 等外部工具和系统进行整合,这可能对初学者和小规模项目带来一定的学习和实施成本问题;(2)Samza 的学习曲线可能相对陡峭,了解和掌握 Samza 的核心概念、编程模型和配置细节需要一定的时间和经验积累;(3)Samza 依赖于底层的 Kafka 和 YARN 系统,这意味着如果这些系统出现问题或不稳定,可能会影响到 Samza 的可靠性和其他性能。

4. Spark Streaming 计算框架

Spark Streaming 是构建在 Spark 上的实时计算框架,是 Spark 的核心组件之一。它扩展了 Spark 处理大规模流式数据的能力,为 Spark 提供了可扩展性、容错性。Spark Streaming 利用 Spark 的底层框架作为其执行基础,旨在处理实时数据流并进行高效的数据分析和处理。它通过将数据流划分为小批次(micro-batches)来实现流处理,将实时数据转化为一系列离散的批次,并在每个批次上执行 Spark 的批处理引擎。这种批次处理的方式使得 Spark Streaming 可以利用 Spark 的强大计算能力和优化技术实现高性能的流处理。

Spark Streaming 的主要优点是:(1)Spark Streaming 基于 Spark 的批处理引擎,能够充分利用 Spark 的内存计算和优化技术,实现高性能的流处理;(2)Spark Streaming 提供了与 Spark 相似的编程接口,支持多种编程语言,并提供了丰富的操作和转换函数,使用户能够在流数据上进行各种实时计算和分析操作;(3)Spark Streaming 通过 Spark 的容错机制,如 RDD 的弹性分布式数据集和写入日志,保证了流处理的可靠性。

Spark Streaming 的主要缺点是:(1)Spark Streaming 存在一定的处理延迟,由于数据被收集到批次中后才进行处理,因此其可能不适用于对实时性要求极高的应用;(2)由于 Spark Streaming 需要将实时数据转换为 RDD 进行处理,对于处理大规模数据流的场景,需要充足的内存资源来保证性能和可靠性,因此可能需要更高的硬件成本投入。

3.1.4 大数据计算框架比较

在大数据时代,大数据计算平台在数据分析和处理过程中扮演着越来越重要的角色,本节分析了现有大数据面临的挑战和问题,分析了典型的批量处理和流式处理相关计算框架的特点和重点解决的问题,结合存储、应用介绍了他们的核心创新点,这些框架的总结和对比如表3-1所示。

表 3-1 典型大数据计算框架的对比

	计算框架	计算效率	容错性	特点	适用场景
批量处理框架	MapReduce	低	任务出错重做	编程接口简单,计算模型受限	文本处理、log分析、机器学习
	Spark	高	RDD的Lineage保证	内存计算,通用性好,更适合迭代式任务	迭代式离线分析任务、机器学习
	Dryad	较高	任务出错重做	针对Join进行了优化,允许动态优化调度逻辑	机器学习、微软技术栈
	GraphLab	较高	检查点技术	机器学习图计算专用框架	机器学习、大图计算
流式处理框架	Storm	高	Worker重启或分配到新机器,任务重做	通用性好,消息传递可靠,支持热部署,主节点可靠性差	通用的实时数据分析处理
	S4	高	部分容错,检查点技术	通用性好,通信在TCP和UDP之间权衡,持久化方式简单	实时广告推荐、容忍数据丢失
	Samza	高	任务出错重做	可扩展性好,兼容流处理和批处理	在线和离线相结合的场景
	Spark Streaming	高	RDD和预写日志	通用性、容错性好,设置短时间片实现实时,应用较为局限	历史数据和实时数据相结合的分析

注:RDD表示弹性分布式数据集,TCP表示传输控制协议,UDP表示用户数据报协议。

3.2 大数据处理步骤

大数据处理不仅关乎数据的存储和管理,还涉及数据的分析和应用。通常包括以下步骤:数据采集与存储、数据预处理、数据分析。大数据处理示意图如图3-3所示。大数据处理的每个步骤都有其独特的重要性。

数据采集与存储是第一道门槛。大数据可以来自各种渠道,包括组织内部数据、第三方数据、互联网数据等等。这些数据需要被有效地捕获、传输和储存,以便后续的处理。随着数据量的不断增长,数据存储技术也在不断演进,以满足不断增长的存储需求。

数据预处理是关键的中间步骤。原始数据常常包含错误、缺失值和杂乱无章的信息。因此,数据预处理涉及数据清洗、特征提取、数据转换等操作,以确保数据的质量和一致性。这是确保后续分析的准确性和可靠性的关键一步。

数据分析是大数据处理的精华。通过应用各种分析技术,如数据挖掘、数据可视化、机器学习、人工智能等,可以从数据中提取洞察、模式和趋势。这些洞察可以用于优化业务流程、改进产品、了解客户需求,甚至预测未来趋势。

本节将对以上步骤进行详细介绍。

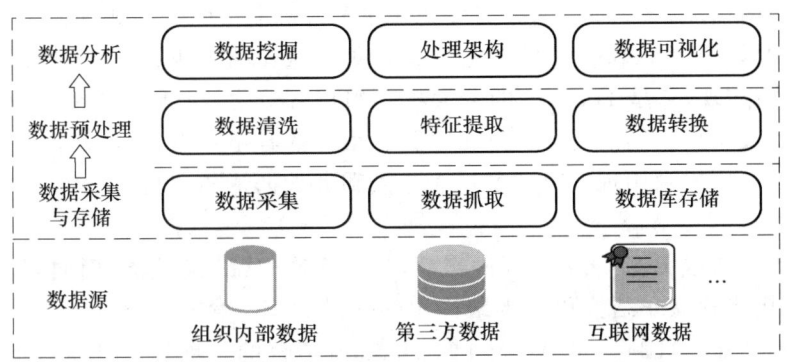

图 3-3 大数据处理示意图

3.2.1 数据采集与存储

1. 数据采集

大数据处理中的第一步是数据采集。数据采集是在确定用户目标的基础上,针对该范围内所有结构化、半结构化和非结构化数据的采集。数据采集技术是数据科学的重要组成部分,已广泛运用于国民经济和国防建设的各个领域,并且随着科学技术的发展,尤其是计算机技术的发展和普及,数据采集技术具有更广泛的发展前景。大数据的采集技术为大数据处理的关键技术之一,以下是常见的数据采集方法。

(1)日志采集

很多互联网企业都有自己的海量数据采集工具,多用于系统日志采集,如 Meta 公司的 Scribe、Hadoop 平台的 Chukwa、Cloudera 公司的 Flume 等。这些工具均采用分布式架构,能满足每秒数百兆的日志数据采集和传输需求。

(2)网页抓取

网页抓取(web scraping)是一种从网页中提取数据的技术。通过使用爬虫程序自动访问网页,然后解析 HTML 代码,从中提取出需要的数据。

(3)传感器数据采集

从各种传感器设备中收集数据,如 IoT 设备、工业传感器、自动驾驶车辆等等。

(4)数据库管理系统采集

从企业内部和外部数据库中提取数据,借助如百度、阿里巴巴、腾讯等第三方数据平台解决数据采集问题。

2. 大数据存储技术

随着大数据应用的爆发式增长,大数据存储已经衍生出了自己独特的架构,直接推动了存储、网络以及计算技术的发展。随着结构化数据和非结构化数据量的持续增长,以及分析数据来源的多样化,此前的存储系统已经无法满足大数据应用的需要。存储厂商已经意识到这一点,他们开始修改基于块和文件的存储系统的架构设计以适应这些新的要求。本节介绍大数据存储相关技术，包括 Hadoop 分布式文件系统(HDFS)、分布式数据库(HBase)、NoSQL 数据库和云数据库。

(1) HDFS

大数据时代必须解决海量数据的高效存储问题，为此，谷歌开发了分布式文件系统(Google File System,GFS)，通过网络实现文件在多台机器上的分布式存储，较好地满足了大规模数据存储的需求。Hadoop 分布式文件系统(Hadoop Distributed File System,HDFS)是针对 GFS 的开源实现，它是 Hadoop 的两大核心组成部分之一，提供了在廉价服务器集群中进行大规模分布式文件存储的功能。HDFS 具有很好的容错能力，并且兼容廉价的硬件设备，因此可以以较低的成本利用现有机器实现大流量和大数据量的读写。

(2) HBase

HBase 是针对谷歌 BigTable 的开源实现，是一个高可靠、高性能、面向列、可伸缩的分布式数据库，主要用来存储非结构化和半结构化的松散数据。HBase 在 Hadoop 之上提供了类似于 Bigtable 的功能。HBase 是 Apache 的 Hadoop 项目的子项目。HBase 不同于一般的关系数据库，它是一个适合于非结构化数据存储的数据库。HBase 可以支持超大规模数据存储，可以通过水平扩展的方式，利用计算机集群处理超过 10 亿行数据元素组成的数据表。

(3) NoSQL 数据库

NoSQL 是一种不同于关系数据库的数据库管理系统设计方式，是对非关系型数据库的统称，它所采用的数据模型并非传统关系数据库的关系模型，而是类似键/值、列族、文档等非关系模型。NoSQL 数据库没有固定的表结构，通常也不存在连接操作，也没有严格遵守 ACID 约束。因此，与关系数据库相比，NoSQL 具有灵活的水平可扩展性，可以支持海量数据存储。此外，NoSQL 数据库支持 MapReduce 风格的编程，可以较好地应用于大数据时代的各种数据管理。NoSQL 数据库的出现，一方面弥补了关系数据库在当前商业应用中存在的各种缺陷，另一方面也撼动了关系数据库的垄断地位。当应用场合需要简单的数据模型、灵活性的 IT 系统、较高的数据库性能和较低的数据库一致性时，NoSQL 数据库是一个很好的选择。

(4) 云数据库

云数据库是部署和虚拟化在云计算环境中的数据库。云数据库是在云计算的大背景下发展起来的一种共享基础架构的方法，它极大地增强了数据库的存储能力，可以将用户从烦琐的数据库硬件定制中解放出来，同时让用户拥有强大的数据库扩展能力，满足各种不同类型用户的数据存储需求。它消除了人员、硬件、软件的重复配置，让软、硬件升级变得更加容易，同时虚拟化了许多后端功能。云数据库具有高可扩展性、高可用性、采用多租形式和支持资源有效分发等特点。

3.2.2 数据预处理

数据的预处理[8]是指对所收集的数据进行分类或分组前所做的审核、筛选、排序等必要的处理。现实世界中，数据大体上都是不完整、不一致的脏数据，无法直接进行数据挖掘，或挖掘结果差强人意。为了提高数据挖掘的质量，提出了数据预处理技术。这些数据处理技术在数据挖掘之前使用，大大提高了数据挖掘模式的质量，降低了实际挖掘所需要的时间。

大数据处理中的第二步是对采集到的数据进行预处理。数据预处理的目的：为进行后续的数据挖掘工作提供可靠和高质量的数据，减少数据集规模，提高数据抽象程度和数据挖掘效率。

实际收集到的数据集中,数据通常是脏数据。所谓的"脏",指数据可能存在以下几种常见问题。

(1) 数据缺失:数据属性值为空的情况。

(2) 数据噪声:数据值不合常理的情况。

(3) 数据不一致:数据前后存在矛盾的情况。

(4) 数据冗余:数据量或者属性数目超出数据分析需要的情况。

(5) 数据集不均衡:各个类别的数据量悬殊的情况。

(6) 离群点/异常值:远离数据集中其余部分的数据。

(7) 数据重复:在数据集中出现多次的数据。

为了解决数据的以上问题,需要对数据进行预处理。在实际处理过程中,我们需要根据所分析数据的具体情况选用合适的预处理方法,也就是根据不同的挖掘问题采用相应的理论和技术。数据预处理包括以下几个主要任务。

(1) 数据清洗:检查和处理数据中的缺失值、异常值和重复值。这包括填充缺失值、处理异常值或删除重复值,以确保数据的完整性和准确性。

(2) 数据集成:将来自不同数据源的数据整合到一个一致的数据集中,以便进行后续的分析和建模。这可能涉及数据合并、数据链接和数据转换,确保数据的一致性和可用性。

(3) 数据转换:对数据进行转换以满足建模或分析的需求。这可能包括数据的归一化、标准化、离散化、编码等处理,以确保数据的一致性、可比性和适应性。

(4) 特征选择:从所有可用的特征中选择最相关和最具代表性的特征,以减少特征空间的维度和复杂性。这有助于提高模型的效果,降低计算成本。

(5) 特征提取:从原始数据中提取新的特征,以捕捉数据中的有用信息。这可以通过降维技术(如主成分分析)或领域知识来实现,以提高模型的表现和解释能力。

(6) 数据划分:将数据集划分为训练集、验证集和测试集,用于模型的训练、调优和评估。这有助于评估模型的泛化能力和性能。

(7) 数据标准化:对数据进行规范化处理,使其具有相似的尺度和分布,以避免某些特征对模型的影响过大。

(8) 数据处理:对数据进行必要的处理,如编码分类变量、处理时间序列数据等,以适应具体分析任务和模型的要求。

经过这些处理步骤,可以从大量的数据属性中提取出一部分对目标输出有重要影响的属性,降低源数据的维数,去除噪声等,为数据挖掘算法提供干净、准确且更有针对性的数据,减少挖掘算法的数据处理量,改进数据的质量,提高挖掘效率。

因此,数据预处理是大数据处理流程中必不可少的关键步骤,更是进行数据分析和挖掘前的准备工作。一方面保证挖掘数据的正确性和有效性;另一方面要通过对数据格式和内容的调整,使数据更符合挖掘的需要。

3.2.3 数据分析

数据分析[9]是指处理数据并获取信息的过程。具体地说,数据分析是对数据进行处理、转换和解释的过程,能够从中发现信息、模式、关联、趋势和异常,以提取有用的见解和支持决策。通过数据分析,可以将杂乱的数据转化为有意义的信息,并揭示数据背后的潜在规律。数据分析可以利用统计分析、数据挖掘、机器学习、可视化和推断等技术和方法探索数据,并为问题解决、预测未来、优化业务流程等提供支持。大数据分析是在处理大规模数据集的基础上进行的数据分析,它可以帮助人们从海量数据中挖掘更深层次的信息,做出更明智的决策。

1. 大数据可视化

数据可视化旨在借助图形化手段,清晰有效地传达与沟通信息。数据可视化是指将大型数据集中的数据以图形、图像形式进行表示,并利用数据分析和开发工具发现其中未知信息的处理过程。数据可视化技术的基本思想是:将数据库中每一个数据项作为单个图元素表示,大量的数据集构成数据图像,同时将数据的各个属性值以多维数据的形式表示,以便从不同的维度观察数据,从而对数据进行更深入的观察和分析。

数据可视化的意义在于帮助大数据工作者更高效、便捷地分析数据。大数据中非可视化的数据远远超过了人类可以理解的能力范围,通过数据可视化,可以让复杂的数据以简单友好的图表形式展现出来,让数据变得更加通俗易懂,有助于大数据工作者更加方便快捷地理解数据的深层次含义,有效参与复杂的数据分析过程,提升数据分析效率,改善数据分析效果。目前已经有许多优秀的数据可视化工具,可以满足大数据工作者的各种可视化需求。

(1) 可视化报表工具:Excel、Power BI 等。

(2) 可视化信息图表工具:Google Chart API、Raphaël、Tableau 等。

(3) 可视化地图工具:Modest maps、Polymaps、OpenLayers、Kartograph 等。

(4) 可视化时间线工具:Timetoast、Xtimeline、Timeslider、Dipity 等。

(5) 可视化互动图形用户界面控制工具:Crossfilter、Tangle 等。

(6) 可视化专家级分析工具:SPSS、SAS、R、Weka 等。

2. 数据挖掘

大数据分析的理论核心就是数据挖掘。各种数据挖掘的算法基于不同的数据类型和格式,能更加科学地呈现出数据本身的特点,能更快速地处理大数据。如果采用一个算法需要花好几年才能得出结论,那大数据的价值也就无从说起了。可视化结果是给人看的,而数据挖掘结果是给机器看的。集群、分割、孤立点分析还有其他的算法可以使我们深入数据内部挖掘价值。这些算法不仅能够处理大数据的数据量,也能够在一定程度上满足处理大数据的速度要求。

3. 预测性分析

预测性分析可以让分析员根据可视化分析和数据挖掘的结果作出预测性判断。预测分析是大数据技术的核心应用,如电子商务网站通过数据预测顾客是否会购买推荐的产品,信贷公司通过数据预测借款人是否会违约,执法部门用大数据预测特定地点发生犯罪的可能性,交通部门利用数据预测交通流量等。预测是人类的一种本能,只有通过大数据分析才能获取智能的、有价值的信息。越来越多的应用涉及大数据,大数据的属性描述了不断增长的存储数据的复杂性。大数据预测分析打破了"预测分析一直是象牙塔里的统计学家和数据科学家的工作"的局面,并被整合到现有的 BI、CRM、ERP 和其他关键业务系统中,大数据预测分析将起到越来越重要的作用。此外,还可以使用统计学和机器学习算法来预测未来趋势和结果,如线性回归、决策树、随机森林等等。

3.3 大数据处理实例

实例 网络搜索引擎已成为人们获取信息的主要途径,网络搜索日志包含了用户的行为和需求，从网络日志可以判断出一个人的性格，甚至可以预测出用户接下来要做的事情。这在安全领域尤其重要，可以根据用户接下来的行为判断哪些用户可被归为危险人群，如黑客经常使用社会工程学的方法利用人的弱点进行攻击。

要求：基于网络日志大数据进行用户行为分析与预测。

本实例首先进行数据采集，通过网络爬虫进行日志获取；然后进行数据预处理，通过算法处理获得日志用户的特征向量；最后进行数据分析，通过算法进行日志用户性格分析和日志用户行为预测分析。

(1) 日志获取

源日志主要来自搜索引擎服务器或网络爬虫，将爬虫系统与各个站点连接，从而获取网络日志。目前，常用的爬虫系统有百度统计、cnzz等。本实例采用搜狗实验室2008年6月部分网页查询需求及用户点击情况的网页查询日志。数据格式为"用户|查询词|该URL在返回结果中的排名|用户点击的顺序|用户点击的URL"。日志样本如表3-2所示。

表3-2 日志样本

用户	查询词	排名	顺序	用户点击的URL
125254918559	[北京奥运会]	3	1	ent.163.com/05/1231/14/26ABFP16000300C8.html
125254918559	[北京奥运会]	4	2	ent.qq.com/a/20060317/000195.htm
125254918559	[北京奥运会]	10	3	www.tyyue.com/song/124582.htm
125254918559	[开幕式]	7	1	www.520music.com/Albumlist/520music.com_2458.htm
125254918559	[开幕式]	6	2	www.znsjw.com/v/ShowSoft.asp?SoftID=5129
125254918559	[开幕式]	4	3	www.y130.com/htm/7044.htm
125254918559	[开幕式]	3	4	ent.qq.com/a/20060228/000178.htm
828687165269	[减肥]	4	1	pr.overnightlending.com/8/93.htm
828687165269	[减肥]	5	2	blog.sohu.com/members/fgmnghdg/1094076.html
828687165269	[空间站]	4	3	pr.overnightlending.com/8/93.htm
828687165269	[空间站]	10	1	nr.book.sohu.com/20050501/n225414699.shtml
828687165269	[无聊怎么办]	3	1	news.sina.com.cn/s/2006-01-10/03537937753s.shtml
828687165269	[无聊怎么办]	5	1	news.qq.com/a/20060110/000776.htm
828687165269	[外星人]	2	1	www.eastvenus.com/viewthread.php?tid=35523&extra=page%3D4
828687165269	[外星人]	5	2	www.jl366.com/2008/photo.asp?id=261
828687165269	[外星人]	9	3	blog.sohu.com/members/gfjyktu/1179025.html

注：本实例选取查询信息多于8条的个体用户作为实验对象。"排名"指"该URL在返回结果中的排名"。"顺序"指"用户点击的顺序"。

(2) 日志的预处理

性格模型的构建包含两部分：(1)性格的划分；(2)上位词的分类与选取。本研究参照大五人格理论，认为人格包含开放性、责任心、外倾性、宜人性和情绪化五类。人们受社会环境、社会文化和各种思潮的影响，性格特点具有多样性，根据大五人格理论，性格可大致分为积极、中级与消极三个方面。通过结合个人特点的优势、不足进行客观的评价。人们接触到多元的价值观，接受主流思想，具有思维活跃、勇于展现自我、热情奔放、社会责任感强、团队合作意识、创新意识、感恩意识等特点，具体性格表现与相关分类如表3-3所示。上位词可分类为自然科学类词汇与社会科学类词汇。自然科学类词汇选取军事、科技、体育、旅游、食物五类;社会科学类词汇选取史政、文艺、社会、娱乐、美容五类。依据自然科学与社会科学本身的特点,划分出如科技、史政、文艺等标志明显的词汇。依据人的性格特点划分,如社会责任感强的人格,这类人会讨论并分析国家时事,故有一定概率关注军事类内容;如兴趣广泛的人格,这类人通常性格开朗,会有一定概率关注体育类、旅游类的内容。体育类和旅游类需要团体的配合与周密的安排,符合自然科学类的特点。而社会科学类词汇倾向于描述需要发散思维、考虑到多方面的活动,如社会、娱乐。此外,社会科学类思维的人不喜拘束,较为随性,故有一定概率关注美容类。表3-3中的数字代表不同性格的人群搜索的具有相同上位词的关键词所占百分比的统计平均值。日志的预处理算法如算法3-1所示。

表3-3 性格模型与性格关键词分类

性格表现		自然科学类词汇					社会科学类词汇				
		军事	科技	体育	旅游	食物	史政	文艺	社会	娱乐	美容
积极性格	具有较强的社会责任感	27	10	1	1	1	29	1	28	1	1
	兴趣爱好广泛	10	10	10	10	10	10	10	10	10	10
	自信阳光,乐于交往,热爱生活,充满热情	1	10	26	20	10	1	2	1	28	1
	家庭观念	15	20	1	1	1	20	20	1	1	1
中级性格	积极上进,吃苦耐劳,创新意识强	10	28	1	1	1	28	1	28	1	1
	讲究实效,注重实际,原则性强	20	28	1	1	1	10	1	28	9	1
	争强好胜	11	15	10	5	5	10	20	20	2	2
	以自我为中心	1	1	1	10	10	1	1	20	29	26
消极性格	自制力弱,没耐心,懒散	1	1	10	10	5	1	1	1	40	30
	抗打击能力与自我愈合能力弱	10	5	1	1	18	5	1	20	20	1
	缺乏沟通技巧	10	40	5	1	1	1	10	30	1	1
	社会经验不足	2	10	1	10	2	1	10	5	40	10

算法3-1:预处理算法

输入:用户的原始日志
输出:用户的特征向量
01. 首先对原始日志中的URL进行爬取,获取网页摘要并加入用户日志
02. 找出日志中的关键词,统计搜索关键词的个数
03. 统计关键词的上位词出现的次数
04. 求得每类上位词在所有上位词中所占的比例,并将比值以百分比形式构成特征向量

算法3-1输出结果举例:表3-2所示样本中,用户125254918559和828687165269搜索的上位词比例构成的向量如下。

125254918559:(0.0,20.0,0.0,0.0,0.0,40.0,20.0,0.0,0.0,20.0)
828687165269:(25.0,56.25,0.0,0.0,0.0,0.0,12.5,6.25,0.0,0.0)

(3) 日志用户性格分析

对未知性格的新用户提取出日志中的关键字,并统计其上位词分别出现的频率,求得统计平均值,利用关键字的上位词所占比例构建特征向量,并与标准性格特征向量库中的分量进行相似度计算,得出的差值越小,表明越接近该行向量,进而得出用户在标准性格特征向量库中最接近的性格,即为本用户的性格。

日志用户性格分析时所使用的算法为基于余弦相似度特征聚类的性格分析算法,如算法3-2所示。

算法3-2:基于余弦相似度特征聚类的性格分析算法

输入:用户的特征向量(由算法1输出生成)

输出:用户的性格特征

01. 构建性格模型向量集合
02. 构建用户测试向量
03. 相似度比较,找出特征向量库中余弦值最大的分量
04. 输出该分量对应的性格特征

算法3-2输出结果举例:表3-2所示样本中,用户125254918559的性格特征为积极性格,即家庭观念强、自立自强、尊老爱幼(较好的家庭观念/体恤父母/自立自强/理解父母的艰辛与良苦用心/吃苦耐劳,适应力强);用户828687165269的性格特征为消极性格,即缺乏沟通技巧(沟通不畅/表达能力差/与他人关系紧张/朋友圈子较小/容易遭遇尴尬)。

(4) 日志用户行为预测分析

日志用户行为预测分析的步骤:首先将性格与各个上位词搜索百分比作为知识库;然后将性格简约为积极、中级和消极,将上位词简约为自然科学类词汇的百分比和社会科学类词汇的百分比;最后根据百分比所在不同区间分别将自然科学类词汇和社会科学类词汇简约为3个等级。日志行为预测分析所采用的算法为基于粗糙模糊分析的行为预测算法,如算法3-3所示。

算法3-3:基于粗糙集模糊分析的行为预测算法

输入:用户的性格特征(由算法3-2生成),用户的特征向量(由算法3-1生成)

输出:用户的行为预测

01. 构建索引表长度为4的二维数组,作为行为分析库
02. 构建长度为3的一维数组,其中的元素分别表示性格等级、自然科学词汇等级与社会科学词汇等级
03. 将用户测试向量中的关键词按照自然科学类和社会科学类分别求统计平均值并划分等级,存入一维数组对应的空间
04. 划分用户性格等级,存入一维数组对应的空间
05. 将一维数组在行为分析库中匹配对应的行,输出行为

算法 3-3 输出结果举例:表 3-2 所示样本中用户 125254918559 的行为预测结果为理科类与文科类兴趣比例约为 1:3(行为具体解释:社会责任感强,擅长分析政治局势/关注国家政策/喜欢政治类的新闻、报纸、名人自传);用户 828687165269 的行为预测结果为理科类与文科类兴趣比例约为 3:1(行为具体解释:自闭/对科学内容有较高理解力,如计算机、物理、生物/可能采取技术性的极端行为,对他人造成人身或财产伤害)。

首先,将性格按照积极、中级、消极划分为三个等级。然后,将用户搜索日志中自然科学类中 5 类词汇的比例进行求和,得到自然科学类词汇的比例,即将百分比按照[0,33)、[33,66)、[66,100]三个区间分为三个等级。社会科学类词汇同理。因此,$A=${性格等级,自然科学类词汇等级,社会科学类词汇等级}, $U=\{x_1, x_2, \cdots, x_{27}\}$。对属性集中不同元素的 27 种组合,根据霍兰德职业性格倾向测试结果对每种情况分别进行分析,建立行为分析库,行为的集合即为 U,如表 3-4 所示。其中,消极性格记为 1,中级性格记为 2,积极性格记为 3。自然科学和社会科学词频将百分比按照[0,33)记为 1,按照[33,66)记为 2,按照[66,100]记为 3。$x_1 \sim x_{27}$ 表示行为编号。

最后,将用户的属性集合与行为分析库进行比对,找到使用户属性集与行为分析库中的属性集相等的记录,输出符合的行为特征。

表 3-4 用户行为分析表

行为编号	性格等级	自然科学类词汇等级	社会科学类词汇等级	行为编号	性格等级	自然科学类词汇等级	社会科学类词汇等级
x1	1	1	1	x15	2	2	3
x2	1	1	2	x16	2	3	1
x3	1	1	3	x17	2	3	2
x4	1	2	1	x18	2	3	3
x5	1	2	2	x19	3	1	1
x6	1	2	3	x20	3	1	2
x7	1	3	1	x21	3	1	3
x8	1	3	2	x22	3	2	1
x9	1	3	3	x23	3	2	2
X10	2	1	1	x24	3	2	3
X11	2	1	2	x25	3	3	1
X12	2	1	3	x26	3	3	2
X13	2	2	1	x27	3	3	3
X14	2	2	2				

本 章 小 结

本章深入探讨了大数据处理技术的重要性和应用。首先,介绍了大数据技术框架,其中重点关注了广泛应用的框架技术,这些框架为大规模数据的存储、处理和分析提供了强大的工具和平台[10]。接着,详细讨论了大数据处理的关键步骤,即从数据采集、数据预处理到数据分析和建模的整个处理流程。数据预处理的重要性凸显了数据清洗、数据集成、数据变换和数据归约等技术的应用,这些步骤为后续的数据分析和挖掘奠定了可靠的基础。最后,通过实例展示了大数据处理技术的强大潜力和实际应用的广泛性。

综上所述,大数据处理技术在信息时代扮演着关键角色。通过采用适当的技术框架和处理步骤,我们能够从海量、多样化的数据中提取有价值的信息和洞察力。随着大数据的不断增长和技术的不断发展,大数据处理将继续为各行各业带来新的机遇和挑战。

思 考 题

1. 大数据处理的关键技术有哪些?
2. 大数据处理技术将带来怎样的变革?
3. 大数据在生活中有哪些应用?
4. 大数据处理技术对国家安全和个人生活有什么作用与影响?
5. 大数据时代,怎样保障大数据安全?

参 考 文 献

[1] FAN J,HAN F,LIU H. Challenges of big data analysis[J]. National science review,2014,1(2):293-314.

[2] SOLLINS K R. IoT big data security and privacy versus innovation[J]. IEEE Internet of Things Journal,2019,6(2):1628-1635.

[3] KHAN W,KUMAR T,ZHANG C,et al. SQL and NoSQL Database Software Architecture Performance Analysis and Assessments—A Systematic Literature Review [J]. Big Data and Cognitive Computing,2023,7(2):97-103.

[4] VENKATRAMAN S,VENKATRAMAN R. Big data security challenges and strategies[J]. AIMS Mathematics,2019,4(3):860-879.

[5] GOPALANI S,ARORA R,GOPALANI S,et al. Comparing apache spark and map reduce with performance analysis using K-Means[J]. International Journal of Computer Applications,2015,113(1):8-11.

[6] CHAIKEN R,JENKINS B,LARSON P,et al. SCOPE:easy and efficient parallel processing of massive data sets[J]. Proceedings of the VLDB Endowment,2008,1(2):1265-1276.

[7] OGBUKE N J,YUSUF Y Y,DHARMA K,et al. Big data supply chain analytics:ethical,privacy and security challenges posed to business,industries and society[J]. Production Planning & Control,2022,33(2):123-137.

[8] PENG S,SUN S,YAO Y D. A survey of modulation classification using deep learning:Signal representation and data preprocessing[J]. IEEE Transactions on Neural

Networks and Learning Systems,2021,33(12):7020-7038.

[9] HARIRI R H,FREDERICKS E M,BOWERS K M. Uncertainty in big data analytics: survey,opportunities,and challenges[J]. Journal of Big Data,2019,6(1):1-16.

[10] OUSSOUS A,BENJELLOUN F Z,LAHCEN A A,et al. Big Data technologies: A survey[J]. Journal of King Saud University-Computer and Information Sciences,2018,30(4):431-448.

第 4 章　大数据隐私保护技术

本章学习要点
- 掌握隐私保护的相关概念与常用技术
- 掌握匿名技术
- 掌握差分隐私机制
- 理解加密技术
- 掌握联邦学习技术

案例 4-1：因特网的开放性和使用简易性使得千百万人可以共享信息，但这给隐私权造成威胁。如今，如果不对网上的个人敏感信息加以适当的保护，就相当于向最严重的侵犯隐私行为(身份盗用)敞开大门。那时，窃贼就会接管你的储蓄和信用账户。

案例 4-2：Twitter 被指控掩盖影响数百万人的数据泄露事件。

2022 年 11 月 23 日，洛杉矶网络安全专家 Chad Loder 发推文称，社交媒体网站 Twitter 发生数据泄露事件，影响了美国和欧盟的数百万用户。Loder 称，数据泄露事件发生在 2021 年之后，而且以前从未报道过。Twitter 此前曾证实，在 2022 年 7 月，数百万用户账号受到数据泄露事件的影响。

案例 4-3：Optus 数据泄露事件致使 1 100 万用户的个人和医疗数据被访问。

2022 年 9 月 22 日，澳大利亚电信公司 Optus 遭遇了毁灭性的数据泄露，导致 1 100 万用户的详细信息被访问，其中包括用户的姓名、出生日期、电话号码、电子邮件、家庭地址、驾照和/或护照号码以及医疗保险身份证号码。在 Optus 拒绝支付黑客要求的赎金后，包含这些机密信息的文件被发布在黑客论坛上。此次事件的受害者还表示，黑客也联系了他们，并要求他们支付 2 000 澳元(约 1 300 美元)赎金，否则他们的数据将被出售给其他恶意方。

数据安全已经上升到国家主权的高度，是国家竞争力的直接体现，是数字经济健康发展的基础。这就要求我们必须解决数据安全领域的突出问题，有效提升数据安全治理能力。既要数据安全，也要数据畅通。

目前，用户数据的收集、存储、管理与使用等均面临敏感信息泄露的风险。因此，用户数据的隐私保护问题在当今时代亟待解决。本章重点介绍隐私保护的常用技术、隐私攻击模型和隐私保护机制的两种模式。隐私保护的常用技术主要包括：匿名处理(删除标识符)、概化/归纳、抑制、取样、微聚集、扰动/随机、四舍五入、数据交换、加密、位置变换和映射变换等。这些隐私保护技术可归纳为四类主要技术：匿名、失真、加密、联邦学习。隐私攻击模型主要包括：记录链接攻击、属性链接攻击、表链接攻击和概率攻击。隐私保护机制的两种模式包括：交互模式和非交互式模式。

4.1 隐私保护的相关知识与常用技术

4.1.1 相关知识及定义

什么是隐私？《中华人民共和国民法典》第一千零三十二条规定："隐私是自然人的私人生活安宁和不愿为他人知晓的私密空间、私密活动、私密信息。"

定义 4.1 隐私　是与个人相关的具有不被他人搜集、保留和处理的权利的信息资料集合，并且它能够按照所有者的意愿在特定时间、以特定方式、在特定程度上被公开。如医疗病史、信用信息、消费记录、薪水记录、网络行为等。

定义 4.2 网络隐私　是集社会、法律、技术为一体的综合性概念。一般地，网络隐私是指网络用户（个人、团体或机构）有权控制自己的信息何时、如何及何种程度被他人共享的权利，即用户拥有个人数据的控制权、访问权和所有权。

定义 4.3 隐私攻击（Privacy attack）　指在隐私保护数据发布（Privacy Preserving Data Publishing，PPDP）中，攻击者能通过一定的手段（包括背景知识、技术）确定目标对象的隐私属性（敏感属性取值）。

定义 4.4 背景知识（Background Knowledge）　是数据分析者拥有的相关数据经验知识。若数据分析者结合所拥有的背景知识对数据进行分析，则能够达到获得隐私的目的。

什么是隐私保护？1977 年，Dalenius T 提供了一个非常严格的定义：与不访问发布的数据库相比，访问发布的数据库不应该使攻击者发现受害者的任何特别信息，即使攻击者拥有从其他地方获得的背景知识。Dwork C 的研究表明，背景知识的存在导致绝对的隐私保护是不可能的。例如，一个人的身高被认为是隐私，揭露这个人的身高就被视为隐私泄露。假设应用数据库算出了不同国家女性的平均身高，一个对统计数据库拥有访问权的攻击者获取了辅助信息"Terry 的身高比立陶宛女性的平均身高矮 2 英尺"，那么他将获得 Terry 的身高，即无论 Terry 的记录是否在数据库中都能够造成其身高信息的泄露。然而，那些只知道辅助信息却没有数据库访问权的攻击者却无能为力。带着这个问题我们开始探讨隐私保护的常用技术、差分隐私技术和其他相关技术。

定义 4.5 隐私保护数据发布　是指保护私有数据，同时发布有用信息，如图 4-1 所示。传统的信息（隐私）安全是保护信息和信息系统免遭未经授权的访问和使用，如图 4-2 所示。

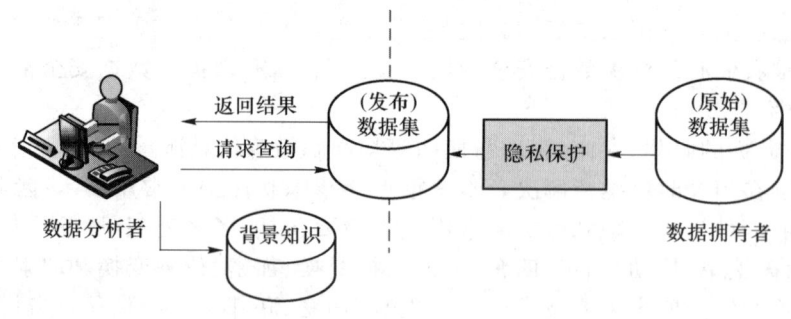

图 4-1　隐私保护数据发布

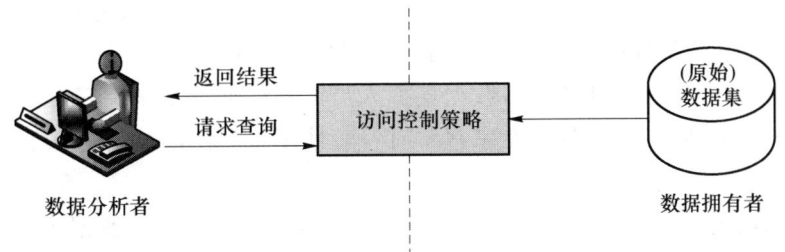

图 4-2　传统的信息(隐私)安全

关于"隐私保护"这一概念,目前的外文文献中采用两个不同的词汇进行表示:Privacy Protection 和 Privacy Preservation。

Privacy Protection:侧重于防范来自外部威胁的隐私安全手段。

Privacy Preservation:侧重于对用户隐私的搜集使用过程中给予用户隐私足够的尊重与有限使用。

隐私保护数据发布的目的是发布的数据在保证个人隐私的同时保证数据的实用性。典型的隐私保护数据发布场景如图 4-3 所示。隐私保护数据发布场景中的四个角色为:数据提供者(如 Mike、Susan、Perle、康燕)、数据收集者(如原始数据收集者)、数据发布者(如第三方发布者)、数据接收者(如研究者、数据提供者、入侵者等)。一般情况下假设数据发布者可信任,但其不知道接收方是谁,也不清楚接收方如何使用数据,所以只在数据发布阶段考虑隐私保护问题。

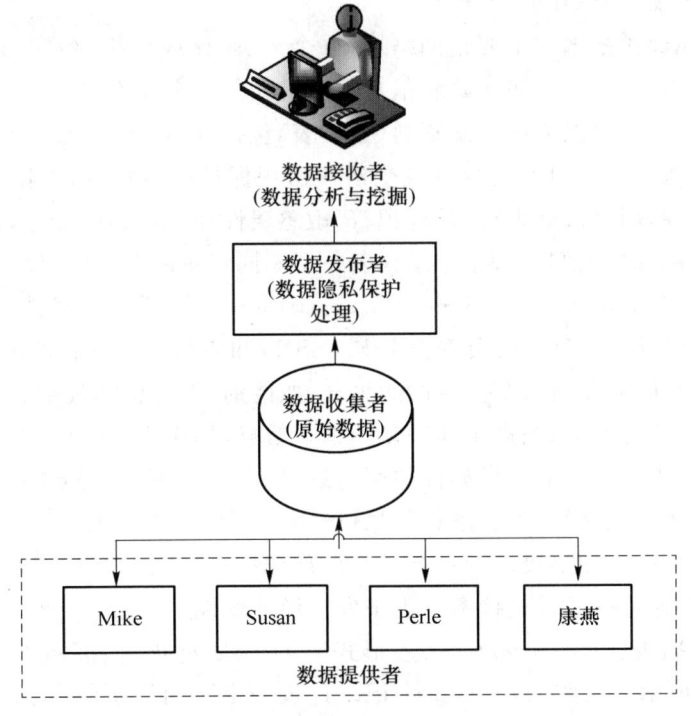

图 4-3　典型的隐私保护数据发布场景

在网络带来的隐私权问题中,一个关键的问题就是有关个人数据权利的问题。所谓个人数据,是指用来标识个人基本情况的一组数据资料。一些研究人员认为发布的数据会泄露用户隐私,因此可以用发布数据挖掘结果来替代。但实践证明这种方法是不合适的,主要原因为:(1) 数据常常是凌乱的,实用性差,数据挖掘人员需要根据数据来决定合适的挖掘方法,直接使用发布数据更灵活些;(2) 各行专家常常有一套使用很多年的分析方法和工具,放弃这些方法对他们来说是一种挑战。

定义 4.6 标识符(Explicit Identifier,EI/ID)　也称显式标识符,数据表 T 的标识符是由 T 中若干个属性组成的集合,它可以显式表示个体身份的属性,如姓名、身份证号码(PID)、社会安全号码(SSN)等。

定义 4.7 准标识符(Quasi_Identifier,QID/QI)　数据表 T 的准标识符是由 T 中若干个属性组成的集合,它能通过与外部可用数据表的连接以高概率推断出某一个体的具体信息。

定义 4.8 敏感属性(Sensitive Attributes,SA)　包含隐私数据的属性集,如疾病属性。

定义 4.9 非敏感属性(Non-Sensitive Attributes,NSA)　除定义 4.6~定义 4.9 所示三类以外的属性集。

定义 4.10 划分　若属性 A 是数值型的,则一个划分是指 A 的值域中的一个连续区间。否则,通过对 A 的值分类树中的叶结点由左到右依次从 1 开始递增编号,可将其转化成数值型属性。A 的概化域是由一组不相交的划分组成的,而这些划分的并构成 A 的值域。

定义 4.11 概化(泛化)　属性 A 的一个概化域对应一个唯一的概化函数,给定属性 A 值域中的某个值 v,概化函数返回概化域中唯一包含值 v 的划分,该划分就是 v 的概化值。

定义 4.12 QI-等价类　对数据表 T 关于准标识符 QI 进行概化后,在概化表 T' 中,所有 QI 值相同的记录构成一个 QI 的等价类。

定义 4.13 隐私保护技术　主要指网络用户(个人、团体或机构)控制自己的信息何时、如何及以何种程度地被他人共享,防止隐私信息泄露的相关安全技术。

在一般情况下,一个自然人的详细资料(数据表)包括姓名、年龄、性别、地址、信用卡号、手机号、出生年月、收入、职业、银行资料以及受法律法规保护的数据等,如图 4-4 所示。这些信息通常包含四类属性,即显式标识符、准标识符、敏感属性和非敏感属性,这四类属性的集合是不相交的。大多数的数据表假设每个记录代表一个不同记录所有者(个体)。其中:① 显式标识符,即个体标识属性(Individually identifying attribute),包括可以显式表明个体身份的属性,如姓名、身份证号码(PID)、社会安全号码(SSN)和手机号码,能准确确认个体的信息;② 准标识符,是一个能潜在确认个体属性的集合,如性别、年龄和邮政编码的组合;③ 敏感属性,由一些个人敏感信息组成,描述个体隐私的细节信息,如疾病、残疾情况和薪水等;④ 非敏感属性(其他属性),指不属于前三类属性的所有属性,如教育程度、婚姻状况等。如果发布数据表仅仅删除了个体标识属性,那么隐私信息仍然有可能被分析和推理获得,因为某些准标识属性组的取值是唯一的。如果攻击者具有一个外部数据库(背景知识),该数据库包含了个体的准标识属性,那么他可以通过连接两个表来发现敏感属性。

原始形式的数据表(original data)一般形式为 D(显式标识符,准标识符,敏感属性,非敏感属性),如图 4-5 所示。在数据表中,每个记录代表一个不同记录所有者。原始形式的个人详细资料中通常包含个人敏感数据,发布这些数据会侵犯个人隐私。因此,发布前应使用隐私保护技术进行处理。

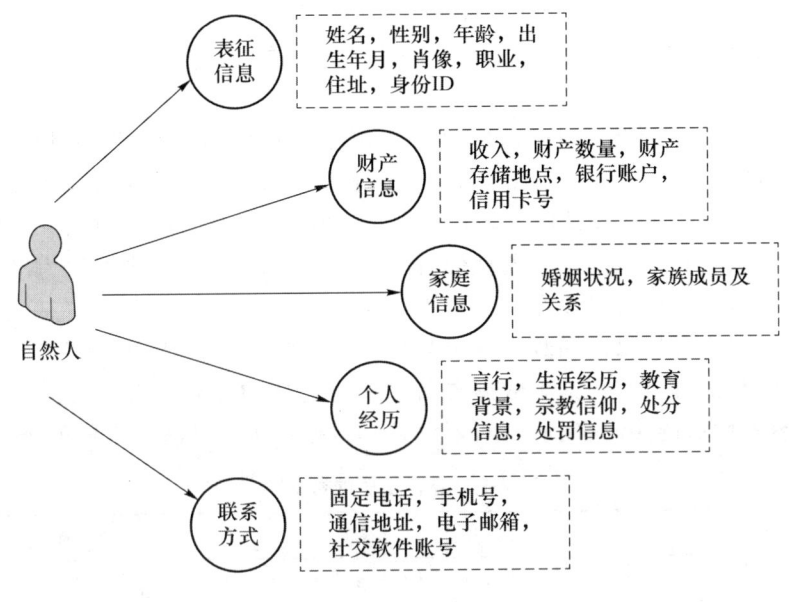

图 4-4 自然人信息

序号	姓名	社会安全号	性别	年龄	所在州	诊断	收入	支出账单	教育程度
		显式标识符		准标识符			敏感属性		非敏感属性
1	Wayne	256789542	男	44	MI	艾滋病	41 500	1 200	学士
2	Gore	456893289	女	44	MI	哮喘	36 900	2 500	硕士
3	Banks	125678923	男	55	MI	艾滋病	65 600	3 000	学士
4	Casey	456323788	男	44	MI	哮喘	21 200	1 000	学士
5	Stone	364357895	男	55	MI	哮喘	70 900	900	学士
6	Kopi	486132549	男	45	MI	糖尿病	46 500	750	博士
7	Simms	321861156	男	25	IN	糖尿病	47 300	1 200	学士
8	Wood	846315892	男	35	MI	艾滋病	63 900	2 200	学士
9	Aaron	971354945	男	55	MI	艾滋病	67 100	4 200	博士
10	Pall	387315924	男	45	MI	结核病	35 600	3 100	学士

图 4-5 原始形式的数据表[①]

隐私保护是对个人隐私采取一系列的安全手段,防止其泄露和被滥用的行为。隐私保护技术是为保护隐私而采用的技术,主要指修改原始数据的技术。修改能使隐私数据在不被泄露的情况下获得较高的实用性,有效减少有用信息的丢失。

4.1.2 常用技术

一般来说,隐私保护常用技术包括:匿名(删除标识符)、概化(泛化)/抑制、取样、微聚合、数据交换、扰动/随机、凑整、加密、位置变换和映射变换以及近年来新兴起的联邦学习

---

① MI 是美国密歇根州的缩写,IN 是美国印第安纳州的缩写。

(Federal Learning,FL)等。这些技术在军事、通信中已经得到大量应用,在医疗、银行和证券业的IT系统中也普遍应用。以下详细介绍12种隐私保护方法。

1. 匿名

匿名是最早提出的隐私保护技术,将发布数据表中涉及个体的标识属性删除之后发布,匿名化后的数据表如表4-1所示,是由图4-5中的表格移除个体标识属性后得到的。

基于数据匿名化的研究假设被共享的数据集中每条数据记录均与某一个特定个体相对应,且存在涉及个人隐私信息的敏感属性值,同时,数据集中存在一些被称为准标识符的非敏感属性的组合,通过准标识符可以在数据集中确定与个体相对应的数据信息记录。当直接共享原始数据集时,攻击者如果已知数据集中某个体的准标识符值,就可能推知该个体的敏感属性值,导致个人隐私信息泄露。基于数据匿名化的研究目的是防止攻击者通过准标识符将某一个体与其敏感属性值链接起来,从而实现对共享数据集中的敏感属性值的匿名保护。

表4-1 匿名化后的数据表

序号	性别	年龄	所在州	诊断	收入	支出账单	教育程度
1	男	44	MI	艾滋病	41 500	1 200	学士
2	女	44	MI	哮喘	36 900	2 500	硕士
3	男	55	MI	艾滋病	65 600	3 000	学士
4	男	44	MI	哮喘	21 200	1 000	学士
5	男	55	MI	哮喘	70 900	900	学士
6	男	45	MI	糖尿病	46 500	750	博士
7	男	25	IN	糖尿病	47 300	1 200	学士
8	男	35	MI	艾滋病	63 900	2 200	学士
9	男	55	MI	艾滋病	67 100	4 200	博士
10	男	45	MI	结核病	35 600	3 100	学士

2. 概化(泛化)/抑制

概化(generalization)是指发布的数据不显示一些属性的细节,但发布数据和原数据语义一致,也就是将一些数据进行适当变形,使得变形后的数据比原始数据具有更少的信息含量以避免被推理攻击,同时较好地保证了数据的统计特性和可用性;抑制(suppression)是完全不显示部分(或所有)记录的一些属性值。这样会减少匿名表中的信息量,但是在某些情况下能够减少泛化数据的损失,达到较好的匿名效果。如表4-2所示,"年龄"属性被概化;"国籍"属性被抑制。

表4-2 概化/抑制后的数据表

序号	邮政编码	年龄	国籍	诊断
1	38154	<50	*	心脏病
2	35713	<50	*	心脏病
3	84135	<50	*	癌症
4	68738	<50	*	癌症

泛化的主要方法有如下几种：二元搜索、完全搜索和先验的动态规划等，它们能够减少各种数据的信息损失（Information loss），但是仍然不可避免地产生不必要的损失。

3. 取样

取样（sampling），就是抽样，抽样是指发布的结果数据中并不包括所有的原始数据，而是原始数据的部分样本。减少发布数据的数量，则大部分隐私数据不会发生泄露，但随着样本容量的减少，对原始数据的分析工作量增加。抽样方法要求在采样过程中尽量多地保存原始数据集中的有用信息，提高数据的可用性。也就是用于发布的数据（t）只是总样本（n）中的一个子集。如表 4-3 所示，其中，抽样是一个随机过程，$sf=t/n$ 为取样率（sampling frequency）。但此方法不适合于广泛应用，同时也存在基于样例数据的推理攻击破坏行为。

表 4-3 取样后的数据表

序号	性别	年龄	所在州	诊断	收入	支出账单	教育程度
5	男	55	MI	哮喘	70 900	900	学士
4	男	44	MI	哮喘	21 200	1 000	学士
8	男	35	MI	艾滋病	63 900	2 200	学士
9	男	55	MI	艾滋病	67 100	4 200	博士
10	男	45	MI	结核病	35 600	3 100	学士
7	男	25	IN	糖尿病	47 300	1 200	学士

4. 微聚合

微聚合（microaggregation）是指将原始数据集中属性取值接近的多条记录聚合在一起形成簇，每一个簇组成一个等价类。将每一个簇计算出用来代表这个簇的聚合值（通常是将原始数据集聚合成大小相同的簇，每个簇使用其属性平均值作为此簇的聚合值），在发布的时候只发布聚合值，从而降低隐私泄露的风险。微聚合是适合于处理数量型数据的方法，也就是将几个值进行合并或抽象成一个粗糙集。如表 4-4 所示，对"收入"属性进行微聚合，最小值为 3。在微聚合技术中，如何进行聚合、计算聚合值是当前研究的重点。

表 4-4 微聚合后的数据表

序号	性别	年龄	所在州	诊断	收入	支出账单	教育程度
2	女	44	MI	哮喘	30 967	2 500	硕士
4	男	44	MI	哮喘	30 967	1 000	学士
10	男	45	MI	结核病	30 967	3 100	学士
1	男	44	MI	艾滋病	47 500	1 200	学士
6	男	45	MI	糖尿病	47 500	750	博士
7	男	25	IN	糖尿病	47 500	1 200	学士
3	男	55	MI	艾滋病	73 000	3 000	学士
5	男	55	MI	哮喘	73 000	900	学士
8	男	35	MI	艾滋病	73 000	2 200	学士
9	男	55	MI	艾滋病	73 000	4 200	博士

5. 数据交换

数据交换(data swapping),是指将原始数据中不同记录的某些属性值进行交换,将交换后的数据用来发布以达到隐私保护的目的,其核心是在保证统计属性在一定程度上不变的前提下,通过交换数据值使得交换后的数据无法与原始记录一一对应,提高了数据的不确定性。但是如何在交换过程中尽可能多地保持原始数据集的统计信息,特别是原始数据某些子集上的统计信息是当前数据交换技术研究的重点。也就是单个记录间值的交换。如表4-5所示,序号1和序号6的"收入"属性进行了交换。

表 4-5 数据交换后的数据表

序号	性别	年龄	所在州	诊断	收入	支出账单	教育程度
1	男	44	MI	艾滋病	46 500	750	博士
2	女	44	MI	哮喘	36 900	2 500	硕士
3	男	55	MI	艾滋病	65 600	3 000	学士
4	男	44	MI	哮喘	21 200	1 000	学士
5	男	55	MI	哮喘	70 900	900	学士
6	男	45	MI	糖尿病	41 500	1 200	学士
7	男	25	IN	糖尿病	47 300	1 200	学士
8	男	35	MI	艾滋病	63 900	2 200	学士
9	男	55	MI	艾滋病	67 100	4 200	博士
10	男	45	MI	结核病	35 600	3 100	学士

6. 值替代

值替代是指按不可倒推的方法用一个新的值替代原有的值;或者用一个符号如"?"替代一个已存在的值,以保护敏感数据和规则。

7. 扰动

扰动(perturbation)是指在原始数据中加入一些噪声数据,使得新数据与原始数据产生差异,从而减少了隐私攻击的可能性。插入噪声数据是一种常用的数据扰动技术,如图4-6所示。其最大的优点是:可以通过分析原始数据集的数据相关性,在扰动的过程中添加与之相符的噪声,从而保证新数据集中的数据相关性与原始数据基本一致。插入噪声数据的核心思想是在保持原始数据相关性和统计不变的前提下,通过降低某一具体条目上的信息准确性,来降低隐私推理攻击,一般噪声越大隐私保护度越高,而数据的实用性越小。插入噪声数据的方法,适合于处理数量型数据,而对于范畴型数据会产生较大的噪声。如何选取合适的噪声强度是插入噪声数据技术研究的主要问题。

也就是说,基于数据扰动的研究考虑数据拥有者要共享数据给他人做挖掘分析,但是同时数据拥有者又不愿意透露原始数据的精确值,避免隐私信息的泄露。由于数据挖掘者的主要目的是从大量数据中发现具有统计意义的知识,因此数据项自身的精确性对于数据挖掘的结果影响不大。所以,只需要保持数据的分布特性,或者重构数据的分布特性,就可以确保数据挖掘结果的准确性。基于这个思想,数据拥有者可以事先对原始数据进行干扰处理,然后共享干扰处理后的数据,这样就不会泄露精确的原始数据值了。而数据接收者可以挖掘干扰处理后的数据发现相关知识。但是如果干扰处理改变了原始数据的分布特性,则数据拥有者还需要提供干扰处理的相关参数,使得数据接收者能够重构原始数据的分布特征。

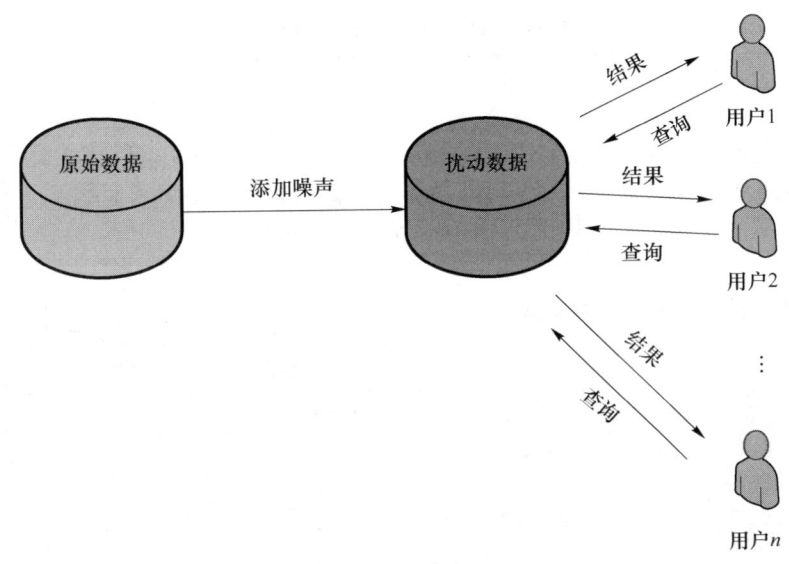

图 4-6 扰动

总之,扰动就是发布前修改原始数据的精确值。有时还会在查询结果中加入噪声。

8. 凑整和阈值转换法

凑整(rounding)和阈值转换法(thresholding)是微聚合的两个常用方法。如表 4-4 所示,将收入凑整为最接近的 30 967(该值也可是均值)。阈值转换法是指将收入大于 50 000 的个体聚集到一组(一个等价类)中。

9. 加密

加密是以某种特殊的算法改变原有的信息数据,使得未授权的用户即使获得了已加密的信息,但因不知解密的方法,仍然无法了解信息的内容。

10. 位置变换

位置变换比起加密算法较为简单,很多时候前者也是后者的一个组成部分。由于其算法简单,所以运算速度较快,而且在一些已经得到了较多保护的情况下更为高效。位置变换从本质上来说可以归纳为一类只有算法、没有密钥的加密算法。它通过一定的算法,实现对明文中相应位或字的位置转换,从而保护了隐私信息。

11. 映射变换

映射变换比起加密算法较为简单,很多时候前者也是后者的一个组成部分。由于其算法简单,所以运算速度较快,而且在一些已经得到了较多保护的情况下更为高效。映射变换通过一个代码表,将客户隐私信息转换为另外一个内部代码,由于映射变换可以通过关系数据库的 SQL 进行批量转换,所以在数据库系统中使用较多。

12. 联邦学习

联邦学习(Federated Learning,FL)作为一种新型机器学习技术,最早由谷歌公司提出,用于处理安卓移动设备的本地化模型训练,联邦学习采用了"数据不动模型动"的思想,使得参与方在保证自身数据与其他参与方隔离的情况下,做到各参与方协同训练,在保证模型质量的同时保护用户数据隐私。

以上 12 种隐私保护方法的比较如表 4-6 所示。从表 4-6 中可以看出,在计算复杂度、保密性、数据可用性方面,12 种方法各有优劣。

表 4-6 12 种隐私保护方法的比较

方法	目的	计算复杂度	保密性	数据可用性
匿名	隐去准标识符的信息,防止个体的敏感属性值泄露	☆ 基础的匿名技术只是单纯的隐去标识符信息	☆ 一旦有别的标识符能够确定个体身份,则不具备保护效果	☆☆☆☆ 不破坏数据可分析性
概化(泛化)/抑制	保证数据的真实性,但模糊细节	☆☆ 运算速度较快,将精确的属性泛化至一定范围	☆☆ 比单纯的匿名稍强,能够隐去更多个体信息	☆☆☆ 一定程度上破坏了数据准确性,但不破坏分布
取样	抽取部分数据,保护大多数人的隐私信息	☆ 单纯的抽取数据	☆ 不能有效保护被抽样群体的隐私信息	☆☆☆☆ 不破坏数据的可分析性
微聚合	将相近数据聚合成簇,保护个体的隐私信息	☆☆ 运算速度较快,将类似信息聚集	☆☆ 类似于泛化技术,通过聚集模糊个体数据	☆☆☆ 一定程度上破坏了数据准确性,但不破坏分布
数据交换	将记录中的某些属性交换,以达到个体数据的保护	☆ 单纯地随机交换信息	☆☆☆ 将数据的信息交换,让数据不再真实,较好地保护个体信息	☆☆ 该方法对数据破坏性极大,影响数据分析的正常进行
值替代	将敏感数据用一个特定值代替	☆ 单纯地隐去敏感数据	☆☆☆☆ 相当于不发布敏感数据,完全做到保护敏感数据	☆ 完全隐去敏感数据,相当于发布的数据几乎没有价值
扰动	在原始数据中加入一些噪声数据,使得新数据与原始数据产生差异,从而减少了隐私攻击的可能性	☆☆ 计算速度较快,需要考虑加入噪声的尺度	☆☆☆ 加入噪声让原有信息失真,保护隐私信息。虽然一定程度上破坏信息完整度,但控制好加噪尺度能够保证数据的可使用性	☆☆☆ 最好的情况下,加噪不破坏数据的分布,且能够保证数据的可分析性
凑整	将准确的数据就近凑整聚集	☆☆ 运算速度较快,将信息取整,类似聚合	☆☆ 类似于泛化与聚合技术,通过凑整模糊个体数据	☆☆☆ 一定程度上破坏了数据准确性,但不破坏分布
加密	加密的目的在于保护数据交换的过程通过密码学工具、安全多方计算等技术掩盖数据的交换过程。只有特定的个体才能获取协议指定的数据内容,其余个体在不破坏协议的情况下无法获取交换中的数据	☆☆☆☆ 一般需要多次迭代操作	☆☆☆☆ 通过算法和密钥进行保护,即使算法泄露也能保护秘密	☆☆☆☆ 没有破坏数据,仅仅加密

续表

方法	目的	计算复杂度	保密性	数据可用性
位置变换	通过算法,实现对明文中相应位或字的位置转换,从而保护了隐私信息	☆ 运算速度快,直接进行位移即可	☆ 一旦算法泄露,所有秘密将曝光	☆☆☆☆☆ 拥有交换模板的人能够完整准确地得到信息
映射变换	通过一个代码表,将客户隐私信息转换为另外一个内部代码	☆☆ 运算速度快,直接查表,适合数据库大批量计算	☆☆ 泄露一条映射关系不影响其他关系	☆☆☆☆☆ 拥有映射模板的人能够完整准确地得到信息
联邦学习	参与方在保证自身数据与其他参与方隔离的情况下,做到各参与方协同训练	☆☆☆ 本地训练速度相当于深度学习,但是参与方与中心服务器会产生通信开销	☆☆☆ 一定程度上能够保护参与方的数据隐私,但对于重构攻击等方式,防御力不足	☆☆☆☆ 数据可用性较高

注:☆表示计算复杂度、保密性等的级别,☆越多,复杂性越高或保密性越好。

隐私保护技术大体分为四类:数据匿名化、数据失真、数据加密和联邦学习。许多隐私保护方法融合了多种技术,很难简单地将其归属到某一类。其对比分析如表 4-7 所示。其中,安全性最高的当属数据加密,但是其隐私保护度高,信息损失量大,大大减小了信息的可用性。数据匿名化技术通用性高,能保护个人隐私信息,并保证发布数据的真实性,从而提高信息的可用性。许多隐私保护方法融合了多种技术。k 匿名和 l 多样性是基于限制发布的泛化技术中比较有代表性的两种隐私保护方法。

通过以上的对比分析,可以明显观察到数据匿名化的特点与优点,因此 4.2 节将针对已有的 k 匿名模型进行研究。

表 4-7 四类隐私保护技术对比分析

隐私保护技术	隐私保护度	计算开销	通信开销	特点	代表技术	典型应用场景
数据匿名化	中	中	低	在权衡隐私泄露风险和数据精度的基础上,对敏感数据和可能泄露的敏感信息进行有选择地发布,从而达到降低隐私泄露风险的目的	k 匿名,l 多样性,t-Closeness	敏感数据发布,位置隐私等
数据失真	中	低	低	通过扰动原始数据实现隐私保护,使扰动后的数据同时满足两个条件:攻击者通过发布后的失真数据不能重构出真实的原始数据、失真后的数据仍然保持某些性质	差分隐私	直方图发布,位置隐私,机器学习,区块链等
数据加密	高	高	高	对原始数据施以加密操作,从而达到隐藏敏感数据的目的	AES,DES,RSA,同态加密等	涉及几方数据传输的场景均可应用

续表

隐私保护技术	隐私保护度	计算开销	通信开销	特点	代表技术	典型应用场景
联邦学习	高	低	低	数据不动模型动	联邦学习框架 FATE (Federated AI Technology Enabler)	医疗领域,联邦学习技术可以帮助合作机构共同研究和分析数据,从而改进医疗水平

4.2 匿名技术

数据匿名化是最早提出的隐私保护技术,主张将发布数据表中涉及个体的标识属性删除之后发布。也就是说,通常情况下,原始数据表不符合特定的隐私保护要求,这些表在发布之前都要进行修改,这些修改是通过对表进行匿名化操作来实现的。本节主要介绍隐私保护技术中的经典匿名技术,包括匿名技术的核心思想、基础概念以及 k 匿名及其扩展技术。

4.2.1 匿名技术的核心思想

Cox L H[1]和 Dalenius T[2]分别在 1980 年和 1986 年提出在假设必须包含敏感数据的条件下隐藏数据拥有者个人身份或敏感信息的 PPDP 方法。显然,数据拥有者的明确标识符必须删除。有时即使去掉了所有的显式标识符,也会暴露敏感信息。匿名技术的核心是通过对数据的处理使根据数据无法确定到具体的个人,隐匿数据中的身份信息。匿名化处理示意图如图 4-7 所示。

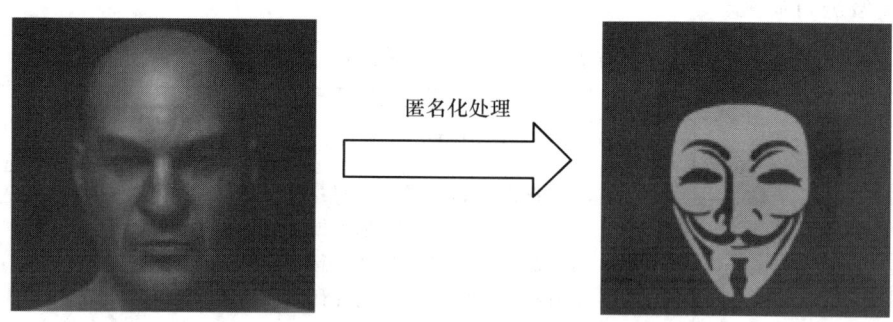

图 4-7 匿名化处理示意图

4.2.2 匿名技术的基础概念

本节介绍匿名技术中的基础概念。理解这些概念有助于读者了解隐私保护,理解匿名技术能够提供隐私保护的原因以及匿名技术中需要处理的对象。

定义 4.14 标识符 一张数据记录表中能唯一标识一条记录的属性。如表 4-8 所示的原始数据表 T_0 中的病例编号,通过该编号,可以唯一地从所有病例中查找到该条记录,所以病例编号为标识符。数据表的标识符并不唯一,如表中的身份证号码,也是该记录的标识符。

表 4-8 原始数据表 T_0

标识符			准标识符			敏感属性
病历编号	姓名	身份证号码	性别	年龄	身高	疾病
1233747	郑雷	948615********323X	男	25	175	乙肝
1233748	宁宇	728435********5034	男	33	170	肺炎
1233749	俞敏	357138********6425	女	28	158	乙肝
1233750	郭晓	941381********3044	女	30	165	艾滋病
1233751	刘钰	354418********326X	女	58	153	高血压
1233752	李也	189168********5517	男	49	168	糖尿病

定义 4.15 准标识符 准标识符是一个数据实体集的属性集合中的一组属性,通过该组属性,可以将一条记录从数据表中查询出来。表 4-8 中的性别、年龄、身高组成了准标识符,通过三个属性的组合可以从表中查找出一条记录。例如,通过 select * from T_0 where 性别 = '男' and 年龄 = '25' and 身高 = '175' 就可以查询到病例编号为 1233747 的整条记录,获取该条记录的敏感属性(疾病)为乙肝。

原始数据表去除标识符后的匿名数据表如表 4-9 所示,表 4-10 为一张外部数据链接表。

表 4-9 去除标识符的匿名数据表 T_1

性别	年龄	身高	疾病
男	25	175	乙肝
男	33	170	肺炎
女	28	158	乙肝
女	30	165	艾滋病
女	58	153	高血压
男	49	168	糖尿病

表 4-10 外部链接数据表 T_2

姓名	性别	年龄	学历
郑雷	男	25	本科
宁宇	男	33	博士
俞敏	女	28	本科
郭晓	女	30	硕士
刘钰	女	58	高中
李也	男	49	初中

定义 4.16 泄露(disclosure) 不希望发布的数据或信息,被明确地发布出来或通过发布的数据可能间接推断出准确度较高的信息,当发生以上情况时称发生了泄露。

定义 4.17 链接攻击(link attack) 通过准标识符 QI 将两张或多张数据表链接,提高数据表维度,挖掘数据表中的隐私信息的攻击方式称为链接攻击。通过对表 T_1 和 T_2 的准标识符的组合(性别、年龄)进行链接操作可以得到如表 4-11 所示的 T_{link},表中原本被匿名的记录重新被标识,完全失去匿名效果,造成了隐私泄露。这就是链接攻击的基本原理。

表 4-11 通过链接得到的数据表 T_{link}

姓名	性别	年龄	身高	疾病	学历
郑雷	男	25	175	乙肝	本科
宁宇	男	33	170	肺炎	博士
俞敏	女	28	158	乙肝	本科
郭晓	女	30	165	艾滋病	硕士
刘钰	女	58	153	高血压	高中
李也	男	49	168	糖尿病	初中

4.2.3 k 匿名

本节将介绍基于匿名技术的经典 k 匿名（k-anonymity）算法。在附录 B.1 中将详细介绍 k 匿名实验，帮助初学者理解 k 匿名算法。

1. 背景

普通的去除标识符的匿名方法在连接到外部知识时会造成敏感属性泄露，即发生链接攻击。链接攻击是从发布的数据中获取隐私数据的常见方法。其基本思想为：攻击者通过对发布的数据和通过从其他渠道获取的数据进行链接操作，推理出隐私数据，从而窃取隐私。数据表的 k 匿名化是数据发布时保护私有信息的一种重要方法[3]，是 1998 年由 Samarati P 和 Sweeney L 提出的。

2. 核心思想

k 匿名[4]的核心思想就是设法切断准标识符与敏感属性之间的一对一关系，从而确保信息的隐私属性。在一个数据表中，一个记录的准标识符至少有 $(k-1)$ 个记录的准标识符与之相同。换句话说，根据准标识符的查询结果，在准标识符上至少包含 k 条记录，其中任意一条与其他 $k-1$ 条记录无法区分。

3. 相关概念

定义 4.18 k 匿名 给定数据表 $T(A_1, A_2, \cdots, A_n)$，QI 是与 T 相关联的准标识符，当且仅当 $T(QI)$ 中出现的每个值序列在 $T(QI)$ 中至少出现 k 次，则 T 满足 k 匿名。$T(QI)$ 表示 T 表的元组在准标识符 QI 上的投影。基本的 k 匿名算法如算法 4-1 所示。

算法 4-1：基本的 k 匿名算法

输入：原始数据表 T_p，匿名参数 k

输出：满足 k 匿名的数据表 T_k

01. 从 T_p 中依次读取 k 条记录

02. 若对标识符过度进行保护处理，则会极大破坏数据可用性。若不希望发布，则应做抑制处理

03. 针对准标识符中的属性进行泛化，直到 k 条记录的准标识符完全相同，并保存记录到 T_k

04. 重复步骤 01~03，直到数据全部被处理，若剩余的记录不足 k 条，则做抑制处理

表 4-9 的 k 匿名($k=2$)处理结果如表 4-12 所示。

表 4-12　满足 $k=2$ 的 k 匿名数据表 T_k

性别	年龄	身高	疾病
男	25~35	170~175	乙肝
男	25~35	170~175	肺炎
*	25~30	155~165	乙肝
*	25~30	155~165	艾滋病
*	45~60	150~160	高血压
*	45~60	160~170	糖尿病

4．使用 k 匿名应注意的事项

(1) 未分类的匹配攻击(无差别匹配攻击)

问题：记录出现在发布的表中的顺序与隐私表中的顺序相同，容易造成 k 匿名失效。如图 4-8 所示，T_p 为原始数据表，T_1 和 T_2 为 T_p 的两个发布版本，当 T_1 和 T_2 同时存在时，将两张表直接复合就能得到原始数据表，造成匿名失效。

年龄	身高
25	175
33	170
28	158
30	165
58	153
49	168

T_p

年龄	身高
25~35	175
25~35	170
25~30	158
25~30	165
45~60	153
45~60	168

T_1

年龄	身高
25	170~175
33	170~175
28	155~165
30	155~165
58	150~160
49	160~170

T_2

图 4-8　未分类的匹配攻击

解决方法：发布前，随机打乱记录的顺序，防止各个版本的数据顺序相同，然后再发布。

(2) 补充发布的攻击

问题：将发布的不同版本的数据表链接在一起，可导致 k 匿名的攻击(失效)。

解决方法：新发布数据表时，考虑到以前的发布版本，尽量避免链接。但其他数据持有人可能发布一些数据使用这种方法进行攻击。一般来说，这种攻击很难被完全禁止。

(3) 临时攻击

问题：增加和删除记录，可导致 k 匿名的攻击(失效)。

解决方法：删除和增加记录时重新考量是否满足 k 匿名，尽量避免删除和增加记录。这种攻击很难被完全禁止。

(4) 同质性攻击

问题：若 k 匿名表中某等价类中的敏感信息基本相同，以至攻击者在获得匿名表后，通过外表(或背景知识)与准标识符链接确定某个体所属的等价类，即可获得相应个体的隐私信息。同质性攻击，是指在链接攻击的前提下，无法从多个数据源中找出某个体对应的一条信息，但是却可以找到该个体对应的多条信息，而这些信息都对应着同一个敏感属性信息，从而泄露该个体的隐私。

解决方法：对于同质攻击，l 多样性能起到很好的保护隐私信息的作用。

4.2.4 k 匿名扩展技术

1. k 匿名的安全缺陷

如果一个 k 匿名模型在一个等价类上缺乏敏感属性值的多样性，同时攻击者知道背景知识，那么敏感属性信息将会遭到披露，即遭受同质性攻击。如图 4-9 所示，虽然该数据满足 k 匿名，但是 1 和 2 两条记录的敏感属性均为"乙肝"，这样同样会造成隐私泄露。

性别	年龄	身高	疾病
男	25~35	170~175	乙肝
男	25~35	170~175	乙肝
*	25~30	155~165	肺炎
*	25~30	155~165	艾滋病
*	45~60	150~160	高血压
*	45~60	160~170	糖尿病

图 4-9 同质攻击

如图 4-10 所示，同质攻击：已知 Bob 的背景知识（姓名＝Bob，编号＝47678，年龄＝27），容易识别出 Bob 患的疾病为心脏病。背景知识攻击：已知 Umeko（日本人）的背景知识（姓名＝Umeko，邮政编码＝47673，年龄＝36），识别出该人所患疾病为癌症的概率极大。

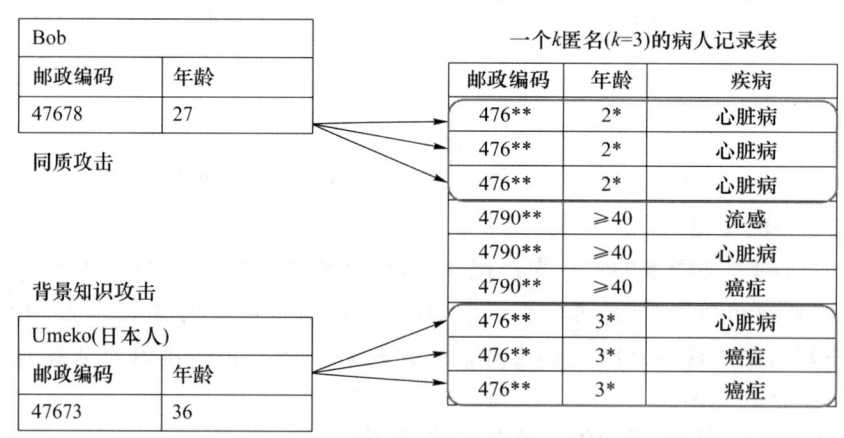

图 4-10 同质攻击和背景知识攻击实例

根据以上分析，k 匿名存在的安全缺陷有以下几点。

(1) k 匿名创建的准标识符等价组会在敏感属性缺乏多样性的情况下泄露信息（不能抵御同质攻击）。

(2) k 匿名的方法不能抵制来自背景知识的攻击（不能抵御背景知识攻击）。

(3) 没有区分敏感属性值保护度问题。很多情况下，敏感属性值的敏感度强弱都不相同。

例如,艾滋病与癌症的敏感度要远远大于流感,往往人们都不介意别人知道自己得了流感、消化不良等疾病,但是对于癌症或者艾滋病病人来说,他们却希望保密,因为这会严重影响到他们的生活以及别人对他们的看法。所以,对于癌症与艾滋病等高敏感度的属性而言,应提供更强的保护力度。以前的隐私保护模型都没有考虑到敏感属性的敏感度问题,在匿名化过程中将它们一致对待,这显然无法达到保护隐私的目的,即在某些情况下,还是会造成隐私泄露。

2. l 多样性

1) 核心思想

l 多样性是基于降低数据表示粒度以达到匿名保护数据集隐私目的的匿名技术。这种降低是一个折中,它会导致数据管理或挖掘算法有效性的部分损失,从而提高隐私保护。l 多样性模型是 k 匿名模型的扩展,k 匿名使用泛化和抑制降低数据表示的粒度,使得任何给定的记录映射到其所在数据集上至少 k 条其他记录。l 多样性模型解决了一些 k 匿名模型中存在的问题,特别是当一些等价组敏感属性缺乏多样性时。在 k 匿名准标识符等价组的基础上,l 多样性要求每个等价组的敏感属性必须包含 l 个不同的且表现良好的取值。

定义 4.19 l 多样性(l-diversity) 给定数据表 $T(A_1, A_2, \cdots, A_n)$,QI 是与 T 相关联的准标识符,对 T 进行 k 匿名处理后,每个 k 匿名等价组中的敏感属性至少包含 l 个表现良好的取值,则 T 满足 l 多样性。

2) l 多样性匿名策略的安全缺陷

(1) l 多样性存在属性泄露可能。l 多样性要求等价组内敏感属性值有 l 个不同的敏感属性值,但可能出现这种情况:一个等价组内的敏感属性值可能不相同,但是它们可能传达同样的信息。例如,两条记录 A 和 B,它们在同一个等价组中,A 的疾病属性值为肺癌,B 的疾病属性值为肝癌,他们具有不同值,但可以明显看出它们都患有癌症,依然泄露了隐私。如图 4-11 所示,Bob 的工资在 20k 和 40k 之间,Bob 患了与胃病相关的病,因为胃溃疡、胃炎、胃癌语义相似。另外,l 多样性在攻击者利用一个属性的数据值全球分布,推断等价组中的敏感数据值时,可能造成敏感属性的泄露。

一个 l 多样性($l=3$)的病人记录表

相似性攻击		邮政编码	年龄	工资	疾病
Bob		476**	2*	20k	胃溃疡
邮政编码	年龄	476**	2*	30k	胃炎
47678	27	476**	2*	40k	胃癌
		4790*	≥40	50k	胃炎
		4790*	≥40	100k	流感
		4790*	≥40	70k	支气管炎
		476**	3*	60k	支气管炎
		476**	3*	80k	肺炎
		476**	3*	90k	胃癌

图 4-11 相似性攻击实例

(2) l 多样性不能防止概率推理攻击。一个等价类(组)中的某些敏感属性很自然地比其他敏感属性的频率高,这使得攻击者能够得知等价类中的某一记录很有可能拥有该属性值。例如,流感比癌症更为常见。

(3) l 多样性要求较高,当敏感属性分布不均匀时,实现起来困难,甚至难以实现。这也是 l 多样性的局限性所在,因为它假设各种敏感属性值的频度是相似的。

3. t-Closeness

由于 k 匿名和 l 多样性两种匿名策略存在各自的不足,因此 LI 等人[5]提出了一个新的隐私概念,称为 t-Closeness 匿名策略。

t-Closeness 是 l 多样性匿名技术的改进,通过分析敏感属性数据值在整体数据中的分布,使得等价组中的敏感属性也近似满足整体分布。也就是说,发布的数据在满足 k 匿名化原则的同时,还要求等价类内敏感属性值分布与敏感属性值在隐私化表中总体分布的差异不超过 t,如果所有的分组都满足上述条件,那么发布的数据表 T 就满足 t-Closeness。

定义 4.20 t-Closeness 如果一个表的敏感属性在这个等价类中的分布与敏感属性在整个表中的分布之间的差异不超过阈值 t,则称该分组满足 t-Closeness,如果所有的等价类(分组)都满足,那么发布的数据表 T 就满足 t-Closeness。

t-Closeness 在 l 多样性基础上,考虑了敏感属性的分布问题,它要求所有等价类中敏感属性值的分布尽量接近该属性的全局分布。敏感属性在等价类中的分布与其在整个表中的分布之间的接近程度,一般采用 EMD 来衡量,要求两个分布的差异不超过 t。

EMD(Earth Mover's Distance)被用来衡量一个分布到另一个分布之间的移动所需要的最小工作量。设有两个部分 $P=(p_1,p_2,\cdots,p_m)$ 和 $Q=(q_1,q_2,\cdots,q_m)$,则

$$\text{EMD}(P,Q) = \text{WORK}(P,Q,F) = \sum_{i=1}^{m}\sum_{i=1}^{m} d_{ij} f_{ij}$$

其中,d_{ij} 是 p_i 与 q_i 之间的分布距离,f_{ij} 是 p_i 移动到 q_i 所需的最小工作量。

t-Closeness 匿名策略流程图,如图 4-12 所示。

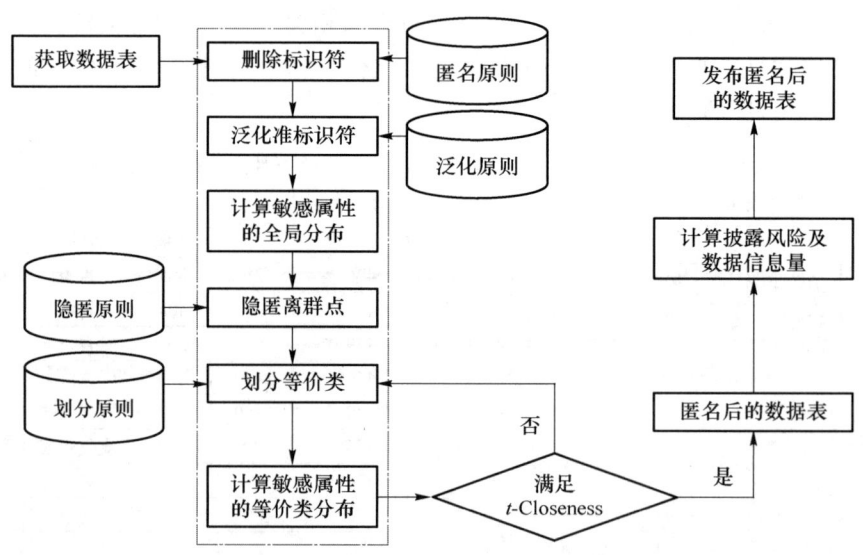

图 4-12 t-Closeness 匿名策略流程图

在选取好参数 t 的情况下,发布的数据能够有效阻止身份泄露和属性泄露,如表 4-13 所示。它采用了 t-Closeness 策略的分组效果,每个等价组内的敏感属性都没有语义相似,避免了属性泄露,安全性更高。但当 $t=0.2$ 时,数据质量有所下降。

表 4-13　t-Closeness 数据表（$t=0.167, k=3$）

	邮政编码	年龄	工资	疾病
1	4767*	≤40	3k	胃溃疡
3	4767*	≤40	5k	胃癌
8	4767*	≤40	9k	肺炎
4	4790*	≥40	6k	胃炎
5	4790*	≥40	11k	流感
6	4790*	≥40	8k	支气管炎
2	4760*	≤40	4k	胃炎
7	4760*	≤40	7k	支气管炎
9	4760*	≤40	10k	胃癌

t-Closeness 的优点是解决了针对敏感属性值的偏斜性攻击和相似性攻击。LI 等人[5]指出，t-Closeness 对属性信息的保护中不涉及对身份信息的保护。因此，想要实现全面的隐私保护可能需要同时使用 t-Closeness 和 k 匿名两种隐私保护策略。

t-Closeness 的不足和局限性：(1) t-Closeness 涉及均匀性，无法保证对 k 匿名的背景知识攻击永远不会发生；(2) t-Closeness 隐私化的结果是降低了数据发布后的可用性，因为它要求相同等价类中的敏感属性分布相同或相近（解决方法：增大阈值 t 是提高发布数据可用性的唯一办法）。

(3) t-Closeness 缺乏明确不同敏感属性值所对应不同隐私保护水平的灵活性。

另外，EMD 函数不适用于数值型的敏感属性。

4. (X,Y)匿名模型

(X,Y)匿名指定 X 的每一个值都对应着至少 k 个 Y 值。k 匿名是(X,Y)匿名的一种特殊情况，当 X 是 QID（准标识符）并且 Y 是能够唯一确定个体的主要属性，这里 X 和 Y 是属性不相交的集合。(X,Y)匿名为满足不同的隐私保护需求提供了一种统一的灵活方法。如果 X 的每一个值描述一组个体（如 $X=\{Jack;性别;年龄\}$）并且 Y 代表敏感属性（如 $Y=\{工资\}$），那么每一组对应着各不相同的敏感属性集合，这使得推断敏感属性变得困难。

4.3　差分隐私

本节主要介绍差分隐私保护技术的思想来源、相关定义、主要技术和差分隐私中的精度分析研究。

4.3.1　差分隐私的思想来源及其相关定义

1. 差分隐私的思想来源

1977 年，Dalenius T[6]阐述了对统计数据库的结论：任何关于个人的信息都不能在没有访问数据库的情况下从数据库中获得。也就是说，没有对数据库的访问就不能从数据库中获得任何个人的信息。5 年后，在此基础上 Goldwasser 和 Micali[7]提出数据库语义安全的定义：对于统计数据库的访问不能够让访问者获取个人的任何信息，更不能在没有访问权的条件下获取。可是，由于存在辅助信息，这个类型的隐私是不能够实现的。即使一个人的记录不在这个统计数据库中,他的隐私仍然可能受到威胁。假设一个人的身高被认为是隐私,揭露了这个人的身高就认为是隐私泄露。假设数据库中记录了不同国家(包括立陶宛)女性的平均身高。如果一个对于统计数据库拥有访问权的攻击者获取了辅助信息"Terry 的身高比立陶宛女性的平均身高矮 2 英尺",那么他将获得 Terry 的身高,而只知道辅助信息却没有数据库访问权的攻击者却无能为力。

这个数据库的语义安全是基于密码学的语义安全提出的,密码学的语义安全定义是:不能从密文中获取明文的任何信息,更不能在没有见过密文的情况下获取密文。

对于数据库的语义安全,不可能实现的结果主要有两个方面:(1) 无论 Terry 的记录是否在数据库中都能够造成泄露;(2)对于密码学的语义安全能够实现,对于 Dalenius 宽泛的语义安全却不能实现。第一个方面导致了一个新的思想:一个人隐私泄露的风险不会因为隐私在统计数据库中而大幅增加。这就是差分隐私思想的来源[8]。

因此,一个人的信息记入数据库后,被泄露的风险增加只是名义上的,隐匿和扭曲数据也只是名义上的方法。隐私泄露仍然可能发生,但不是因为他的信息在数据库中导致的,而且这种泄露不能通过任何的方法避免。因此,人们越来越需要一个可靠、有意义和数学上严格的隐私保护方法,差分隐私就是这样一个方法。

差分隐私是一种新的数据隐私保护方法,可假定攻击(入侵)者具有任意背景知识,该保护方法可保证在一个数据集中删除或增加一条记录而不影响任何计算结果(如查询),最关键的是即使攻击(入侵)者知道了除某一个记录之外的所有记录的敏感信息,该记录的敏感信息仍然无法预测。

定义 4.21 ε-差分隐私(ε-differential privacy)[8] 在非交互式模型中,给定两个数据集 D 和 D',D 和 D' 之间至多相差一条记录,给定一个隐私算法 A,$\text{Range}(A)$ 表示 A 的取值范围,若隐私算法 A 在数据集 D 和 D' 上的任意输出结果 $\hat{D}(\hat{D} \in \text{Range}(A))$ 满足下列不等式,则 A 满足 ε-差分隐私,也就是说,D 和 D' 上输出结果的概率分布最大比率至多为 e^ϵ。

$$\Pr[A(D_1) = \hat{D}] \leqslant e^\epsilon \Pr[A(D_2) = \hat{D}] \tag{4.1}$$

其中,概率 $\Pr[\cdot]$ 由算法 A 的随机性控制,表示隐私泄露的风险;ε 为隐私预算(隐私预算代价参数),表示隐私保护程度,ε>0 是公开的而且是由数据拥有者指定的,ε 取值越小,表示提供的隐私保护程度越强。

图 4-13 表示 D_1 与 D_2 的输出概率最大比率为 e^ϵ。

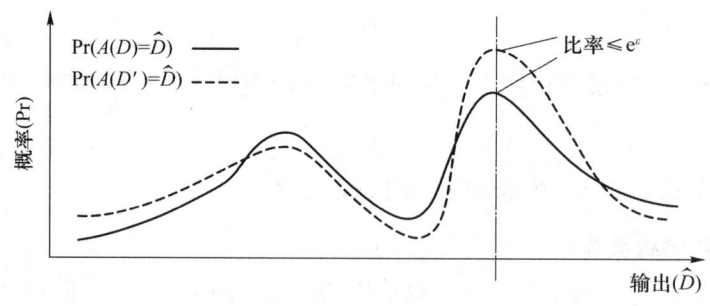

图 4-13 D_1 与 D_2 的隐私泄露风险

2. 差分隐私的性质

差分隐私的序列组成性和平行组成性确保了对一系列差分隐私计算的隐私保证。

性质 4.1 序列组成性(sequential composition)　假设 D 为数据集,让每一个算法 A_i 满足 ε_i-差分隐私,则算法 A_i 序列满足 $\sum \varepsilon_i$-差分隐私。

性质 4.2 平行组成性(parallel composition)　假设 D_i 是原始数据集 D 中不相交的子集,并且算法 A_i 对每个 D_i 满足 ε_i-差分隐私,则算法 A_i 序列在 D 上满足 MAX ε_i-差分隐私。

以上性质确保了差分隐私的计算隐私保证。性质 4.1 确保了任何孤立的满足差分隐私的计算序列也满足差分隐私;性质 4.2 确保实际应用获得好的性能,由于差分隐私计算序列在不相交的数据集上,隐私成本不累积,但只取决于所有计算的最差情况。

传统差分隐私技术将数据集中到一个数据中心,在该数据中心对数据进行隐私处理后再发布满足差分隐私的相关统计信息,这种数据隐私处理方法也被称为中心化差分隐私。中心化差分隐私对于敏感信息的保护基于一个可信第三方存在的前提假设,然而在实际应用中,第三方数据收集者通常并不可信,这一点极大限制了中心化差分隐私的进一步发展。

为了解决中心化差分隐私中第三方数据收集者不可信的问题,本地化差分隐私技术继承了中心化差分隐私对隐私攻击定量化的定义,通过将数据的隐私处理过程转移到用户本地从而强化了个人敏感信息的保护,即由每个用户按照隐私算法对数据进行扰动后再将数据上传给数据收集者。与中心化差分隐私相比,本地化差分隐私技术能对用户的敏感信息实现更彻底的保护。

3. 本地化差分隐私

定义 4.22 ε-本地化差分隐私　给定 n 个用户,每个用户对应一条记录,对于机制 $\mathcal{M}$,其定义域为 $\text{Dom}(\mathcal{M})$,值域为 $\text{Ran}(\mathcal{M})$,若隐私机制 $\mathcal{M}$ 在任意两条记录 t, t' ($t, t' \in \text{Dom}(\mathcal{M})$) 上得到相同的输出结果 o ($o \subseteq \text{Ran}(A)$),且满足 $\Pr(\mathcal{M}(t) = o) \leqslant e^{\varepsilon} \Pr(\mathcal{M}(t') = o)$,则称机制 $\mathcal{M}$ 满足 ε-本地化差分隐私。

与传统的中心化差分隐私相比,本地化差分隐私通过控制任意两条记录的输出结果相似性来确保算法 A 满足 ε-本地化差分隐私,即根据隐私算法 A 的某个输出结果几乎不能推理出其输入的记录,而中心化差分隐私仅能保证不同数据集之间的不可区分性,因此本地化差分隐私可以实现比中心化差分隐私更高级别的隐私保护。

4.3.2　差分隐私主要技术

1. 差分隐私的主要技术

实现差分隐私保护主要从两个方面考虑:(1) 安全性,即如何保证所设计的方法满足差分隐私,以确保隐私不泄露;(2) 实用性,即如何减少噪声带来的误差,以提高数据可用性。

典型的差分隐私保护机制是通过向一个函数的真实输出添加随机噪声的方法完成的。常用的添加噪声的方法有:拉普拉斯(Laplace)机制、指数机制和高斯机制。噪声的多少与全局敏感度紧密相关,即噪声通过函数的敏感度来调整。敏感度是函数独有的性质,是独立于数据库的。函数的敏感度是从至多只有一个记录不同的两个数据集中得到的输出的最大差值。

定义 4.23 全局敏感度(Global Sensitivity, GS)　对于任意的相邻数据库 D_1 和 D_2,查询函数 $Q: D \to R^d$ 的全局敏感度是在 D_1 和 D_2 中查询结果的最大差值,即

$$\text{GS}_Q = \Delta f = \max \| Q(D_1) - Q(D_2) \|_1 \tag{4.2}$$

其中,D_1 和 D_2 至多相差一条记录,R 表示所映射的实数空间,d 表示函数 Q 的查询维度。

(1) **拉普拉斯机制**。针对差分隐私输出为实数的算法,通过在查询的输出中添加拉普拉斯噪声实现。对于任何函数 $f: D \to R^d$,隐私算法 A 满足 ε-差分隐私:

$$A(D) = f(D) + \text{Laplace}(\text{GS}_Q / \varepsilon) \tag{4.3}$$

拉普拉斯机制的作用：确定添加的噪声数据的大小。

定义 4.24 拉普拉斯分布 如果随机变量 X 的概率密度函数分布满足下式，则称随机变量 X 满足拉普拉斯分布：

$$h(y)=\Pr[x|\mu,\sigma]=\frac{1}{2\lambda}\exp(-|x-\mu|/\sigma) \tag{4.4}$$

其中，μ 和 σ 分别为位置参数（期望）和尺度参数，$2\lambda^2$ 为方差；λ 由全局敏感度 Δf 和隐私预算 ε 决定，即 $\lambda=\Delta f/\varepsilon$。拉普拉斯机制中设置 $\mu=0$。

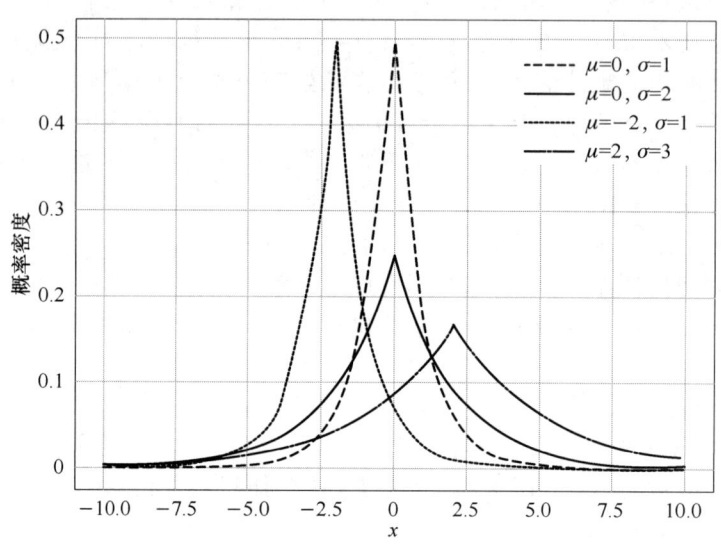

图 4-14 拉普拉斯分布

定理 4.1 对于任何函数 $Q:D\rightarrow R^d$，满足下式的机制 A 提供的 ε-差分隐私。

$$A(D)=Q(D)+\langle \text{Lap}_1(\Delta f/\varepsilon),\cdots,\text{Lap}_d(\Delta f/\varepsilon)\rangle \tag{4.5}$$

其中，$\text{Lap}_i(\Delta f/\varepsilon)(1\leqslant i\leqslant d)$ 是相互独立的拉普拉斯变量。从式(4.5)中可以看出噪声量大小与 Δf 成正比，与 ε 成反比。所以，全局敏感度越大，噪声越大；隐私预算越小，噪声越大，隐私保护程度越高。对于多数查询，Δf 是非常小的，简单计数（具有某属性的行数有多少）的敏感度为 1。需要注意的是，敏感度是函数独有的性质，独立于数据库。

(2) **指数机制**。针对非数值的算法，即输出不是实值或加噪声无意义的情况。基本思想是从一个私有分布中抽样来回答非数值查询。关键是如何设计函数 $q(D,r)$，其中，r 表示从输出域 $\hat{D}$ 中选择的输出项。

定理 4.2 对于数据集 D，给定一个效用函数 $q:(D\times R)\rightarrow R$，有

$$A(D,q)=\left\{\text{return } r \text{ with probability} \propto \exp\left(\frac{\varepsilon q(D,r)}{2\Delta q}\right)\right\} \tag{4.6}$$

算法 A 满足 ε-差分隐私。其中，q 的灵敏度为

$$\Delta q=\max_{\forall r,D_1,D_2}\|q(D_1,r)-q(D_2,r)\|_1 \tag{4.7}$$

指数机制的作用：对效用函数计算出的候选评分进行选择，高评分的输出与被选择的输出指数倍地接近。

(3) **高斯机制**。高斯机制是机器学习隐私保护中常用的一种噪声机制，设数据集为 D，通过给输出结果 $f(t)$ 添加均值为 0、方差为 σ^2 的高斯噪声实现 (ε,δ)-本地化差分隐私。若隐私机制 M 在任意两条记录 $t,t'(t,t'\in D)$ 上得到相同的输出结果 o，如式(4.8)所示，则称该机制

满足高斯机制。
$$\Pr(M(t)=o) \leqslant e^{\varepsilon}\Pr(M(t')=o)+\delta \tag{4.8}$$

高斯机制一般选用 L_2 敏感度，由于 L_2 敏感度的值低于 L_1 敏感度，因此高斯机制允许更少的噪声。将敏感度记为 Δg，则敏感度如式(4.9)所示。

$$\Delta g = \max_{t,t' \in D} \|f(t)-f(t')\|_2 \tag{4.9}$$

拉普拉斯机制、指数机制和高斯机制的实验，详见附录 B.2、B.3、B.4。

2. 拉普拉斯机制和高斯机制的相同点与不同点

相同点：拉普拉斯机制和高斯机制是两种在隐私保护领域使用的常见技术，二者的主要目的是通过添加噪声来保护个人数据的隐私。

二者的不同点如下。

(1) 拉普拉斯机制是一种偏差随机化技术，它通过向原始数据添加拉普拉斯噪声来实现隐私保护。拉普拉斯噪声是一种对称的噪声分布，其形状类似于钟形曲线。与高斯噪声不同，拉普拉斯噪声具有长尾特征，使得其在处理极端值时表现更好。但是，由于拉普拉斯机制的噪声分布是离散的，因此它对数据的精确度和准确性的影响可能更大。

(2) 高斯机制是一种偏移和比例随机化的技术，它通过对原始数据添加高斯噪声来实现隐私保护。高斯噪声是一种对称的连续噪声分布，通常用于处理连续型数据。与拉普拉斯噪声不同，高斯噪声在数据处理方面更加灵活，可以根据需求进行调整。但是，由于高斯噪声分布是连续的，因此它可能影响数据的离群值和极端值。

因此，它们的应用场景略有不同。拉普拉斯机制适用于处理离散数据和需要处理极端值的情况，而高斯机制适用于处理连续数据和需要更好的可控性和灵活性的情况。

4.3.3 差分隐私中的精度分析研究

本节主要针对拉普拉斯机制和指数机制中的精度公式进行分析，并指出精度公式存在的问题。

1. 拉普拉斯机制精度

定义 4.25 拉普拉斯机制精度 设查询函数 $f: N^{|X|} \to R^k$，z 为扰动后的值，则有

$$p\left[\|f(x)-z\|_{\infty} \geqslant \ln\left(\frac{k}{\delta}\right) \cdot \left(\frac{\Delta f}{\varepsilon}\right)\right] \leqslant \delta \tag{4.10}$$

证明：已知

$$p(\|f(x)-z\|_{\infty} \geqslant t \cdot b) = e^{-t}$$

令 $t = \ln\left(\frac{k}{\delta}\right)$，$b = \frac{\Delta f}{\varepsilon}$，可得

$$p\left(\|f(x)-z\|_{\infty} \geqslant \ln\left(\frac{k}{\delta}\right) \cdot \frac{\Delta f}{\varepsilon}\right) = \frac{\delta}{k}$$

因为 $k \geqslant 1$，所以

$$p\left(\|f(x)-z\|_{\infty} \geqslant \ln\left(\frac{k}{\delta}\right) \cdot \frac{\Delta f}{\varepsilon}\right) \leqslant \delta$$

拉普拉斯机制精度公式的放缩是指乘以 k，即放缩了维度，那么不难看出维度 k 越大，拉普拉斯机制精度公式放缩越大，越不精确。

下面通过举例来说明拉普拉斯机制的精度如何使用。

例 4.1 假设有一份人口普查的数据集，先确定 100 个姓氏，然后从数据集中统计这 100 个姓氏分别有多少人。因此，输出维度 $k=100$，显然去掉一个人的数据，只会使其中一项的输出

减 1,因此 $\Delta f=1$,取 $\delta=0.05$,$\varepsilon=1$,根据

$$p\left[\|f(x)-z\|_\infty \geqslant \ln\left(\frac{k}{\delta}\right)\cdot\left(\frac{\Delta f}{\varepsilon}\right)\right]\leqslant \delta$$

得到

$$p\left[\|f(x)-z\|_\infty \geqslant \ln\left(\frac{100}{0.05}\right)\cdot\left(\frac{1}{1}\right)\right]\leqslant 0.05$$

$$p[\|f(x)-z\|_\infty \geqslant 7.6]\leqslant 0.05$$

$$p[\max_{i\in k}|Y_i|\geqslant 7.6]\leqslant 0.05$$

例 4.1 中,添加的最大噪声超过 7.6 的概率小于 0.05,即超 95% 的噪声都比 7.6 小,这对于一个十四亿人口的人口普查数据集来说是非常小的误差。由此可见,加入 $\varepsilon=1$ 的噪声对精度的影响很小。同时,可以利用数学公式来控制噪声大小。

下面通过实验来理解上述定义与定理在实际中的应用。

本实验有两个主要目的:(1)通过三个对比实验,比较加入噪声的大小对数据精度和数据分布的影响;(2)通过实验结果进一步验证拉普拉斯机制精度公式,即式(4.10)的准确性。

实验环境为 Intel Core i7-6700H,Windows10 操作系统,数据集为 1960—2010 年世界人口数据集(参见网址 https://blog.csdn.net/qq_45864250/article/details/103080485?utm_medium=distribute.pc_relevant_download.none-task-blog-BlogCommendFromBaidu-1.nonecase&depth_1-utm_source=distribute.pc_relevant_download.none-task-blog-BlogCommendFromBaidu-1.nonecas),数据为 json 格式,数据集中的属性有"国家名称""国家代号""人口统计的年份""该年份该国家的人口"。

实验过程:限制查询并输出 2010 年人口小于 50 000 的国家或地区的人口数,并以直方图形式呈现结果,以便于对各项数据进行观察,其中横坐标代表国家名称(使用英文大写字母代替)。实验中,$\Delta f=1$,拉普拉斯机制默认 $\mu=0$,通过控制 ε 的值控制所加的噪声大小。

实验分析一:如图 4-15、图 4-16 所示,人口小于 50 000 的地区与国家一共有 10 个,针对目的(1),对于上万的人口来说,如图 4-16 所示,$\varepsilon=1$ 时噪声量非常小,扰动几乎对数据精度与分布没有影响;针对目的(2),取 $\delta=0.05$,算出最大噪声不超过 5.298 317 366 548 036 的概率为 95%,如图 4-16 所示,10 个噪声值都在精度范围内,符合公式结果的预期,验证了式(4.10)的准确性。

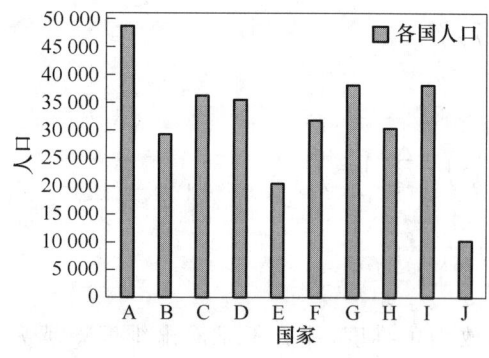

图 4-15 原始数据分布($\varepsilon=1$)

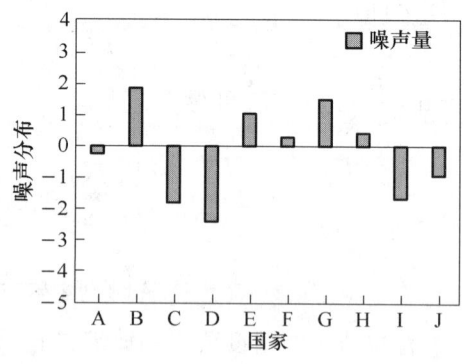

图 4-16 噪声分布($\varepsilon=1$)

实验分析二:如图 4-17 所示,$\varepsilon=0.01$ 时,针对目的(1),添加的噪声量已经对数据精度产生一定的影响,但不影响总体分布;针对目的(2),取 $\delta=0.05$,应用式(4.10)计算出最大噪声

不超过 529.831 736 654 803 6 的概率为 95%，图 4-17 中的，10 个噪声值全部在精度范围内，符合式(4.10)的预期。

实验分析三：如图 4-18 所示，ε＝0.000 1 时，针对目的(1)，添加的噪声量不仅对数据精度产生了一定的影响，而且影响到了数据的分布规律；针对目的(2)，取 δ＝0.05，应用式(4.10)算出最大噪声不超过 52 983.173 665 480 36 的概率为 95%，图 4-18 中的 10 个噪声值全部在精度范围内，符合式(4.10)的预期。

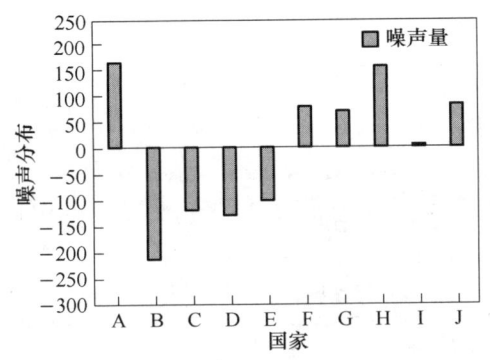

图 4-17　噪声分布(ε＝0.01)

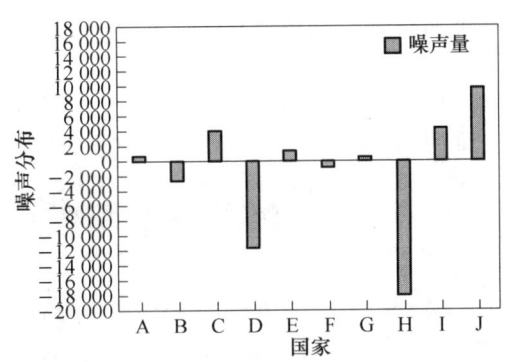

图 4-18　噪声分布(ε＝0.000 1)

为进一步说明式(4.10)是一个范围过大的公式，下面以一组对比试验进行证明。分别取不同数据维度 $k=10\,000$，$k=100\,000$ 的噪声进行对比，为控制变量，在 2 个不同维度下均取 $\varepsilon=1$，$\delta=0.05$。如果当维度 k 取值很大时，仍然有大量的噪声值在式(4.10)所计算的范围之内，则说明式(4.10)范围过大。理由如下，取 $\delta=0.05$，说明 95% 的噪声被式(4.10)控制在 $\ln\left(\dfrac{k}{\delta}\right)\cdot\dfrac{\Delta f}{\varepsilon}$ 的范围内，假设式(4.10)非常精，则当 $k=10\,000$ 时应有 500 个噪声值比 $\ln\left(\dfrac{k}{\delta}\right)\cdot\dfrac{\Delta f}{\varepsilon}$ 大，当 $k=100\,000$ 时应有 5 000 个噪声值比 $\ln\left(\dfrac{k}{\delta}\right)\cdot\dfrac{\Delta f}{\varepsilon}$ 大。因此，若实验结果只有极少量噪声值甚至没有噪声值比 $\ln\left(\dfrac{k}{\delta}\right)\cdot\dfrac{\Delta f}{\varepsilon}$ 大时，则说明式(4.10)范围过大。

如图 4-19 和图 4-20 所示，两个维度下的最大噪声值分别为 8.37 和 11.44，而通过式(4.10)计算出的噪声范围分别约为 12.23 和 14.51。当 $k=10\,000$ 或 $100\,000$ 时，不但没有 500 或 5 000 个噪声超出式(4.10)计算的范围，而且所有噪声值都被控制在式(4.10)所计算的范围内，由此可以看出式(4.10)放缩范围过大。

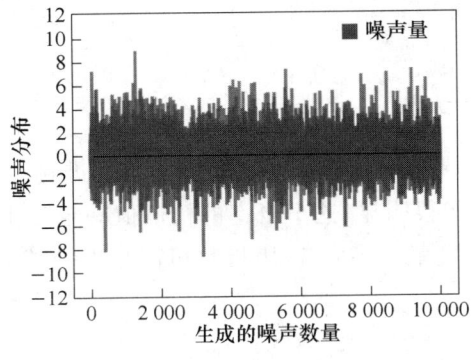

图 4-19　$k=10\,000$ 时的噪声分布

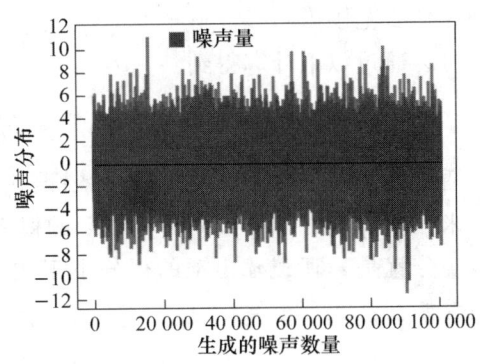

图 4-20　$k=100\,000$ 时的噪声分布

2. 指数机制精度

定义 4.26 指数机制精度 定义数据集 x，令 $\text{OPT}_u(x) = \max_{r \in R} u(x,r)$，$\text{OPT}_u(x)$ 代表了得分最高项的分数，令 $R_{\text{OPT}} = \{r \in R : u(x,r) = \text{OPT}_u(x)\}$ 表示得分最高的项数，$R_{\text{OPT}} \geq 1$。指数机制精度的定义如式(4.11)所示：

$$p\left[u(M_E(x,u,R)) \leq \text{OPT}_u(x) - \frac{2\Delta u}{\varepsilon}\left(\ln\left(\frac{|R|}{|R_{\text{OPT}}|}\right) + t\right)\right] \leq e^{-t} \tag{4.11}$$

证明指数机制精度只需证明下式：

$$p[u(M_E(x,u,R)) \leq c] \leq \frac{|R|}{|R_{\text{OPT}}|} e^{\frac{\varepsilon \cdot (c - \text{OPT}_u(x))}{2\Delta u}} = e^{\frac{\varepsilon \cdot (c - \text{OPT}_u(x))}{2\Delta u} + \ln\left(\frac{|R|}{|R_{\text{OPT}}|}\right)} \tag{4.12}$$

证明：

$$p[u(M_E(x,u,R)) \leq c] = \sum_{r: u(x,r) \leq c} \frac{e^{\left(\frac{\varepsilon \cdot u(x,r)}{2\Delta u}\right)}}{\sum_{r' \in R} e^{\left(\frac{\varepsilon \cdot u(x,r')}{2\Delta u}\right)}} \tag{step1}$$

$$\leq |R| \cdot \frac{e^{\left(\frac{\varepsilon \cdot c}{2\Delta u}\right)}}{|R_{\text{OPT}}| \cdot e^{\left(\frac{\varepsilon \cdot \text{OPT}_u(x)}{2\Delta u}\right)}} \tag{step2}$$

$$= \frac{|R|}{|R_{\text{OPT}}|} e^{\frac{\varepsilon \cdot (c - \text{OPT}_u(x))}{2\Delta u}} \tag{step3}$$

式(4.12)描述的是得分小于或等于 c 的项输出的概率有多大。因此式(step1)按照这个意义将式子展开，先算出来每一项的概率，再把每一个得分小于或等于 c 的项加起来。式(step2)用到了放缩，将最外面的求和放大成 $|R|$（$|R|$ 代表所有可能输出项的项数），因此得分小于或等于 c 的项数一定小于或等于 $|R|$；将分子放大，原本分子的 $u(x,r) \leq c$，现在全部放大成 c；将分母缩小，原本的分母是所有可能的输出项的累加，缩小后变成仅得分最高项的累加。式(step3)是整理式(step2)得出的结果。

指数机制精度公式的放缩是将分母缩小、分子放大。只有当正确项的权值很高、错误项权值的和较小时，指数机制精度公式得到的精度才会较为准确。指数机制本身可以在计算出各项权重后，通过各项权重的百分比得出每一项输出的概率，因此指数机制的精度公式在实用性方面也存在疑问。下面通过一个例子展示指数机制的精度如何使用。

例 4.2 假设数据集中统计了两种疾病 A 和 B。A 的计数为 0，B 的计数为 $c(c>0)$，执行查询函数，查询哪种疾病患者最多。显然我们可以使用指数机制进行扰动，设置打分函数为统计人数，因此 $\Delta u = 1$，A 的分数是 0，B 的分数是 c。那么请问输出错误结果（输出 A）的概率被控制在什么范围内？

可以通过以下计算得到：

$$p[u(M_E(x,u,R)) \leq 0] \leq \frac{|R|}{|R_{\text{OPT}}|} e^{\frac{\varepsilon \cdot (c - \text{OPT}_u(x))}{2\Delta u}} = \frac{2}{1} e^{\frac{\varepsilon \cdot (0-c)}{2 \times 1}} = 2e^{-\frac{\varepsilon \cdot c}{2}}$$

通过式(4.11)，可以方便地得到错误答案的输出概率，以便通过调整隐私预算进行控制；接下来也可以试试计算最高分小于 c 的概率是多少。很明显，这个概率的精确值一定是 1，因为最高分就是 c，所以输出项的得分小于或等于 c 的概率一定是 1，用指数机制精度公式计算的结果如下：

$$p[u(M_E(x,u,R)) \leq c] \leq \frac{|R|}{|R_{\text{OPT}}|} e^{\frac{\varepsilon \cdot (c - \text{OPT}_u(x))}{2\Delta u}} = \frac{2}{1} e^{\frac{\varepsilon \cdot (c-c)}{2 \times 1}} = 2e^0 = 2$$

由计算结果可以看出,指数机制精度公式算出来的同样是一个更大范围的数,其实从式(4.11)的推导过程就可以看出来,第二步的放缩是将分子上的值全部放大,同时分母上的值缩小,在整体效果上看,就是一个很大的放缩。

下面通过实验来了解上述定义与定理在实际中的应用。本实验有两个主要目的:(1)通过两个对比实验,比较当加入不同大小的噪声时,对指数机制下输出正确结果概率大小的影响;(2)通过实验进一步验证指数机制的精度公式,即式(4.11)。

实验环境为 Intel Core i7,Windows10 操作系统,数据集为 adult.data 人口数据集(参见网址 http://archive.ics.uci.edu/ml/machine-learning-databases/adult/)。数据集中记录着每个人的"学历",一共有 16 种不同的"学历"项。在实验中,查询 16 种"学历"中哪种类型的"学历"人数最多,将每种学历用大写英文字母代表。以人数多少作为打分函数,显然在这个实验中 $\Delta u=1$,但由于指数函数的指数增长性,将打分函数直接设定为人数时 ε 需要设置得很小,否则程序计算会发生溢出。因此在实际应用中,如何设计一个好的打分函数,使隐私预算更加合理,是一个很重要的研究点。

取 ε=0.002 时,实验结果如图 4-21～图 4-24 所示。

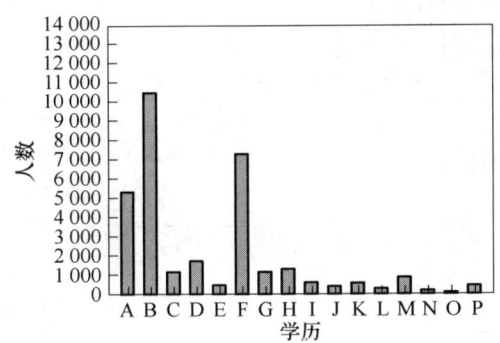

图 4-21 各学历人数(ε=0.002)

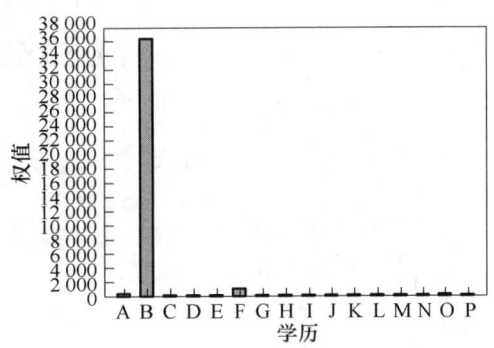

图 4-22 各项经打分函数后的权值(ε=0.002)

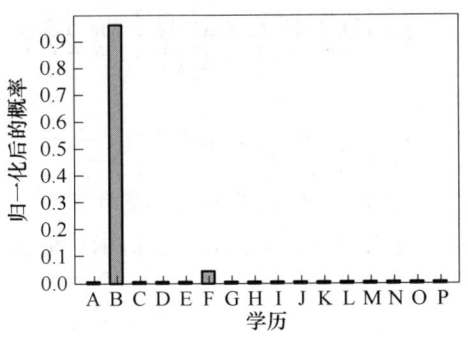

图 4-23 各项输出概率(ε=0.002)

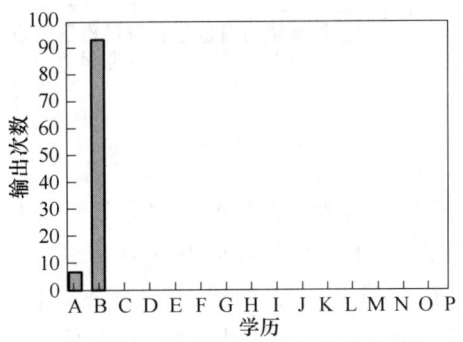

图 4-24 查询 100 次的输出结果(ε=0.002)

如图 4-21～图 4-24 所示,可能的输出项有 16 项,即 $|R|=16$,最高得分输出项有一项,是 HS-grad(学历 B),即 $|R_{OPT}|=1$,打分函数设置为人数,因此最高分 $OPT_u(x)=10\,501$。

针对目的(1),通过定义,验证经过打分函数后各项的权值。这里以 HS-grad 的值为示例:

$$\text{HS-grad 的值} = e^{\frac{\varepsilon \cdot u(x, \text{HS-grad})}{2\Delta u}} = e^{\frac{0.002 \times 10\ 501}{2}} \approx 36\ 351.836\ 34$$

如图4-23所示,符合实验结果。最高项的输出概率很高,扰动程度较小。

针对目的(2),验证指数机制精度式(4.11)。定义应用式(4.11)计算时输出错误项的最大概率为 $p[u(x,r) \leqslant 7\ 291]$,计算过程如下:

$$p[u(M_E(x,u,R)) \leqslant 7\ 291] \leqslant \frac{|R|}{|R_{\text{OPT}}|} e^{\frac{\varepsilon \cdot (c - \text{OPT}_u(x))}{2\Delta u}} = \frac{16}{1} e^{\frac{0.002 \times (7\ 291 - 10\ 501)}{2 \times 1}} = 16 \times e^{-3.21} \approx 0.645\ 7$$

如图4-21所示,输出错误项的最精确概率值约为 $1 - 0.93 = 0.07$,而 $0.645\ 7 > 0.07$,因此符合结果。同时,不难看出,例4.2中分析指数机制的精度公式放缩过大是有道理的。

取 $\varepsilon = 0.000\ 1$ 时,实验结果如图4-25~图4-27所示。

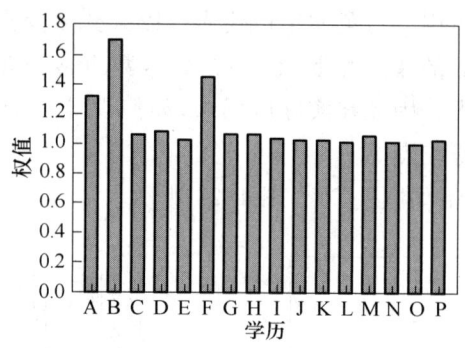

图4-25　各项经打分函数后的权值($\varepsilon = 0.000\ 1$)

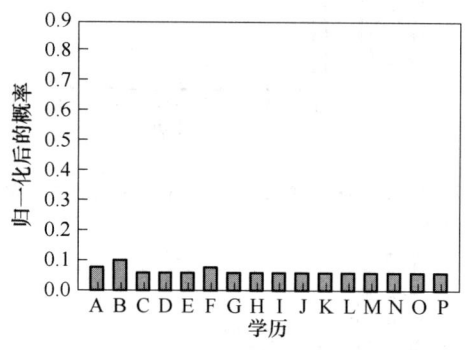

图4-26　各项输出概率($\varepsilon = 0.000\ 1$)

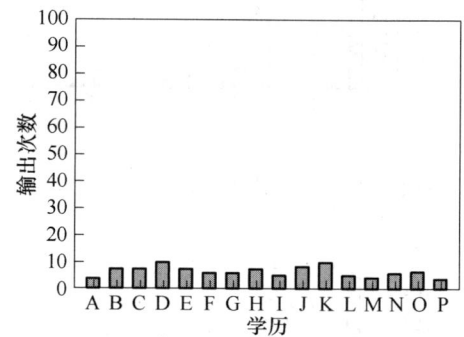

图4-27　查询100次的输出结果($\varepsilon = 0.000\ 1$)

取 $\varepsilon = 0.000\ 1$ 的目的主要为进一步探究目的(1)。当隐私预算非常小(噪声很大)时,其会严重影响正确答案的输出概率,比如本次实验中正确答案为"HS-grad"(学历B);但当噪声很大时,查询100次,如图4-27所示,只有9次输出正确答案。

针对目的(2),验证指数机制精度式(4.11):

$$p[u(M_E(x,u,R)) \leqslant 7\ 291] \leqslant \frac{|R|}{|R_{\text{OPT}}|} e^{\frac{\varepsilon \cdot (c - \text{OPT}_u(x))}{2\Delta u}} = \frac{16}{1} e^{\frac{0.000\ 1 \times (7\ 291 - 10\ 501)}{2 \times 1}}$$

$$= 16 \times e^{-0.160\ 5} \approx 16 \times 0.852 \approx 13.6$$

结果是输出错误项的概率不超过11.6,显然这是一个没有参考价值的答案,因此 $\varepsilon = 0.000\ 1$ 时,指数机制精度公式的放缩问题和实用价值确实存在问题。

4.4 加密技术

4.4.1 传统加密技术

加密指将一个信息(明文,plain text)经过加密钥匙(encryption key)及加密函数转换,变成无意义的密文(cipher text),而接收方则将此密文经过解密函数、解密钥匙(decryption key)还原成明文。加密技术是网络安全技术的基石。加密使得未授权的用户即使获得了已加密的信息,但因不知解密的方法,仍然无法了解信息的内容。

先假设发件人和收件人的主机都是安全的,需要处理的威胁主要是数据传输通路上的数据监听、窃取、篡改和仿冒。最简单的加密方法莫过于使用加密压缩包(ZIP、RAR等常用压缩格式都支持加密),然而若采用这种方法,就要把解压密钥交到收件人手中。如何安全地交换解压密钥?这就陷入了一个死循环。

加密建立在对信息进行数学编码和解码的基础上。加密类型分为两种:对称加密与非对称加密。

对称加密的双方采用共同密钥(当然这个密钥是需要对外保密的),如 RC4、3DES、AES 等,运算量小、速度快、安全强度高,因而如今仍广泛被采用。然而,它们也都不可避免地具有加解密双方必须事先共享对称密钥的先天缺陷。

非对称加密是指加密和解密时使用不同的密钥,即不同的算法,虽然两者之间存在一定的关系,但不可能轻易地从一个推导出另一个。有时,一把公用的加密密钥有多把解密密钥(对外保密),如 RSA 算法。比如,A 发送信息给 B 时使用 B 的公共密钥加密信息,一旦 B 收到 A 的加密信息,则使用私人密钥破译信息密码(被 B 的公钥加密的信息,只有 B 的私钥可以解密,这样,就在技术上保证了这封信只有 B 才能解读——因为别人没有 B 的私钥)。使用私人密钥加密的信息只能使用公共密钥解密(这一功能主要应用于数字签名领域,使用 B 的私钥加密的数据,只有 B 的公钥可以解读,具体内容参考数字签名的信息);反之亦然,以确保 A 的信息安全。

借助非对称加密,保密性问题基本得到解决。初始时,收件人生成一对密钥,并将公钥公布给发件人。双方收发消息时遵循如下流程:

(1)发件人 A 用收件人 B 的公钥加密消息,生成密文并发送给收件人 B;

(2)收件人 B 用自己的私钥解密消息密文,得到消息明文。

但非对称加密还存在如下问题:非对称加密虽然解决了需要事先交换对称密钥的问题,但常用的非对称加密算法(如 RSA)都非常慢,无法在短时间内加密较长的数据。假设我们要传输的不是密码这样的短文本,而是诸如大数据集、照片等存储容量较大的数据,上述过程就行不通了。对于这个问题,解决的方法也很简单。快速加解密是对称加密的优点,那么我们就仍然使用对称加密对数据进行加密,转而使用非对称加密对对称密钥进行加密。这样一来,发件人 A 的流程就变成:

(1)随机生成一个对称密钥;

(2)用对称密钥加密消息明文得到消息密文;

(3)用收件人 B 的公钥加密对称密钥得到对称密钥密文;

(4)将消息密文和对称密钥密文一并发给收件人 B。

收件人 B 的流程为:

(1)用私钥解密对称密钥密文得到对称密钥;

(2)用对称密钥解密消息密文得到消息明文。

加密技术是最常用的安全保密手段,利用技术手段把重要的数据变为乱码(加密)传送,到达目的地后再用相同或不同的手段还原(解密)。加密技术包括两个元素:算法和密钥。算法是将普通的信息或者可以理解的信息与一串数字(密钥)结合,产生不可理解的密文的过程,而密钥是用来对数据进行编码和解密的一种算法。在安全保密中,可通过适当的加密技术和管理机制来保证网络的信息通信安全。常用加密算法及其特点如表 4-14 所示。

表 4-14 常用加密算法及其特点

类型	加密算法名称	特点
对称加密算法	DES、3DES、Blowfish、IDEA、RC4、RC5、RC6 和 AES	加密和解密使用相同密钥的加密算法,具有加解密的高速性和使用长密钥时的难破解性
非对称加密算法	RSA、背包密码、McEliece 密码、ECC(移动设备用)、Diffie-Hellman、DSA(数字签名用)、ElGamal	加密和解密使用不同密钥的加密算法,也称为公私钥加密。可以适应网络的开放性要求,且密钥管理也较为简单,尤其可以方便地实现数字签名和验证。加密速度慢,但是安全性非常高
对称和非对称加密组合算法	Https 传输过程加密算法	密钥管理简单、速度快、安全性高
Hash 算法	MD2、MD4、MD5、HAVAL、SHA	一种单向算法,用户可以通过 Hash 算法对目标信息生成一段特定长度的唯一的 Hash 值,却不能通过这个 Hash 值重新获得目标信息。因此 Hash 算法常用于不可还原的密码存储、信息完整性校验等

在 IT 系统中,由于非对称加密速度较慢,而 Hash 算法无法还原,所以更多地使用了对称加密算法,并通过对对称密钥进行管理和进一步加密的方式来加强安全性。通信中常用的"扰码"技术可以看作一种简单密钥和简单算法的加密方法。

4.4.2 安全多方计算

在使用加密算法时,参与双方中至少有一方的信息是可以被对方获知的。但是,在现实生活中,我们希望存在一种有效保护参与者隐私信息的方法,即参与者双方希望协同完成一种计算,但是又不希望对方获知自己的运算输入。比如在两个亿万富翁比富的问题中,谁都不愿意说出自己拥有多少钱,形成了"数据的可用不可见问题",有没有办法让两个富翁在互相不知道对方钱数的情况下找到答案? 为了解决这个问题,安全多方计算应运而生。

1982 年,图灵奖获得者姚期智[9]提出了安全两方计算,给出了安全两方计算协议并推出了安全多方计算,安全多方计算由此诞生。1987 年,Micali S 等人[10]提出了可以计算任意函数的基于密码学安全模型的安全多方计算协议,从理论上证明了可以使用估值电路来实现安全多方计算协议。安全多方计算(Secure Multi-party Computation,SMC),是指在分布式环境下,两个或多个参与者协作计算某个函数,每个参与者输入各自私密的数据,在协议执行完成之后,所有参与者获得所希望的计算结果,而无法得知其他参与者输入的信息,从而保护了参与者输入的隐私。安全多方计算属于密码学的研究范畴,是密码学的重要组成部分,而密码学在信息安全方面占有不可或缺的地位,所以安全多方计算具有广泛的应用前景,目前世界各国的许多专家都致力于安全多方计算的研究。

安全多方计算的基本思想是在协同计算的过程中,由参与计算各方将经过加密处理的隐私数据信息传送给其他方作为计算的输入,经过运算后得到自己期望的结果,如图 4-28 所示。安全多方计算被用于解决一组互不信任的参与方之间保护隐私的协同计算问题,SMC 要确保输入的独立性、计算的正确性,同时不把各输入值泄露给其他成员。一个 SMC 模型由以下四个方面组成:参与方、安全性定义、通信网模型、密码学安全。

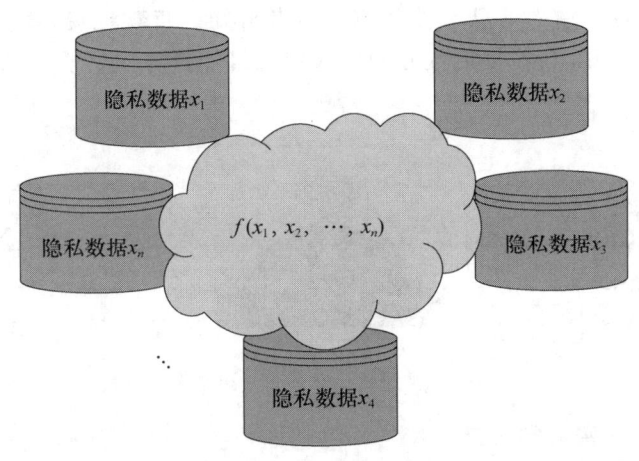

图 4-28 安全多方计算示意图

为了更好地理解安全多方计算,通过一个例子来简单了解安全多方计算过程。例如:一对成年男女想谈恋爱,他们想知道另一个人的想法,但是都不想让另一人知道自己的想法。为了解决这个问题,在某种协议下,双方输入各自的信息,其中输入 1 表示喜欢对方,输入 0 表示不喜欢对方,然后通过一个给定的函数,得出计算结果 1 或者 0,根据这个结果知道他们是否适合继续发展。这种计算方式保护了他们各自的想法,又使他们得知了对方的想法,如图 4-29 所示。

图 4-29 安全多方计算示例

再如:美国国家安全局(National Security Agency,NSA)有恐怖分子名单(数据 A),美国航空公司(American Airlines)有乘客飞行记录(数据 B),安全局去航空公司要乘客飞行记录,航空公司不给,因为是个人隐私;航空公司反过来去安全局要恐怖分子名单,安全局也不给,因为是国家机密。双方都有发现恐怖分子的强烈意愿,但都无法给出数据,有没有办法让数据 A

和数据 B 放在一起共享,但又保障数据安全呢?

安全多方计算做到了数据可开放给你使用,但不可以给你看见,即解决了"数据的可用不可见问题"。

1. 安全多方计算的模型

在安全多方计算中,我们希望通过一个严格的数学计算(**理想模型**),基于理想模型的功能协议能够抵御每一个恶意的参与者可能进行的所有攻击,所以理想模型定义了整个协议的安全性。理想模型中的协议模拟了一个理想的环境,参与者把输入信息提交给一个可信的第三方,如图 4-30 所示,然后通过可信第三方计算出所期望的结果并返回所有参与者,在此过程中可信第三方保护参与者的输入信息不被其他参与者得知。直观地说,我们希望该协议的作用等同于一个可信的第三方,能够收集各方的输入信息且能计算出所需的功能,因此理想模型的计算被认为是安全的。

图 4-30　安全多方的理想模型

2. 安全多方计算的密码学工具

在构造安全多方计算协议时,往往需要一些密码学工具。安全多方计算协议中最常使用的密码学基础协议包括秘密共享、不经意传输和同态加密技术。

1) 秘密共享

1979 年,Adi Shamir 和 George Blakley 分别提出了秘密共享的概念。秘密共享(也叫秘密分割方法)是指将秘密拆分为 n 个碎片,且由 n 个不同参与者分别保管其中一份,且每个人保管的秘密没有可用性。当有足够数量的秘密碎片时就可以重构,但重构秘密的类型可能不同。一个秘密共享方案由秘密分发者、参与者的集合、访问结构、秘密空间、秘密分发算法和秘密重构算法来描述。

秘密共享方案在存储高度敏感性和重要性信息方面是比较理想的,如加密密钥、导弹发射密码和银行账户编号,每一条信息必须高度保密,这些信息的曝光可能造成灾难性的后果。传统的加密方法存在不足,因为在传统的加密方法中,存储加密密钥必须在更高的保证性和更好的可靠性两个方面做出选择。在现实社会中,不法分子有很多机会得到密钥,因此通过创建额外的攻击向量增强密钥保密的可靠性越来越重要,秘密共享技术能够解决这一问题,并能够使保密性和可靠性达到很高的水平。由于数据服务提供者可能是不可信的第三方,因此秘密共享在云计算进行数据存储方面也具有重要性。用户在进行数据外包时,为了保障某些核心数据的安全,可以采用秘密共享的方法,将核心数据作为秘密进行分片,存储在不同的服务器上。数据查询者只有在获得足够数量服务器的权限时,才能对秘密进行重构,从而保障数据的安全。

秘密共享无论在实际应用方面还是在理论研究方面,都取得了很大的进展。国内外众多学者纷纷加入秘密共享的研究,先后提出了主动秘密共享、可验证的秘密共享、计算安全的秘密共享、空间有效的秘密共享和量子秘密共享等[11]。其中,量子秘密共享是密码学与量子力学结合的产物。在当今社会,随着计算机计算能力的不断发展,基于计算复杂度的传统密码算法的安全性越来越受不住考验,而量子密码学恰恰能解决这个问题,因此量子密码学成了近几年的研究热点。

2) 不经意传输

不经意传输(又称茫然传输,Oblivious Transfer,OT)是安全多方计算协议的一种基本方法,最早由 Even S[12]等人提出。1981 年,Rabin M O 给出了最早的不经意传输协议[13],该协议实现了"二选一"的不经意传输形式,被记作 OT_2^1(1-out-of-2)协议。随后,OT_n^1、OT_n^k 协议相继被提出,以下是 OT_2^1 和 OT_n^k[14]的定义。不经意传输协议包括两个参与方:发送方和接收方。

定义 4.27 2 取 1 不经意传输协议 OT_2^1 发送方 Alice 输入信息 m_0 和 m_1,接收方 Bob 随机选择自己所需信息的索引号 $a \in \{0,1\}$。如果 Alice 和 Bob 诚实执行 OT_2^1 协议,Bob 就能以 $1/2$ 的概率得到所选择的信息 m_a,但是 Bob 无法获得 Alice 输入的所有信息,且 Alice 无法得知 Bob 的选择。

定义 4.28 n 取 k 不经意传输协议 OT_n^k 发送方 Alice 输入信息 $m_0, m_2, \cdots, m_n$,接收方 Bob 输入其选择的索引号 $a_0, a_1, \cdots, a_k \in \{0,1,\cdots,n\}$。如果 Alice 和 Bob 诚实执行 OT_n^k 协议,Bob 就能以 k/n 的概率得到 $m_{a_0}, m_{a_1}, \cdots, m_{a_k}$,但是 Bob 无法得到 Alice 的其他信息,且 Alice 无法得知 Bob 所选择的信息。

4.4.3 同态加密

同态加密(Homomorphic Encryption,HE)是指对密文进行加密计算,而产生的结果解密后与对明文进行操作后获得的结果相匹配。同态加密也是现代通信系统架构的一个可取的特点,它允许链接不同的服务而不泄露每个服务的数据信息,例如链接不同公司的不同服务可以计算税收、汇率和运输,而交易中不泄露每个服务中未加密的数据信息。同态加密方案的设计是可塑的,这使它在云计算环境下保证数据的保密性。此外,各种密码的同态性质可以用来制造许多其他的安全系统,例如安全的投票系统、抗碰撞散列函数、私人信息检索方案等等。同态加密分为部分同态加密和全同态加密。

下述从四个方面对同态加密进行讨论。

(1) 公钥加密:由 $\varepsilon(x) = x^a \bmod p$ 定义明文消息 x 的加密过程,其中 p 是模数。因此,公钥加密的同态性为 $\varepsilon(x_1)\varepsilon(x_2) = x_1^a x_2^a \bmod p = (x_1 x_2)^a \bmod p = \varepsilon(x_1 x_2)$。

(2) 加法同态加密:明文消息 x_1, x_2 的密文为 $\varepsilon(x_1), \varepsilon(x_2)$,计算 $x_1 + x_2$ 的密文 $\varepsilon(x_1 + x_2)$,当且仅当满足 $\varepsilon(x_1) \otimes \varepsilon(x_2) = \varepsilon(x_1 + x_2)$ 时,称该加密技术为加法同态加密。如,Paillier 加密技术。

(3) 乘法同态加密:明文消息 m_1, m_2 的密文为 $\varepsilon(m_1), \varepsilon(m_2)$,计算 $m_1 \times m_2$ 的密文 $\varepsilon(m_1 \times m_2)$,当且仅当满足 $\varepsilon(m_1) \otimes \varepsilon(m_2) = \varepsilon(m_1 \times m_2)$ 时,称该加密技术为乘法同态加密。如,ElGamal 加密技术。

定理 4.3 ElGamal 加密技术具有乘同态特性。

证明: 设模数为 p,r 为随机数,m_1, m_2 为明文消息,$\varepsilon(m_1), \varepsilon(m_2)$ 为密文,ElGamal 的公钥为 $\gamma = g^a \bmod p$。则有

$$E(m_1) = (g^{r_1} \bmod p, m_1 \gamma^{r_1} \bmod p), \quad E(m_2) = (g^{r_2} \bmod p, m_2 \gamma^{r_2} \bmod p)$$

$$E(m_1)E(m_2) = (g^{r_1+r_2} \bmod p, m_1 m_2 \gamma^{r_1+r_2} \bmod p) = E(m_1 m_2)$$

即

$$D(E(m_1)E(m_2))=m_1m_2$$

因此,ElGamal 加密具有乘同态特性。

(4)全同态加密。2009 年,Gentry C[15]提出一种基于理想格的全同态加密体制,解决了困扰密码界 30 多年的难题。全同态加密(FHE)是支持任意同态计算的密文系统。这样的方案使程序具有全方面功能,它在加密输入的同时产生加密的结果,这样的程序不需要解密输入信息,不受信任的一方运行时也不会透露输入信息和内部状态。有效的全同态加密系统在用户数据外包方面有很大的现实意义,例如,在云计算的背景下。数据的可用而不可见的一个同态加密举例如图 4-31 所示。甲方的数据是完全加密的,防止了数据泄露;乙方运行普通的 SQL 可以访问甲方的加密数据库。由于甲方采用了同态加密计算,SQL 的一些语义在密文上也可以执行。

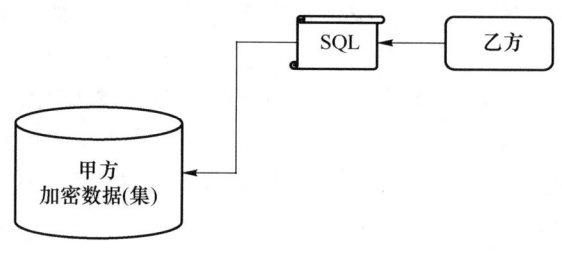

图 4-31 同态加密数据集

4.5 联邦学习技术

联邦学习技术是一种分布式机器学习技术,联邦学习的核心是使多方能够协作构建机器学习模型,同时保持各方训练数据的私有性。联邦学习作为一种创新的建模机制,能够实现数据隐私保护和数据共享计算的平衡,即"数据可用不可见""数据不动模型动"的应用新范式;可以在不损害数据隐私和安全的情况下,对来自多个部门的数据训练出一个统一的模型。它在金融、医疗及涉及敏感数据的领域有着不可替代的作用。总体来说,其应用领域有着以下特点:由于知识产权、隐私保护和数据安全等因素,数据无法直接聚合用于模型训练。联邦学习是解决上述问题的一种较好的方法①。

4.6 其他技术

4.6.1 随机化技术

随机化技术[16]是基于数据失真的一种为集中式数据进行数据挖掘的隐私保护技术。数据随机化技术的基本思想是给原始数据集加入随机噪声,使得原始数据集的概率分布能够保

---

① 对联邦学习技术的讲解详见第 5 章。

留下来,从而使得原始信息很难被恢复,以此达到隐私保护的目的。随机化技术包括两种:随机扰动(random perturbation)和随机化应答(randomized response)。

1. 随机扰动

在随机化过程中,随机扰动通过修改敏感数据来实现对数据的隐私保护[17]。

构造一个简单的随机扰动模型[18]。考虑一个数据集 $X=\{x_1,\cdots,x_n\}$,对于每个原始数据 $x_i \in X$,加入一个随机噪声且噪声服从于概率分布 $g(y)$。这些噪声都是相互独立的,并标记为 $y_1,\cdots,y_n$。因此,修改以后的数据信息为 $x_1+y_1,\cdots,x_n+y_n$,用 $z_1,\cdots,z_n$ 来表示,如图4-32(a)所示[19]。数据发布后,只能获得随机扰动后的数据,从而实现对隐私信息的保护。如果加入的随机噪声的方差足够大,那么将很难从扰动后的数据中推断出原始数据集。因此,原始数据信息不能被恢复,但修改后的数据仍然保留着原始数据集分布 X 的信息。我们注意到,X 加上 Y 生成了一个新的分布 Z。如果我们知道这个新分布的 N 个实例,则可以大体估计出这个新分布。此外,若 Y 分布被公布于众,我们对扰动后的数据进行重构,如图4-32(b)所示,用 Z 减去 Y 就可以恢复原始数据分布 X 的信息,但不能得到原始数据的精确值 x_1,$x_2,\cdots,x_n$。

```
输入:1. 原始数据 x₁, x₂, ⋯, xₙ,服从于未知分布X;
     2. 扰动数据 y₁, y₂, ⋯, yₙ,服从于特定分布Y
输出:随机扰动后的数据 x₁+y₁, x₂+y₂, ⋯, xₙ+yₙ
```

(a) 数据随机扰动过程

```
输入:1. 随机扰动后数据 x₁+y₁, x₂+y₂, ⋯, xₙ+yₙ;
     2. 扰动数据的分布Y
输出:原始数据分布X
```

(b) 数据重构过程

图 4-32 数据随机扰动和重构过程

由于随机扰动和重构后的数据的分布几乎等同于原始数据的分布,同时隐私保护和数据共享的一个特点是共享的是数据整体趋势而不是具体的个人信息,因此随机扰动技术能很好地实现隐私保护和数据共享。另外,随机扰动技术在数据挖掘领域有着广泛的应用。利用重构数据的分布进行决策树分类器训练后,得到的决策树能很好地对数据进行分类。该技术也被尝试用于解决关联规则问题,但是由于数据属性的离散性质,随机化扰动技术需要做轻微改动,即用某随机属性出现的概率代替增加的噪声,扰动后的处理再被用于聚集关联规则挖掘。随机化扰动技术同样可以被扩展到类似于OLAP、基于协同过滤的SVD等应用上。

2. 随机化应答

随机化应答技术[20]是指在调查过程中被调查者以一个预定的概率 P 从两个或两个以上的问题中选择一个问题进行回答,除回答者外的所有人均不知道回答者回答的问题,从而保护了回答者的隐私,最后得出敏感信息的真实分布的一种随机化方法。由于随机化应答技术采用应答模式提供信息,因此多用于处理分类数据。随机化应答技术与随机扰动技术的不同之处在于敏感数据是通过应答特定问题的方式间接提供给外界的。

随机化应答模型通过设计两个关于敏感数据的对立问题来进行描述,如调查考生考试作弊情况一例中设置了两个对立的问题:

A. 你在考试中作弊了；

B. 你在考试中没有作弊。

然后，被调查者根据自己考试中的情况选取一个问题进行应答，但不让提问者知道回答的是哪个问题，从而达到对被调查者个人信息保护的目的。在大量应答者进行回答后，通过计算可以得出问题 A 的应答者比例和问题 B 的应答者比例。假设应答者随机选取问题 A 的概率为 L，$P(y)$ 为被调查者作弊的概率，$P(n)$ 为被调查者没有作弊的概率，则有以下等式成立：

$$P'(y) = P(y) \cdot L + P(n) \cdot (1-L)$$

$$P'(n) = P(n) \cdot L + P(y) \cdot (1-L)$$

其中，$P'(y)$ 是回答中作弊的概率，$P'(n)$ 是回答中未作弊的概率。通过以上两个等式，结合所有应答者的回答进行估计，然后得出的 $P'(y)$ 和 $P'(n)$，进而可以得到作弊（或没有作弊）考生的比例 $P(y)$（或 $P(n)$）。在整个过程中，由于不能确定应答者回答的问题，因此不能确定回答中是否含有敏感数据值。

在本节中，我们了解到简单是随机化技术最显著的优点，使用该技术把噪声添加到原始记录上，是独立于原始数据的方法，其原始数据信息不受匿名化程度的影响。在实际应用中，此特点使数据在收集阶段就能进行随机化处理，因此不再需要一个可信的服务器对数据进行保存和变换。此外，简单性致使该技术存在一些固有的弱点，即随机化技术并不能保证发布的信息不被重新识别，主要原因是随机化方法以一种不考虑原始数据信息分布、平等的方式对待所有记录信息。因此，对于处在分布密集区的数据，被扰动处理后的数据会比原数据更容易受到攻击。

4.6.2 基于希波克拉底数据库的隐私保护模型

约 2 400 年前，古希腊的希波克拉底在《希波克拉底誓言》（Hippocratic oath）中警诫人类的职业道德："对我听到、知道和看到的秘密，无论与我的业务是否有关，我都愿保守秘密。"后来，人们根据希波克拉底誓言设计了基于希波克拉底数据库（Hippocratic databases）的隐私保护模型，该模型提供防止隐私泄露的机制，主要思想是在数据库中存储隐私策略、变换规则以及用户的选择，拦截查询语句并且增加语句以反应隐私策略以及用户的喜好，利用存储隐私策略和变换规则通过重写查询语句反映隐私语义达到隐私保护的目的。

本 章 小 结

大数据隐私保护技术是在大规模数据集中存储、处理和分析数据时，有效保护用户隐私的方法和策略。随着大数据应用的不断发展，个人敏感信息的收集和处理成为一个备受关注的问题，因此需要采用各种技术手段来平衡数据利用和隐私保护的关系。

本章聚焦应用在大数据中的隐私保护技术。首先介绍隐私保护的基础知识，其次分别具体介绍匿名技术、差分隐私、加密技术和联邦学习等隐私保护技术，最后介绍随机化技术和基于希波克拉底数据库的隐私保护模型（二者作为大数据隐私保护技术的扩充）。

思 考 题

1. 什么是 k 匿名？k 匿名在数据发布场景下如何实现？
2. 什么是差分隐私？差分隐私的三种机制在直方图发布场景中如何实现？
3. 传统加密技术有哪几类？特点是什么？
4. 安全多方计算技术的核心思想是什么？
5. 同态加密的核心思想是什么？同态加密和传统加密技术的区别是什么？
6. 为什么在大数据时代，关于 k 匿名的隐私保护方案被使用的频次较少？
7. 为什么轻量级的隐私保护方案现在更多选择差分隐私的方式？
8. 为什么机器学习的使用场景更多选择高斯机制？高斯机制为何是松弛的差分隐私机制？
9. 为什么高斯机制使用 L_2 敏感度？
10. 目前同态加密技术的发展瓶颈是什么？

参 考 文 献

[1] COX, L. H. Suppression methodology and statistical disclosure control[J]. Journal of the American Statistical Association, 1980, 75(370): 377-385.

[2] DALENIUS, T. Finding a needle in a haystack-or identifying anonymous census record [J]. Journal of Official Statistics. 1986, 2(3): 329-336.

[3] 康海燕, 邓婕. 面向医疗数据可信共享的映射泛化(k,l)-匿名算法[J]. 北京信息科技大学学报(自然科学版), 2021, 36(05): 1-8.

[4] 康海燕, 杨孔雨, 陈建明. 基于K-匿名的个性化隐私保护方法研究[J]. 山东大学学报(理学版), 2014, 49(9): 142-149.

[5] LI N, LI T, VENKATASUBRAMANIN S. t-closeness: Privacy beyond k-anonymity and l-diversity[C]//2007 IEEE 23rd international conference on data engineering. IEEE, 2006: 106-115.

[6] DALENIUS T. Towards a methodology for statistical disclosure control[J]. Statistic Tidskrift, 1977, 15(2): 429-444.

[7] GOLDWASSER S, MICALI S. Probabilistic encryption & how to play mental poker keeping secret all partial information [M]//Providing sound foundations for cryptography: on the work of Shafi Goldwasser and Silvio Micali. 2019: 173-201.

[8] DWORK C. Differential privacy [C]//International colloquium on automata, languages, and programming. Berlin, Heidelberg: Springer Berlin Heidelberg, 2006: 1-12.

[9] YAO A C. Protocols for secure computations[C]//23rd annual symposium on foundations of computer science (sfcs 1982). IEEE, 1982: 160-164.

[10] MICALI S, GOLDREICH O, WIGDERSON A. How to play any mental game[C]// Proceedings of the Nineteenth ACM Symp. on Theory of Computing, STOC. New York, NY, USA: ACM, 1987: 218-229.

[11] SHAMIR A. How to share a secret[J]. Communications of the ACM, 1979, 22(11): 612-613.

[12] EVEN S, GOLDREICH O, LEMPEL A. A randomized protocol for signing contracts[J]. Communications of the ACM, 1985, 28(6): 637-647.

[13] MICHAEL O R, RABIN M O. How to exchange secrets by oblivious transfer[R]. Technical report, Aiken Computation Laboratory. Harvard University, 1981.

[14] 孙茂华, 罗守山, 辛阳, 等. 安全两方线段求交协议及其在保护隐私凸包交集中的应用[J]. 通信学报, 2013, 34(1): 30-42.

[15] GENTRY C. Fully homomorphic encryption using ideal lattices[C]//Proceedings of the forty-first annual ACM symposium on Theory of computing. 2009: 169-178.

[16] EVFIMIEVSKI A. Randomization in privacy preserving data mining[J]. ACM Sigkdd Explorations Newsletter, 2002, 4(2): 43-48.

[17] AGRAWAL R, SRIKANT R. Privacy-preserving data mining[C]//Proceedings of the 2000 ACM SIGMOD international conference on Management of data. 2000: 439-450.

[18] AGGARWAL C C, YU P S. A survey of randomization methods for privacy-preserving data mining[J]. Privacy-preserving data mining: models and algorithms, 2008: 137-156.

[19] 周水庚, 李丰, 陶宇飞, 等. 面向数据库应用的隐私保护研究综述[J]. 计算机学报, 2009, 32(5): 847-861.

[20] WARNER S L. Randomizedresponse: A survey technique for eliminating evasive answer bias[J]. Journal of the American Statistical Association, 1965, 60(309): 63-69.

第 5 章
机器学习中的隐私保护技术

> 本章学习要点
> - 机器学习基本概念及分类
> - 机器学习隐私风险概述
> - 主流的机器学习隐私保护方案
> - 联邦学习基本概念、隐私风险及对策
> - 蜂群学习基本概念、隐私风险及应用

案例：以智能零售为例（个性化智能推荐）。它的目的是利用机器学习技术为客户提供个性化服务，主要包括产品推荐和销售服务。智能零售业务涉及的数据特征主要包括用户购买力、用户个人偏好和产品特征。在实际应用中，这三个数据特征可能分散在三个不同的部门或企业中。例如，用户购买力可以从用户的银行储蓄中推断出来，用户个人偏好可以从用户的社交网络中分析，而产品特征则由网店记录。在这种情况下，我们面临两个问题。第一，为了保护数据隐私和数据安全，银行、社交网站和电子购物网站之间的数据壁垒很难打破（"数据孤岛"与"数据隐私"问题），因此无法直接聚合数据来训练模型。第二，三方存储的数据通常是异构的（"数据异构"问题），传统的机器学习模型无法直接处理异构数据。目前，传统的机器学习方法尚未有效解决这些问题，阻碍了人工智能在更多领域的推广应用。

近年来，人工智能与大数据相结合迸发出巨大潜力，在金融、医疗、环境监测、能源勘测、自动驾驶等多个领域完成了大规模复杂任务的学习。机器学习作为人工智能的核心技术，其性能和数据隐私性也广受关注。传统的机器学习需要在收集用户的数据后集中训练，但是用户的数据与用户个体紧密相关，可能直接包含敏感信息（如个人年龄、种族、患病信息等），也可能间接携带隐含的敏感信息（如个人网页浏览记录、内容所隐含的用户兴趣倾向）。如果这些敏感信息在收集过程中被恶意泄露或者利用，那么将直接威胁用户的人身安全、个人名誉和财产安全。即便用户数据没有被直接公开，集中训练后发布的模型也可能因为受到隐私攻击而泄露参与训练的数据。

国内外隐私泄露事件屡见不鲜：2016 年 9 月，雅虎公司被曝出曾被黑客盗取了至少 5 亿个用户的账号信息；2017 年，微软公司的 Skype 软件服务遭受 DDoS 攻击，导致用户无法通过平台进行通信；2019 年，IBM 公司在未经当事人许可的情况下，从网络图库 Flickr 上获得了接近 100 万张照片，借此训练人脸识别程序，并与外部研究人员分享；2019 年 2 月，中国深网视界科技有限公司 SenseNets 被曝出超过 250 万人的人脸数据发生泄露；2020 年 5 月，某脱口秀艺人控诉中信银行为满足大客户的需要，在未经本人允许的情况下违法泄露了个人账户交易

信息。

关于公共数据泄露的新闻引起了公共媒体和政府的极大关注。作为回应,世界各国都在加强法律保护数据安全和隐私的力度。例如,欧盟于2018年5月25日实施《通用数据保护条例》(GDPR),旨在保护用户的个人隐私并提供数据安全保障;中国的《网络安全法》和2017年颁布的《中华人民共和国民法通则》要求互联网企业不得泄露或篡改其收集的个人信息,并且在与第三方进行数据交易时,他们需要确保拟定的合同遵守数据保护相关的法律条例。

随着隐私问题受到的关注程度日益提高以及相关法律法规的出台,数据在更多的情况下以"孤立岛屿"的形式存在,这对目前的机器学习技术提出新的挑战。人工智能技术必须依靠大量数据的收集和融合,因为更精准的机器学习模型需要大量的训练数据作为支撑,如果不能获取完整丰富的信息训练模型并发展技术,那么人工智能应用的发展将受到严重限制。因此,在如今大数据已成为机器学习不可缺少的重要组成部分的环境下,平衡好机器学习的模型可用性和数据信息的隐私安全性至关重要。

本章聚焦于机器学习中的隐私保护问题。5.1节对机器学习的相关基础知识进行概述,并对机器学习中需要保护的隐私内容进行分类介绍。5.2节详细描述机器学习面临的隐私威胁,从隐私攻击类型和攻击者模型两个方面进行总结。5.3节介绍两种主流的机器学习隐私保护方案,分别是以同态加密、安全多方计算为主的加密方案和以差分隐私为代表的扰动方案。5.4节介绍目前新兴的联邦学习技术,分析其存在的隐私风险并提出相关的解决方案。5.5节介绍一种机器学习隐私保护前沿技术——蜂群学习(Swarm Learning,SL),分析其具有的优势和隐私风险,并在概述其研究进展的基础上提出一种基于蜂群学习的链下扩容技术。

5.1 机器学习隐私保护基础

5.1.1 机器学习概述

机器学习是一个涉及多学科(包括计算机科学、概率与统计学、心理学和脑科学等学科)的研究领域,机器学习利用计算机有效地模仿人类的学习活动,从现有数据中学习并产生有用的模型,从而对未来的行为做出决策判断。简单地说,机器学习就是利用已知数据,对自身进行优化,从而直接实现特定目标。根据用于学习的数据性质不同,机器学习可分为四大类:监督学习、半监督学习、无监督学习和强化学习。

机器学习解决问题的过程分为训练阶段和预测阶段。在训练结束后获得目标模型,人们可以利用目标模型进行预测。以监督学习为例,其机器学习模型是一个参数化函数 $f_\theta:X\to Y$,可以将输入数据 $x\in X$(特征)映射到输出数据 $y\in Y$(标签)。对于一个分类问题,X 是一个 d 维向量空间,Y 是一组离散的类。根据这个函数,新数据可以被准确地分类。机器学习模型的训练过程实质上是寻找最优参数 θ 的过程,其中参数 θ 可以准确地反映 X 和 Y 之间的关系。一个拥有 N 个训练样本的数据集,可利用式(5.1)所示的损失函数来测量真实输出和预测输出之间的误差。模型训练的目的是使损失函数最小化,在训练结束后可以得到最优模型的参数 θ^*。

$$\theta^* = \arg\min_\theta \Omega(\theta) + \frac{1}{N}\sum_{i=1}^{N}l(y_i, f_\theta(x_i)) \tag{5.1}$$

其中,$\Omega(\theta)$ 是一个正则化惩罚项,用于防止过拟合。

根据数据在模型训练前是否被集中收集,机器学习模型的训练方式可分为传统机器学习和新兴机器学习。根据模型是否存在中心化的参数聚合服务器,新兴机器学习又可分为联邦学习和蜂群学习。

1. 传统机器学习

在传统机器学习中,每个参与方的训练数据都集中在一个中央服务器上,如图 5-1 所示。其优点是模型的训练和部署都很方便,且模型训练结果的准确性大大提高,因此在实际应用场景中被广泛使用。其缺点是对中央服务器的存储和计算资源造成了较高的负荷,尤其是在大数据时代,所有的用户数据都将面临安全和隐私风险,即数据一旦上传到中央服务器,用户就很难对数据情况进行了解和控制,即不知道数据将被用于何处,是否会被擅自转移到第三方。在过去几十年里,人们对集中式学习模式下的机器学习隐私保护已进行了广泛的研究。

基于神经网络的深度学习是近些年非常火热的研究方向,深度学习是当前人工智能系统大爆发的核心动力,主要包括 2 个阶段:训练和推理。在训练阶段,首先构建训练数据集,然后利用训练数据集训练并对模型参数进行调节,得到深度学习模型。训练完成后,深

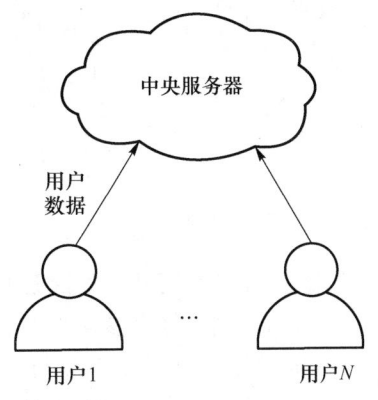

图 5-1 传统机器学习

度学习模型进入推理阶段,首先获取输入样本,然后对样本输入模型进行推理,得到相应的模型预测判别结果。深度学习模型如图 5-2 所示。

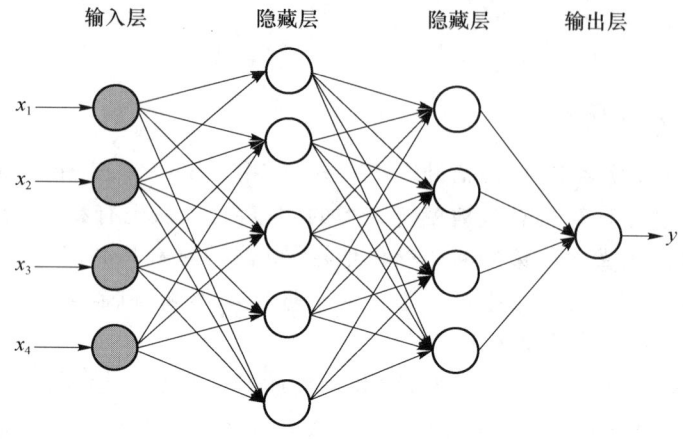

图 5-2 深度学习模型

2. 联邦学习

传统的机器学习方法把所有数据聚集在一台机器或一个数据中心处,由一个数据分析者进行集中式的模型训练。然而,实际应用中很多领域内的数据集有时无法有效聚合。例如,出于安全考虑,不同银行之间或电子商务平台与银行之间很难完全共享数据,因此存在着严重的"数据孤岛"问题。此外,由于需要集中存储大量的数据,传统的机器学习往往会造成原始数据拥有者的隐私泄露,如 2018 年 Facebook(现 Meta)公司的数据泄露事件,甚至导致一些更为严重的社会问题。

为了应对"数据孤岛"与"数据隐私"问题,联邦学习应运而生。联邦学习可以看作一种特殊的分布式机器学习。在联邦学习中,多个客户端在中央服务器的协调下共同训练一个模型,同时保持训练数据的分散存储,如图 5-3 所示。

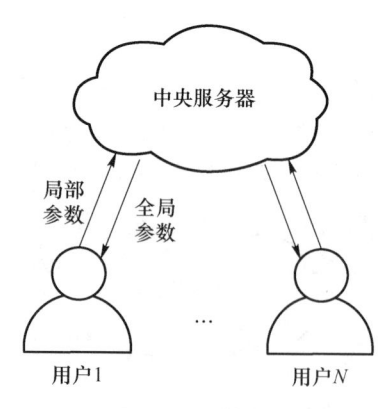

图 5-3 联邦学习

联邦学习的核心是使多方能够协作构建机器学习模型,同时保持其私有训练数据的私有性。联邦学习作为一种创新的建模机制,可以在不损害数据隐私和安全的情况下,采用来自多个数据源的数据训练一个统一的模型。

一个典型的联邦学习训练过程如下。首先,服务器抽取一组符合条件的客户端;被选中的客户端从服务器下载当前的模型权重参数和训练程序。其次,客户端在本地计算更新模型参数。接着,服务器收集客户端上传的参数,为了提高效率,一旦有足够数量的设备报告了结果,掉队的设备就可能在此时被丢弃。最后,服务器更新共享模型。如此迭代下去,直至模型结果收敛。

在联邦学习中,每个参与方对自己的设备和数据拥有绝对的控制权,可以自主地决定何时加入或退出联邦学习。每个参与方的负载是不平衡的,可能需要处理非独立同分布的数据。因此,联邦学习面对的是一个更加复杂的学习环境。

3. 蜂群学习

蜂群学习是目前最前沿的一种机器学习隐私保护框架。蜂群学习如图5-4所示。蜂群学习旨在解决传统中心化机器学习,以及带中心节点的分布式机器学习中存在的隐私泄露问题。

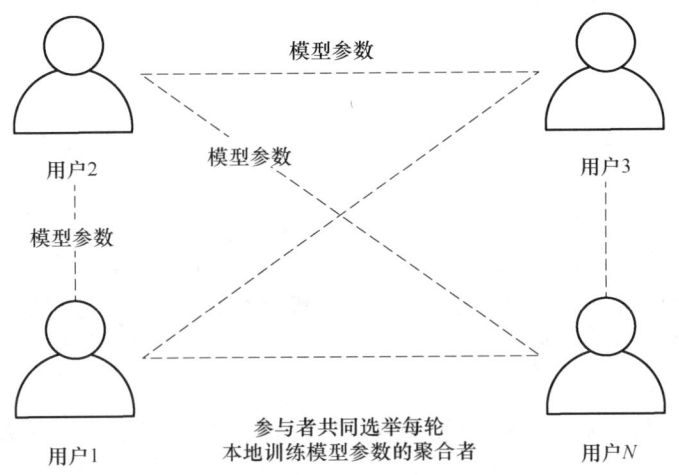

图 5-4 蜂群学习

不同于传统机器学习和联邦学习,蜂群学习是一个去中心化的深度学习模型,它建立在两项经过验证的技术之上,即分布式机器学习和区块链技术。在没有中央参数服务器的情况下,该框架利用分布式数据源所在节点的计算能力来运行机器学习算法,从而进行模型训练。区块链技术则为该框架提供了分散控制、可扩展性和容错性等能力,协助框架打破单一节点的限制,同时引入不可篡改的加密货币框架,参与节点可利用该框架对其贡献进行价值转化。

在蜂群学习中,模型在每一个节点上训练,节点中的数据是最新的,每一个节点根据自身的权重,都有不同的机会作为中心节点收集其他节点训练好的参数。参数的收集与合并过程并非由静态的中央协调器或参数服务器完成的,而是由从节点中动态选择的临时领导者来执行的,从而实现蜂群网络的分散化。此外,在这个完全去中心化的架构中,只有学习到的参数(而不是原始数据)才会对模型中的各个参与节点共享,这极大地增强了各参与方的数据隐私性和信息安全性。

5.1.2 机器学习中的隐私分类

数据科学的发展不可避免地伴随着隐私问题。对机器学习来说,隐私问题主要表现在以下两个方面:(1)由大规模数据收集导致的直接隐私泄露,主要表现为不可靠的数据收集者在未经人们许可的情况下收集个人信息、进行非法的数据共享和交易活动等;(2)由模型泛化能力不足导致的间接隐私泄露,主要表现在不可靠的数据分析者通过与模型进行交互,逆向推理出未知训练数据中的一些个体敏感属性。此类问题产生的根源在于越复杂的模型在训练中往往具有越强大的数据"记忆"能力,以致模型在训练数据和非训练数据上的表现存在很大差异。根据机器学习隐私保护的内容,可以将机器学习中存在的隐私内容分为训练数据隐私、模型隐私与预测结果隐私[1]。

1. 训练数据隐私

训练数据隐私是指机器学习中用户数据中的个人身份信息(Personally Identifiable Information,PII)和敏感信息。个人身份信息是指唯一能标识个人身份的信息,可分为标识符和准标识符。标识符包括关键属性,如姓名、身份证号、电话号码、电子邮箱地址等。准标识符是指能唯一标识个体身份的属性集合,如地址、性别、出生日期。敏感信息包括:个体的人口统计学信息,如性别、工资、犯罪记录等;财务信息,如信用卡号、账户余额、交易记录等;健康信息,如病史、疾病症状、医学影像、医疗处方等;日常活动信息,如通话记录、活动轨迹、购物记录等。

2. 模型隐私

模型隐私是指与机器学习模型有关的隐私信息,如模型训练算法、模型拓扑结构、模型权重参数、激活函数以及超参数等。例如,在加密预测服务(Encrypted Prediction as a Service, EPAAS)中,机器学习模型是服务提供者的隐私信息,授权用户只有使用权,但攻击者可能出于以下动机对模型发动模型提取攻击(model extraction attack):试图发起跨用户的模型提取攻击,窃取机器学习模型供后续免费使用;规避垃圾邮件的识别、恶意软件分类等敌对行为的检测;泄露敏感训练数据信息等。

3. 预测结果隐私

预测结果隐私是指机器学习中的模型从用户的预测输入请求反馈回来的、用户不希望公开的敏感信息。模型的预测结果可能是关于用户疾病诊断的信息,如患某种疾病的概率。这些信息对于用户来说属于个人隐私,但不可信服务提供商或者第三方可能窃取用户的此类信息进行训练数据。

训练数据隐私、模型隐私以及模型预测结果隐私是在使用机器学习时需要重点保护的内容,这些信息一旦泄露将会危及用户敏感数据的安全,或给企业带来巨大的经济损失。因此,机器学习系统应该更加重视隐私问题,不断提高隐私保护能力。

5.2 机器学习隐私威胁

5.2.1 隐私攻击类型

机器学习模型在训练阶段和预测阶段均有可能遭遇特定攻击的影响。机器学习系统可能面临的攻击可以根据攻击目标分为四类:投毒攻击、模型提取攻击、模型逆向攻击和对抗攻击。

1. 投毒攻击

投毒攻击主要是指在训练或再训练过程中,通过攻击训练数据集或攻击算法操纵机器学习模型的预测结果。攻击训练数据集的方法主要包括污染源数据、向训练数据集添加恶意样本、修改训练数据集的部分标签、删除训练数据集的一些原始样本等。攻击算法利用不安全的特征选择方法或训练过程算法的弱点进行投毒,来增加训练模型的难度。

2. 模型提取攻击

模型提取攻击是指攻击者在事先不了解模型(训练数据、模型参数、模型类型等)的情况下,仅使用公共访问接口对该模型进行黑盒访问,从而构建出与目标模型相似度极高的模型。由于机器学习可能涉及训练数据的隐私敏感信息、机器学习模型的商业价值及其在安全领域的应用(如垃圾邮件过滤、恶意软件检测、流量分析等),所以机器学习模型在一定程度上可以认为是机密的。此外,一个模型的训练过程需要收集大量的数据集,这也需要大量的时间和巨大的计算力,所以一旦提取出模型并滥用它,就会给模型拥有者带来巨大的经济损失。

3. 模型逆向攻击

早期，训练数据集和训练模型之间只有一个信息流，即从数据集到模型。事实上，许多研究表明还存在一个逆向信息流，即从模型信息中恢复数据集信息，这被称为模型逆向攻击。模型逆向攻击是指从模型中逆向提取出训练数据集的信息，主要包括成员推理攻击和属性推理攻击。成员推理攻击主要是对数据集中特定记录的出现情况进行推断，即判断隶属关系，这是目前研究的一个热点问题。属性推理攻击主要用于获取数据集的属性信息，如性别分布、年龄分布、收入分布等。模型逆向攻击窃取了训练数据集中成员的私有信息，也损害了数据集对其所有者的商业价值。

4. 对抗攻击

对抗攻击是指向训练好的模型中提交对抗样本，从而使模型预测错误，它也被称为逃避攻击。对抗样本的一个特点是在原来正常样本的基础上增加轻微的扰动，可以导致分类模型出现错误的分类结果。对抗样本的另一个特点是只会导致模型出现错误的分类结果，人工仍然可以对样本进行正确的分类。同样地，在语音和文本识别领域，对抗样本不会对原始文本进行令人察觉的修改。在恶意软件检测领域，恶意软件作者可以通过在恶意软件上添加一些特殊的语句来逃避反病毒软件的检测。

5.2.2 攻击者模型

机器学习安全中，常常利用攻击者模型来刻画一个敌对目标的强弱。Barreno等人[2]在2010年考虑了一个包含攻击者能力、攻击者目标的攻击者模型。2013年，Biggio等人[3]在Barreno等人研究的基础上，提出了一个包含攻击者目标、攻击者知识、攻击者能力和攻击者策略的攻击者模型，这也是目前普遍接受的攻击者模型。本节从以下4个维度对攻击者进行刻画，系统地描述出攻击者的威胁程度。

1. 攻击者目标

攻击者目标是指攻击者期望达到的破坏程度和专一性。破坏程度包括破坏完整性、破坏可用性和破坏隐私性，而专一性包括针对性和非针对性。破坏完整性的目标是在未经数据拥有者同意的情况下对数据进行增加、删除或修改，例如先篡改个人的医疗数据，然后使用训练好的模型来预测得到错误的疾病类型。破坏可用性的目标是使目标服务不可用，如在训练数据集中注入大量的不良数据，使训练好的模型失去作用。破坏隐私性的目标可理解为窃取隐私数据，例如窃取训练数据集的信息等。而专一性中针对性和非针对性的目标是产生针对性的破坏或者非针对性的破坏，例如对医疗数据，可以针对性地窃取某个客户的隐私信息或者对数据的完整性产生非针对性的破坏。

2. 攻击者知识

攻击者知识是指攻击者拥有的关于目标模型或目标环境的信息，包括模型的训练数据、模型结构、模型参数以及通过模型得出的信息等。根据攻击者拥有的信息量，攻击者拥有的知识可以被分为有限知识和完全知识。而在机器学习的攻击中，根据攻击者掌握的知识量将攻击方式划分为白盒攻击和黑盒攻击。白盒攻击是指攻击者拥有模型的一部分数据集或完整数据集，并知道模型结构、参数以及一些其他信息。相反，黑盒攻击是指攻击者不了解模型的相关信息，但是攻击者可以访问目标模型，因此攻击者可以利用精心设计的输入，根据模型的输出推断出模型的信息。

3. 攻击者能力

攻击者能力是指攻击者对训练数据和测试数据的控制能力,可以根据攻击者对数据是否有影响而定义为诱发性的(对数据集有影响)或者探索性的(对数据集无影响)能力。另外,攻击者能力也可以根据攻击者是否可以干扰模型训练、访问训练数据集、收集中间结果等进行定义。根据攻击者控制数据和模型的能力,可进一步将其分为强攻击者和弱攻击者。强攻击者能够在一定程度上干扰模型训练、访问训练数据集和收集中间结果等,弱攻击者则只能通过攻击手段获取模型信息或者训练数据信息。

4. 攻击者策略

攻击者策略是指攻击者为实现攻击目标而采取的具体攻击方式。攻击者目标、攻击者知识、攻击者能力三者共同决定攻击者采取的攻击者策略。除了数据收集阶段攻击者策略是直接获取数据外,在机器学习的训练阶段和预测阶段,攻击者策略可分为直接攻击和间接攻击。直接攻击是指攻击者直接从模型预测结果中提取出训练数据信息或者确定某个成员是否在某个模型的训练数据集中。间接攻击是指攻击者首先窃取模型参数,构建一个替代模型,然后利用该替代模型提取出模型训练数据集的相关信息。攻击者策略具体包括模型提取攻击、属性推理攻击和成员推理攻击等。其中,属性推理攻击和成员推断攻击为直接攻击,模型提取攻击为间接攻击。

5.3 机器学习隐私保护方案

目前,机器学习的隐私保护研究大致分为两条主线:以差分隐私(Differential Privacy, DP)为代表的扰动方法和以多方安全计算(Secure Multi-Party Computation, SMPC)、同态加密(Homomorphic Encryption, HE)为代表的加密方法。加密方法既能将数据明文编码为仅特定人员能够解码的密文,保证存储和传输过程中数据的机密性,又能借助安全协议直接对密文进行计算并求得正确结果。然而,数据加密过程往往涉及大量计算,复杂情况下将产生巨大的性能开销,故在实际应用场景中难以落地。差分隐私是一种建立在严格数学理论基础之上的隐私定义,旨在保证攻击者无法根据输出差异推测出个体的敏感信息。与加密方法相比,应用差分隐私的扰动方法仅通过噪声添加机制便可以实现,故不存在额外的计算开销,但一定程度上会对模型的预测准确性造成影响。此方法面临的主要挑战是设计合理的扰动机制,从而更好地权衡算法隐私与模型可用性。

5.3.1 扰动方案

差分隐私的概念于 2006 年被提出,差分隐私技术保证每一个在数据集中的个体,其个人隐私不会因为加入某个数据集之后而变得更容易泄露。差分隐私的思想来源于一个心理学实验,该实验提出了随机响应的思想,对数据的查询结果采用依概率随机回答的方式,其中用到的概率思想正是差分隐私的核心思想。同时,差分隐私是一个具有很强数学背景的隐私保护模型,该保护模型不关心攻击者所具有的背景知识,即使攻击者已经掌握除某一条记录之外的所有其他记录的信息,该条未被掌握的记录也无法被披露,这种随机响应的思想确保了隐私性。

DP 机制的具体实现需通过向数据中添加噪声来对攻击者的相关操作进行干扰,其计算量小,因此更适用于资源受限的边缘计算场景。常见的实现机制包括拉普拉斯机制、指数机制、高斯机制、随机响应机制等,其满足序列组合性与并行组合性,这项技术经历了很久的发展并在实践中得到了应用。

根据在经验风险最小化过程中添加随机噪声的位置,将差分隐私保护的经验风险最小化方法归纳为输入扰动、中间参数扰动、目标扰动和输出扰动 4 种类型。差分隐私扰动方案对比如表 5-1 所示。

表 5-1 差分隐私扰动方案对比

扰动方式		扰动时机	主要特点	典型方案
输入扰动	生成合成数据	训练前	大大减少了敏感信息泄露的可能性,比其他阶段的扰动更加可靠	DP-GANs
	本地化差分隐私			LATENT
中间参数扰动	扰动梯度参数或特征参数	训练中	在进行参数更新之前加入噪声,相当于对用户数据进行了扰动	DSSGD
目标扰动	扰动目标函数		针对特定的目标函数,不适用于神经网络等非凸模型	dPAs
	扰动目标函数展开系数			pCDBN
输出扰动	扰动模型输出参数	训练结束时	隐私保护强度最弱	一种对分布式学习输出进行 DP 扰动的方法
	扰动集成输出结果	预测输出时		PATE

1. 输入扰动

输入扰动(input perturbation)是指在模型训练前对训练数据进行一定程度的随机扰动,以避免模型接触到用户真实数据。这种在模型训练前对数据进行保护的方法,大大减小了敏感信息的泄露的可能性,在隐私方面比其他阶段的扰动更加可靠。现有文献中常采用差分隐私数据合成和本地化差分隐私扰动两种方法。差分隐私数据合成可以看作训练数据的预处理过程,是一种生成与原始输入数据具有相似统计特性和相同格式的合成数据的方法,从而达到保护原始数据隐私的目的。本地化差分隐私下的保护模型关注的是个人与不可信服务器之间的通信隐私,每个用户首先在本地对原始数据进行差分隐私扰动,然后将处理后的数据发送给数据收集者。

近年来,生成对抗网络(GANs)及其变体作为生成模型很好地解决了数据稀缺的问题,然而,GANs 可能泄露训练数据隐私。为了解决这一问题,Beaulieu-Jones 等人[4]提出了一种利用 DP-SGD 训练 AC-GANs(Auxiliary Classifier Generative Adversarial Networks)的模型 DP-GANs,利用深度神经网络在 DP 下生成合成数据,这为共享临床研究数据并维护患者隐私提供了解决方案。该模型使用两个神经网络:一个是被称为生成器(generator)的神经网络 G,被训练从一组随机数 z 中生成与原始数据 x 足够相似的新数据;另一个是被称为判别器(discriminator)的神经网络 D,被用来判断一个样本是真实的还是由生成器生成的。该模型价值函数如式(5.2)所示:

$$\min_G \max_D V(G,D) = \mathbb{E}_{x \sim p_{\text{data}}(x)}[\log(D(x))] + \mathbb{E}_{z \sim p_z(z)}[\log(1-D(G(z)))] \quad (5.2)$$

通过构造一个两方的极小极大博弈,经过对抗训练,最终达到纳什均衡(Nash equilibrium)。在模型学习训练过程中,通过向判别器梯度中添加 (ε,δ)-差分隐私保护,根据差分隐私的后处理免疫性,生成器也能获得 (ε,δ)-差分隐私保护。此外,在 DP-GANs 框架中,判别器是唯一能够接触到真实、私有数据的组件,因此,攻击者即使获得生成器本身,也无法获取训练数据的隐私。

在本地化差分隐私方面,Arachchige 等人[5]提出一种名为 LATENT 的新的本地化差分隐私算法来训练具有高私密性和高精度的深度神经网络,重新设计了模型的训练过程。LATENT 使数据所有者能够在数据离开数据所有者设备并到达可能不受信任的机器学习服务之前添加随机化层,进行加噪处理。与现有的差分隐私方法相比,该模型即使在极低的隐私预算(如 $\varepsilon=0.5$)下也能表现出良好的准确性,对 MNIST 数据集和 CIFAR-10 数据集分别实现了 95%~96% 的测试精度和 90%~91% 的测试精度,并具有较高的隐私水平。

2. 中间参数扰动

这种方案是在模型训练过程中对梯度参数或特征参数添加拉普拉斯噪声或高斯噪声,以防止攻击者获取模型或训练数据隐私。在最近的研究中,学者们提出了一些创新性的改进方案,如更精确地添加噪声和更严格地衡量隐私损失,这对模型优化具有非常重要的意义。

针对深度学习中直接共享训练数据集可能导致用户隐私泄露的问题,Shokri 和 Shmatikov[6]提出了一种分布式选择性随机梯度下降算法(Distributed Selective SGD,DSSGD)。多方通过并行的异步训练过程共同学习精确的目标模型,在此过程中不共享真实的训练数据。DSSGD 算法服务器参数的更新规则如式(5.3)所示:

$$W_{global} \leftarrow W_{global} - \alpha G_{local}^{selective} \tag{5.3}$$

其中,α 为学习率,W_{global} 为中央服务器的全局参数,它被广播给所有参与者供其下载更新,向量 G 包含每个参与者大约 1%~10% 的梯度参数。为了确保参数更新不会泄露太多的训练数据集信息,该算法将 ε-差分隐私噪声添加到梯度参数中。各参与者之间不需要相互交互,他们在本地使用各自训练好的模型。实验结果表明,对于许多参与者来说,当参与者共享很大一部分梯度时,联合训练模型的准确性优于独立训练模型中。

Abadi 等人[7]提出了一种基于组合定理(composition theorem)的 Moments Accountant (MA)机制。该机制允许对隐私损失进行自动跟踪分析,可以对整体隐私损失进行更严格的估计,目前,其性能优于高级组合定理(advanced composition theorems)。该机制的具体做法是:基于一种差分隐私随机梯度下降算法(differential privacy SGD),在每个训练步骤中向梯度参数加入噪声,并利用 MA 机制对训练过程中的总体隐私损失支出进行细致的、自动化的跟踪分析,以帮助每个参与者更好地控制梯度参数,尤其是那些特别敏感的梯度参数,从而确保参数共享不会泄露太多隐私信息。在隐私成本可控情况下,可对多达数百万个参数的深层模型进行训练,能够应对强大的攻击者,并允许攻击者控制其余的部分训练数据甚至全部训练数据。在使用 MNIST 数据集的实验中,实现了 97% 的训练准确度。

3. 目标扰动

目标扰动(objective perturbation),又称函数扰动,是指在机器学习模型的目标函数或目标函数展开式的系数中添加拉普拉斯噪声,并使此目标函数最小化的方法。与参数扰动方法不同,目标扰动方法的隐私损失是由目标函数本身决定的,与训练迭代次数无关。已有研究表明,目标扰动方法在理论上保证了输出扰动方法的有效性。然而,目标扰动要求目标函数连续可微且为凸函数,因而直接扰动目标函数的方法具有一定的局限性,不适用于神经网络等非凸模型。

为了在系数中注入噪声,目标函数应该是权重的多项式表示。如果目标函数不是多项式形式,则应使用泰勒(Taylor)或切比雪夫展开式(Chebyshev expansion)等逼近技术将其近似为多项式表示，然后将噪声添加到各系数中。然而，由于求解近似多项式方法仅针对特定的目标函数，故该方法难以拓展到更通用的模型中。

Chaudhuri等人[8]首先基于函数敏感性思想设计了一种隐私保护的逻辑回归算法。使用这种方法需要限定要学习的函数类的灵敏度，然后使用与灵敏度成正比的噪声干扰学习分类器。该方法中的ε-差分隐私模型可以限制攻击者获得关于特定数据的隐私信息，但对于某些机器学习函数来说，可能比较困难。因此，他们提出了另一种保护隐私的逻辑回归方法。该方法基于一个扰动目标函数（perturbed objective function），不依赖于函数的敏感性，且该方法在模型中是私有的。实验结果表明，后一种方法具有更好的学习性能。

为了解决深度学习中可能存在的模型反演攻击，Phan等人[9]以深度学习的基础组件——自动编码器为研究对象，提出了一种深度私有自编码器（deep Private Auto-encoders，dPAs）方案。该方案通过ε-差分隐私扰动深度自编码器的交叉熵误差目标函数（cross-entropy error function），在数据重建过程中添加噪声干扰，从而保护训练数据的隐私。当目标函数的多项式形式包含无限次项时，利用泰勒展开式进行近似。然而，dPAs方案是为特定的深度学习模型设计的。

针对差分隐私技术在深度学习中的适用性问题，Phan等人[10]又提出了一个私有卷积深度信念网络（private Convolutional Deep Belief Network，pCDBN）。卷积深度信念网络是一种典型的基于能量的深度学习模型，其结构比自编码器更为复杂。pCDBN本质上是一个基于差分隐私的CDBN，它使用切比雪夫展开式将非线性目标函数近似为多项式，将噪声注入多项式系数。每个隐藏层在训练阶段都满足ε-差分隐私。pCDBN框架的隐私预算与训练轮数无关，允许其应用于大型数据集，大大促进了隐私保护在深度学习中的应用。

许多现有的基于隐私保护的DNN模型的准确性远远低于非隐私保护的模型，因此限制了隐私保护DNN模型在工业界的使用。针对这一现象，Adesuyi等人[11]提出了一种基于DP和逐层相关传播（LRP）的隐私保护深度神经网络训练方法。该方法通过麦克劳林级数（Maclaurin series）对交叉熵误差函数进行多项式逼近，利用差分隐私噪声扰动交叉熵误差目标函数的系数，采用LRP算法确定添加噪声的位置，其分类精度接近于非隐私保护神经网络模型的精度。

4. 输出扰动

输出扰动（output perturbation）是指在模型训练结束时对模型输出参数进行扰动或在模型预测输出后对集成输出结果进行扰动。前一种方法是直接向训练好的模型参数添加噪声的扰动方法。直接在模型参数上添加扰动可以有效防止模型提取攻击，从而对攻击者利用模型逆向攻击进一步窃取训练数据形成障碍。但这种方法仅仅实现了模型发布阶段的隐私保护，攻击者仍有可能在前期通过多次请求攻击训练数据的隐私。后一种方法经常出现在师生框架的知识转移阶段，即当教师模型用于训练学生模型时，对教师模型的预测输出投票结果添加拉普拉斯噪声，其目的是增强模型的泛化能力，防止攻击者进行成员推断攻击和模型逆向攻击。相较于其他扰动方式，输出扰动隐私保护的强度最弱，因为其输出里面包含了数据的隐私，一方面是攻击者有可能直接获取加噪前的输出，另一方面是攻击者有可能通过同步训练过程中的数据（如损失值、梯度）推导出最终的模型参数。

Jayaraman等人[12]提出了一种对分布式学习输出进行差分隐私扰动的方法：各方基于安全多方计算协议共同学习一个机器学习模型，然后向全局模型添加拉普拉斯噪声进行输出扰动。他们证明了在安全多方计算场景下，向聚合模型中添加的噪声比其他扰动方案的噪声要小，并且可以防止攻击者对最终模型的推理攻击。KDD Cup98 数据集上的实验结果表明，该方法能够达到与非隐私方法类似的准确度。

Papernot 等人[13]基于半监督知识迁移的思想，提出一种名为教师群体私有集成（Private Aggregation of Teacher Ensembles，PATE）的模型，以解决机器学习中训练数据的隐私泄露问题。PATE 将敏感数据划分成 N 个互不相交的数据子集，并分别在每个子集上训练一个教师模型。对于要标记的公共数据，在教师模型集体投票结果上加入差分隐私噪声扰动，并将得票数最高的类别标签设为预测结果。之后再用教师标注的数据集训练学生模型，最终使用学生模型进行预测服务，这样可以防止模型逆向攻击对原始敏感数据的窃取。然而，由于 PATE 的隐私损失与公共数据集中的标记数据量成正比，可能导致无法承受的隐私损失，因此 PATE 只能应用于简单的分类任务。

后来，Papernot 等人[14]将 PATE 扩展到大规模环境，可用于图像分类任务，改进后的 PATE 在所有性能指标上均优于改进前，引入了一种新的噪声聚集机制 RDP（Rényi Differential Privacy），隐私成本比传统差分隐私更低，且能提供更严格的差分隐私保证。PATE 框架的关键约束是假定学生模型可以获得未标记的、非敏感的公共数据，其统计属性与训练教师模型的数据相同，但在医疗及其他应用领域找到这种数据不太现实。

5.3.2 加密方案

加密被认为是最基本、最核心的数据安全技术，加密算法将数据明文编码为只有特定人员才能解码的密文，目的是确保敏感数据在存储与传输过程中的保密性。对机器学习而言，由于恶意攻击者可以根据模型对数据进行推测，因此也有必要在计算与分析过程中确保数据的机密性。同态加密是一种加密技术，允许在不访问数据本身的情况下对数据进行处理。除此之外，安全多方计算是一种允许互不信任的参与方进行协同计算的协议，它允许在不公开各方真实数据的同时保证计算结果的正确性，这使得它非常适合于多方参与并共同训练机器学习模型的情况，如联邦学习。安全多方计算常与同态加密方法结合使用，以应对多种分析任务。加密方法的优点是能够保证计算结果的正确性；缺点是该方法对函数复杂度有很大的依赖性，对于存在大量非线性计算的深度学习模型，该算法的计算开销非常大，这也是加密方案至今在有效性和实用性方面饱受争议、无法在实际应用中落地的主要原因。

1. 同态加密

同态加密（Homomorphic Encryption，HE）是一种允许用户直接在密文上进行运算的加密形式，其得到的结果仍是密文，解密结果与对明文运算的结果一致。同态加密方案满足式（5.4）：

$$\mathrm{Dec}(k_s, \mathrm{Enc}(k_p, m_1) \vee \mathrm{Enc}(k_p, m_2)) = m_1 \cdot m_2 \tag{5.4}$$

其中，m_1、m_2 为明文；k_s、k_p 分别为私钥与公钥；$\mathrm{Enc}(\cdot)$ 是加密运算，$\mathrm{Dec}(\cdot)$ 是解密运算，分别为明文域和密文域上的运算。

同态加密技术分为三类：部分同态加密（Partially Homomorphic Encryption，PHE）、近似同态加密（Somewhat Homomorphic Encryption，SHE）和完全同态加密（Fully Homomorphic Encryption，FHE）[15]。

（1）部分同态加密。这是最早设计的同态方案，只支持加法或乘法运算，且运算次数不受限制。可进一步分为加法同态加密方案（Additive Homomorphic Encryption，AHE）（如 Paillier 方案）和乘法同态加密方案（Multiplication Homomorphic Encryption，MHE）（如 El-

Gamal 方案)。

（2）近似同态加密。这是一种只支持有限次加法和乘法运算的方案。SHE 方案比 FHE 方案强度稍弱，但也意味着开销更小，更容易实现。而层次型完全同态加密方案(leveled Full Homomorphic Encryption,leveled-FHE)，又称为深度有界同态加密，也属于 SHE 方案。深度有界是指其只能处理有限深度的电路。因而，leveled-FHE 方案不适合训练深度神经网络。leveled-FHE 支持单指令多数据(Single Instruction Multiple Data,SIMD)批处理技术，因而 leveled-FHE 方案的性能较高。

（3）完全同态加密。完全同态加密是 Gentry 基于理想格(ideal lattices)理论提出的研究成果[16]，它支持密文上的任意算法，并且不限执行运算次数(unlimited number of times)。FHE 方案安全可靠，然而自举(bootstrapping)是一个非常昂贵的过程，其计算开销太大，导致 FHE 不能成为一个实用的方案，也无法直接应用在大数据环境中。近年来，各种改进版 FHE 方案相继被提出，这些研究大都致力于噪声的减少和效率的提升。

目前，针对同态加密技术应用于机器学习隐私保护的研究有很多。

2016 年，Gilad-Bachrach 等人[17]基于 leveled-FHE 技术[18]提出了一种近似神经网络模型 CryptoNets，他们假设在云端已有应用明文训练好的神经网络模型，使用低次多项式近似非线性激活函数，使目标模型用于密文预测，并将加密预测结果返回用户。虽然 CryptoNets 是近似模拟卷积神经网络(Convolutional Neural Network,CNN)模型，但 MNIST 分类性能达到了 98.95% 的准确率；中间结果不共享，云端泄露给数据持有者的信息更少；模型中的平方激活函数被非多项式激活函数和转换后的精度权重所取代，导致推导的模型和训练的模型之间的结果大不相同。但是，由于 CryptoNets 采用 leveled-FHE 技术增加了乘法深度，因此其计算复杂度将大大增加。当非线性层的数目很小(如 2 层)时，该模型的效率和准确性可以得到证实，但对于较深的神经网络，模型变得无效。

后来，Hesamifard 等人[19]提出一种采用低阶多项式逼近的改进方案 CryptoDL，证明了多项式逼近是神经网络在 HE 环境中不可缺少的。在训练阶段，使用多项式逼近的 CNN；在预测阶段，使用训练阶段生成的模型对加密数据进行分类。在 MNIST 数据集上测试 CryptoDL 方案，取得了 99.52% 的准确率。然而，随着层数的增加，由于 HE 操作，CryptoDL 的复杂性也成倍增加，因此性能降低。Chabanne 等人[20]采用近似激活函数和归一化操作改进了加权值，该方法可应用于更深的神经网络，同时保持较高的准确率。近似激活函数和归一化操作相结合，减少了实际训练模型与转换模型之间的准确率差距。不过，该方法中客户端需要根据模型的结构生成加密参数，仍存在模型隐私泄露问题。二值神经网络(BNNs)结合同态加密技术，可用来对密文数据进行高效和准确的预测。Chillotti 等人[21]和 Bourse 等人[22]则基于 BNNs 与 HE 分别提出了相应的自举 FHE 方案，这些方案均比层次型同态加密方案效率高，并且自举 FHE 方案可以更加贴近实际地对单个实例进行预测。

虽然从理论层面认为同态加密技术可以进行任意计算，但由于目前相关实际方案的限制，同态加密一般只支持整数类型的数据；同时，电路深度需要固定，不能进行无限次的加法和乘法运算；同态加密技术不支持比较运算操作；此外，虽然目前存在一些在实数上计算并具有优化效果的同态加密方案，但由于数据规模的大幅扩张、计算负载不断加剧以及非线性激活函数的拟合计算误差等，因此同态加密技术的方案效率无法得到进一步提高。

2. 安全多方计算

安全多方计算(Secure Multiparty Computation,SMC)起源于姚期智的百万富翁问题，主要用于解决使一组互不信任的参与方之间保持隐私的协同计算问题。下面先介绍几个相关概念。

安全多方计算的形式化描述为：假定有 m 个参与方 $P_1,P_2,\cdots,P_m$，他们拥有各自的数据集 $d_1,d_2,\cdots,d_m$，在无可信第三方的情况下，如何安全地计算一个约定函数 $y=(d_1,d_2,\cdots,d_m)$，同时要求每个参与方除了计算结果外不能得到其他参与方的任何输入信息。

SMC 具有输入独立性、计算正确性、去中心化等特征。SMC 基础密码协议包括 OT(Oblivious Transfer)协议、GC(Garbled Circuits)协议、SS(Secret Sharing)协议、GMW(Goldreich-Micali-Wigderson)协议等。这些协议都是重要的密码学工具，可以被视为特殊的安全多方计算问题。SMC 是多种密码学基础工具的综合应用，因此安全多方计算与同态加密技术相结合的应用也十分广泛。

目前在机器学习隐私保护领域，主要有两类方案与多方相关。一类方案是基于传统分布式学习的 SMC 方案。在这类方案中，各方能够参与 ML 模型的训练或测试，而不披露其数据或模型。另一类是基于 HE、OT 或 GC 等技术的 2PC 架构的 SMC 方案。该方案主要包含两个参与方：一方是数据提供方，另一方是基于提供的数据实现机器学习的服务器。

（1）基于传统分布式学习的 SMC 方案

这种方案本质上是一种加密的分布式机器学习技术，参与方在不泄露自己数据隐私的情况下交换必要的信息，从而在整个数据集上联合构建统一的机器学习模型。

Vaidya 等人[23]提出一种基于安全多方计算的 k-means 聚类算法，用于任意划分的数据，使各方在不向对方披露各自数据的情况下交换必要的信息，并在整个数据上协同执行 k-means 计算。Bansal 等人[24]提出了一种基于同态加密的神经网络学习算法，用于任意分割的训练数据集，在该算法中尽管双方都知道最终的训练权重，但是没有泄露任何数据隐私。Samet 等人[25]针对水平分割或垂直分割的训练数据，实现了一个极限学习机(extreme learning machine)，但是由于数据持有者直接参与了那些不受部分同态加密支持的操作，可能导致学习模型的敏感信息泄露。Mehnaz 等人[26]提出了一个基于安全和计算的通用框架(包含两种安全梯度下降算法，其中一种用于水平分割数据，另一种用于垂直分割数据)，使多方能以隐私保护的方式对分割数据进行模型训练，这个框架可以抵抗阴谋攻击，不仅适用于大型数据集的多方计算场景，也适用于各种机器学习算法。

提高 SMC 计算效率是机器学习隐私保护领域的重要关注点。Li 等人[27]基于改进的 C4.5 决策树提出了一种外包计算解决方案。为了减少计算开销，他们运用 OPPWAP 和 OSSIP 协议实现通用 SMC，并在密码算法的帮助下把计算任务外包给服务器端。将水平分割数据上的分布式 C4.5 决策树规约到权值平均问题，将垂直分割数据上的分布式 C4.5 决策树规约到安全交集问题，从而把用户端计算复杂度降低到亚线性级别。Abbasi 等人[28]提出了一种安全聚类多方计算(Secure Clustered Multi-party Computation，SCMC)方法，该方法允许类中存在一定的隐私泄露，实现了效率与隐私保护之间的平衡。Asharov 等人[29]在不同的 SMC 模型中使用一个扩展的 OT 协议，以减少通信和计算的复杂度，实验结果表明，改进的 OT 算法确实提高了 SMC 系统的效率。Gheid 等人[30]针对大数据集直接运行 k-means 聚类算法导致的隐私泄露问题，提出了一种改进的安全多方求和协议，该算法操作简单，解决了加密方案导致的性能下降问题。Dani 等人[31]利用 quorum 概念设计了同步、异步 SMC 协议，解决了 SMC 系统的通信开销和计算开销随着参与者的增加而线性增长，难以在大规模分布式系统中实现的问题；在保证安全的同时，SMC 的通信和计算从线性复杂度降低到亚线性复杂度。Bogdanov

等人[32]利用 Sharemind 模型的优势,实现了大数据集的安全计算,解决了一般 SMC 模型无法处理大数据集的问题,然而 Sharemind 只支持三方计算,不支持更多参与方的安全计算。

(2) 基于 2PC 架构的 SMC 方案

基于 2PC 架构的 SMC 方案是另一种典型的多方计算隐私保护方案,这些机器学习隐私保护方案由若干个安全多方计算基础密码协议组合而成,其中经典的两方计算方案有 HE+GC、HE+GC+SS+OT、GC+OT、HE+GC+SS 和 GC+SS+OT 等。两方中,一方为提供数据的用户,另一方为计算数据的服务器。

Nikolaenko 等人[33]提出了一种基于 leveled-FHE 和 GC 的水平分割数据隐私保护线性回归算法。用数百万个样本集进行的实验结果表明,其性能明显优于仅基于 leveled-FHE 或 GC 的隐私保护方案,且可根据用户数量和特征进行扩展,同时保证结果的准确性。

Mohassel 等人[34]基于 SMC、SS 和乘法三元组(multiplication triplets)等设计了一种双服务器机器学习模型 SecureML,即将 leveled-FHE 加密的数据发送到两个互不合作的服务器,使用安全两方计算训练各种模型,如神经网络。该方案重点支持模型训练,也支持隐私保护预测。在训练阶段,非线性激活函数用多项式近似,并通过预计算减少在线预测阶段的计算成本。该模型比文献中的协议速度快 1 100~1 300 倍,且可以扩展到数百万个大数据样本,但预测输出会泄露一些模型信息。

Henecka 等人[35]提出了一种自动化工具 TASTY,它基于 HE 和 GC 技术,为 PSI 和隐私保护人脸识别(privacy-preserving face recognition)等特定应用自动生成有效的安全两方计算协议。TASTY 的自动化体现在集描述、生成、执行、基准测试和比较于一体。

CryptoNets、SecureML 框架在训练阶段用多项式近似非线性激活函数,从而改变了神经网络的训练方式,导致模型精度下降。针对这个问题,Rouhani 等人[36]提出了 DeepSecure——一个基于遗忘神经网络(Oblivious Neural Network,ONN)预测的框架。该框架能够对加密数据进行遗忘预测,是第一个可扩展、具有可证明安全的深度学习框架。与 SecureML 相比,DeepSecure 消除了双服务器合谋攻击隐患。由于其基于 GC 技术,该框架支持任何非线性激活函数,而无需改变神经网络训练方式,保证了模型的精度。此外,为了减少 GC 技术的开销,此框架引入了预处理步骤。

Liu 等人[37]提出了另一个基于遗忘神经网络的两方计算框架 MiniONN。在离线预计算阶段引入 HE 方法,并在在线预测阶段使用秘密共享等轻量级密码原语,确保了模型和数据隐私。该框架使用真实的 Sigmoid 激活函数进行训练,不改变神经网络训练方式。

Riazi 等人[38]也提出了一个减少 GC 协议开销的混合安全计算框架 Chameleon。该框架使用加法秘密共享(Additive Secret Sharing,ASS)协议执行线性操作,利用 GMW 或 GC 协议执行非线性操作。与 SecureML 框架类似,Chameleon 需要一个额外的非合谋方,即半诚实的第三方(STP)。由于 STP 生成的相关随机性(correlated randomness),Chameleon 在离线阶段完成了几乎所有繁重的密码操作,大大降低了计算和通信开销,提高了分类效率。

Juvekar 等人[39]提出了一种新的基于 AHE 与 GC 的安全神经网络推理方案 GAZELLE。该方案下,客户端能够在不向服务器公开其输入的情况下获取加密分类结果,同时确保了神经网络的隐私性。他们使用 AHE 来执行线性运算,使用 GC 来执行非线性运算,采用 SIMD 操作避免了密文-密文乘法,降低了噪声增长。与纯同态方案 Cryptonets 相比,GAZELLE 的延迟降低了 3 个数量级,带宽降低了 2 个数量级。

5.4 联邦学习中的隐私保护方案

随着移动互联网与移动智能设备(如手机、平板电脑等)的高速发展,未来移动设备将成为技术创新和个人隐私保护的主战场。然而,由于数据中包含了越来越多的个人敏感信息,早期将数据集中存储在单一服务器上进行机器学习的方式已不再可行。在"数据孤岛"愈发普遍和隐私保护越来越受到人们重视的背景下,传统人工智能框架受到挑战。如何解决"数据孤岛与数据隐私"问题以及"数据异构"问题?目前,传统的机器学习方法尚未有效解决这些问题,阻碍了人工智能在更多领域的推广应用。因此,分布式的机器学习架构应运而生。Google 公司提出的联邦学习通过将机器学习的数据存储和模型训练阶段转移至本地用户,而仅与中心服务器交互模型参数更新的方式有效保障了用户的隐私安全。联邦学习的概念来源于对上述问题及解决方法的探索,并有可能成为下一代人工智能协同算法和协作网络的基础。未来,联邦学习将更好地助力人工智能的发展,并将在金融、医疗等敏感数据领域发挥越来越重要的作用。

根据应用场景的不同,联邦学习系统可能涉及也可能不涉及中央协调方,因此联邦学习系统分为客户端-服务器(C/S)模式和点对点(P2P)模式。本节主要介绍客户端-服务器模式下的联邦学习模型。

5.4.1 联邦学习基础知识

联邦学习本质上是一种分布式的机器学习技术,主要包括客户端和中心服务器。客户端(如平板、手机、IoT 设备)在中心服务器(如服务提供商)的协调下共同训练模型,其中客户端负责训练本地数据得到本地模型(local model),中心服务器负责加权聚合本地模型的模型参数,得到全局模型(global model),经过多轮迭代后最终得到一个趋近于集中式机器学习结果的模型,有效地降低了传统机器学习源数据聚合带来的许多隐私风险。

联邦学习模型训练流程如图 5-5 所示。联邦学习的一次迭代过程如下:

(1) 客户端从服务器下载全局模型的模型参数;

(2) 客户端 k 训练本地数据得到本地模型 k 的模型参数 $w_{t,k}$(第 k 个客户端第 t 轮通信的本地模型更新参数);

(3) 各方客户端上传本地模型更新参数到中心服务器;

(4) 中心服务器接收各方数据后进行加权聚合操作,得到全局模型的模型参数 w_t(第 t 轮通信的全局模型更新参数)。

在一个典型的联邦学习框架中,通常假设有 N 个客户端参与方和一个中心参数服务器,这些参与方通过协作共同训练出一个可用的全局模型。记每一个参与方 C_i 拥有对应的数据集 D_i,则 $|D| = \sum_{i \in N} |D_i|$,全局模型的目标损失函数记作 $L(D,w)$,联邦学习所面临的优化问题如式(5.5)所示:

$$w^* = \arg\min_w L(D,w) = \arg\min_w \sum_{i=1}^{N} L_i(D_i,w) \tag{5.5}$$

其中,L_i 表示第 i 个参与方的本地损失函数,可以通过本地经验风险最小化过程来求解该优化问题。联邦学习中的经验风险最小化通常包含如下四个训练步骤:本地训练、模型聚合、参数广播、本地更新。其中,有两个阶段涉及参数传递,分别是模型聚合与参数广播,经过足够轮次的训练后,式(5.5)中的优化问题终将收敛并达到最优的全局解。

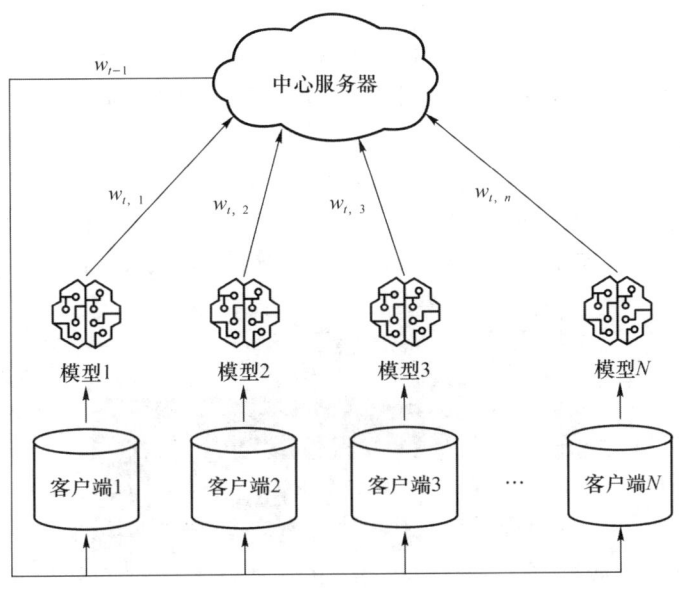

图 5-5　联邦学习模型训练流程

由于联邦学习应用场景不同,因此客户端之间持有的数据集特征各不相同。对于第 i 个参与方持有的数据集 D_i,I 表示样本 ID,Y 表示数据集的标签信息,X 表示数据集的特征信息,因此,一个完整的训练数据集 D_i 应由 (I,Y,X) 构成。根据参与训练的客户端数据集的特征信息 X、标签信息 Y 和样本 ID 信息的分布情况,联邦学习被分为横向联邦学习、纵向联邦学习和联邦迁移学习三类。

1. 横向联邦学习

横向联邦学习的特点是数据集的特征信息 X 和数据集的标签信息 Y 相同,但样本 ID 信息不同,如图 5-6 所示,其公式表达如下:

$$X_i=X_j, Y_i=Y_j, I_i\neq I_j, \quad \forall D_i, \forall D_j, i\neq j \tag{5.6}$$

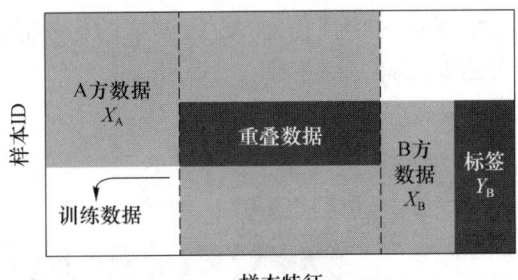

图 5-6　横向联邦学习

根据横向联邦学习的特点,其适用于参与者间业态相同但触达客户不同(特征重叠多,用户重叠少)的场景,往往应用于样本不同但特征相似的数据。在横向联邦学习中,首先分发全部数据到不同的机器,每台机器从服务器下载模型,然后利用本地数据训练模型并返回服务器需要更新的参数,之后重复这两个步骤,直到模型性能满足停止标准或者全局模型训练轮数已达到预先设定的数值。在这个过程中,每台机器都遵循相同且完整的模型,且机器之间不交流、不依赖,在预测时每台机器也可以独立预测,因此可以把横向联邦学习看作基于样本的分布式模型训练。

例如,两家不同地区的银行的用户群体分别来自各自所在的地区,交集很小,但是它们的业务很相似,因此它们记录的用户特征是相同的。此时就可以使用横向联邦学习来构建联合模型。

2. 纵向联邦学习

纵向联邦学习的特点是数据集的特征信息 X 和数据集的标签信息 Y 不同,但样本 ID 信息相同,如图 5-7 所示,其公式表达如下:

$$X_i \neq X_j, Y_i \neq Y_j, I_i = I_j, \quad \forall D_i, \forall D_j, i \neq j \tag{5.7}$$

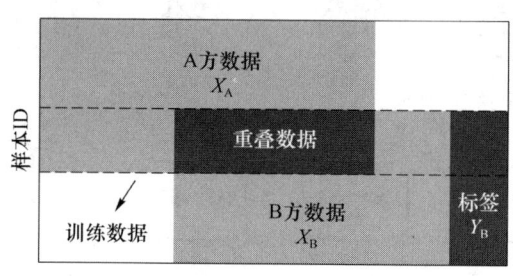

图 5-7 纵向联邦学习

根据纵向联邦学习的特点,其适用于用户重叠多、特征重叠少的场景,往往应用于样本相同但特征不同的数据。纵向联邦学习可以分为加密样本对齐和加密训练两个主要过程,过程中各个参与方均不能获取其余各方的数据和特征,且训练结束后参与方只得到自己侧的模型参数,即半模型,因此在模型预测时需各方协作完成。

例如,两个不同的机构,一家是某地的银行,另一家是同一个地方的电商,它们的用户群体很有可能包含该地的大部分居民,因此用户的交集较大,但是由于银行记录的都是用户的收支行为与信用评级,而电商拥有用户的浏览与购买历史,因此它们的用户特征交集较小。纵向联邦学习就是将这些不同特征在加密的状态下加以聚合,以增强模型能力的。

3. 联邦迁移学习

联邦迁移学习的特点是数据集的特征信息 X、数据集的标签信息 Y 和样本 ID 信息都不同,如图 5-8 所示,其公式表达如下:

$$X_i \neq X_j, Y_i \neq Y_j, I_i \neq I_j, \quad \forall D_i, \forall D_j, i \neq j \tag{5.8}$$

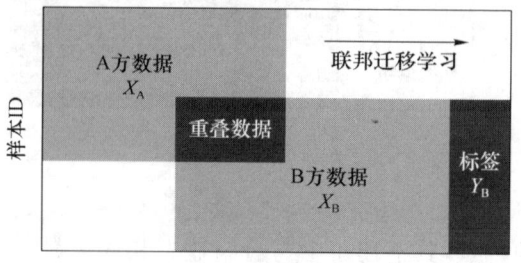

图 5-8 联邦迁移学习

根据联邦迁移学习的特点,其适用于参与者数据间的特征和样本都不相似的场景。顾名思义,联邦迁移学习是一种迁移学习方法,因此该方法的核心是找到源模型场景和目标模型场景间的相似性。

例如,两个不同的机构,一家是位于中国的银行,另一家是位于美国的电商,由于受地域限制,这两家机构的用户群体交集很小;同时,由于机构类型的不同,二者的数据特征也只有小部分重合。在这种情况下,要想进行有效的联邦学习,就必须引入迁移学习来解决单边数据规模小和标签样本少的问题,从而提升模型的效果。

5.4.2 联邦学习隐私威胁与保护方案

联邦学习概念自提出后,作为网络安全领域的一个新兴方向,迅速得到了学术界广泛的关注与研究,它通过源数据不出本地而仅交互模型更新(如梯度信息)的方式来保护用户的敏感数据,开创了一种保护数据隐私安全的新方式。理想情况下,联邦学习中客户端通过训练源数据上传本地模型,而服务器仅仅负责聚合和分发每轮迭代形成的全局模型。然而,在真实的网络环境中,模型反演攻击、成员推理攻击、模型推理攻击层出不穷,且参与训练的客户端动机难以判断,中心服务器的可信程度也难以保证,所以在联邦学习模型中数据隐私泄露依旧是个不容忽视的问题。

对于联邦学习而言,由于其训练方式与传统的集中式机器学习不同,因此其面临的攻击既可能来自恶意服务器,也可能来自恶意客户,还有可能面临外部恶意分析者的攻击,如图 5-9 所示。由于联邦学习中的服务器能够获得来自各个设备的模型更新参数,因此服务器可以通过分析每轮更新的模型参数进行被动攻击,也可以通过隔离目标设备并向其传输设计好的参数来推测本地数据信息。其他设备由于只能获取服务器端整合后的全局参数信息,故难以通过观察参数进行有效的推理,然而攻击者仍有可能通过观察全局参数在每轮训练中的变化趋势,利用经验风险最小化算法来实施攻击。与此同时,恶意用户通过上传恶意模型参数信息给中央服务器来干扰聚合模型的生成进而影响最终模型的预测结果。此外,在联邦学习模型训练过程中可能会有恶意分析者在参数传递的过程中窃取中间参数信息,进而分析参与者的信息,侵犯参与者的隐私。

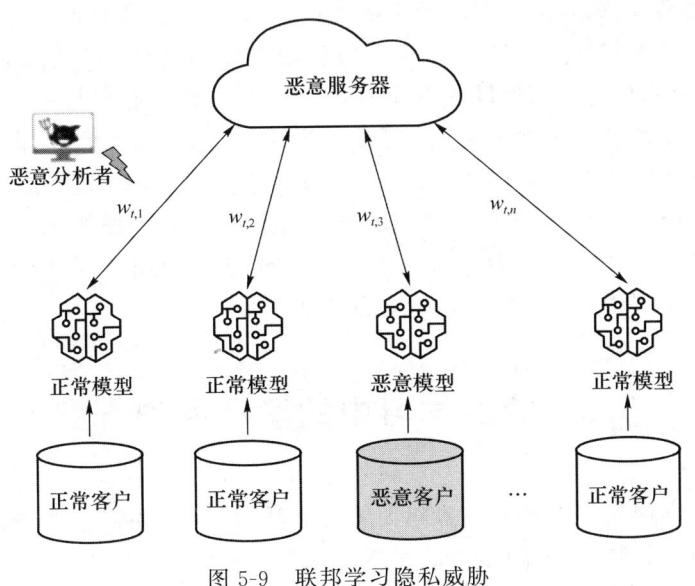

图 5-9 联邦学习隐私威胁

Nasr等人[40]的研究表明,在联邦学习中,一个好奇的参数服务器甚至一个参与者可以对其他参与者实施精确得惊人的成员资格推断攻击。对于在CIFAR-100数据集上运行的DenseNet模型,一个好奇的中央参数服务器通过从所有参与者那里接收单个参数更新,可以实现79.2%的成员推断精度;本地参与者通过观察参数服务器的聚合参数更新,也可以获得72.2%的成员推断精度。

针对联邦学习中存在的隐私威胁,目前主流的解决方案是将其与传统的机器学习隐私保护技术结合,并从两种思路出发[41]:加密和扰动。

在加密方面,Bonawitz等人[42]提出安全聚合模型,该模型结合秘密分享等技术使服务器无法解密单一客户端的梯度信息,而只能进行聚合操作以获得全局模型,从而实现对恶意服务器的信息隐藏。Mandal等人[43]在此工作基础上做了通信效率的改进,引入非交互式成对密钥交互计算(NIKE)技术,在离线阶段计算主密钥,同时限制用户最多与L个邻居进行掩码操作,从而有效减少了秘密分享的时间开销。Dong等人[44]将秘密分享与同态加密应用于通信效率算法(TernGrad),在解决隐私泄露问题的同时,大幅降低了框架的通信和计算开销。Hao等人[45]通过改进BGV同态加密算法,取消了密钥交换操作,增加了纯文本空间,在提供后量子安全性的同时避免了交互密钥导致的通信负担;在纵向联邦学习场景中,各部门进行训练数据对齐时可能导致标签信息和隐私数据的泄露。Cheng等人[46]通过改进XGBoost树模型,提出SecureBoost算法,利用RSA和哈希函数实现各方数据的共有样本ID对齐,同时使用加法同态加密保护各方交互的标签信息和梯度直方图信息,最终在不添加隐私保护的情况下实现了与联邦学习相同的模型精度。

在扰动方面,Geyer等人[47]提出一种针对客户端的差分隐私保护联邦优化算法,该算法在模型训练期间实现了客户端贡献的隐藏,并且在有足够多客户端参与的情况下,能够以较小的模型性能成本来实现用户级差分隐私。McMahan等人[48]同样使用差分隐私加密全局模型更新,证明了如果参与联邦学习的客户端数量足够多,对模型更新信息的加密就会以增加计算量为代价而不会降低模型精度。Bhowmick等人[49]利用差分隐私技术,通过限制潜在对手的能力,在提供同等隐私保护程度的同时保证了更好的模型性能。Liu等人[50]提出一种自适应隐私保护的APFL方案,通过分析数据集的特征向量对输出模型的影响,对不同贡献的特征向量分配不同的隐私预算,并减少贡献较少的数据集的噪声,在实现严格差分隐私的同时高效保证了全局模型的精度与性能。Huang等人[51]针对客户端之间的不平衡数据提出DP-FL框架,该框架根据每个用户的数据量设置不同的差分隐私预算,并设计了一个具有自适应梯度下降算法的差分隐私专用卷积神经网络,以更新每个用户的训练参数,结果证明相较于传统的FL框架,该方案在不平衡数据集中的表现更好。Wei等人[52]对差分隐私与FL的结合做了深入的分析,证明存在最优的K值(总客户端数N),能够在固定的隐私保护级别上实现最佳的收敛性能。Cao等人[53]则从通信效率和隐私保护的结合方面出发,结合本地差分隐私,为物联网终端低算力设备提供了资源消耗的隐私保护框架。

5.5　蜂群学习中的隐私保护方案

在主流的联邦学习模型中各节点协同训练机器学习模型,并将各自的训练参数上传到中央服务器,满足"模型找数据"的隐私保护本质要求。然而,由于中央服务器的存在,联邦学习模型存在着模型容错性较低、通信成本较高、数据隐私获取难度较低和模型训练结果可能有误等问题。为此,惠普企业(Hewlett Packard Enterprise,HPE)于2019年在其官网上提出一个新兴概念——蜂群学习,它是一种高效、安全、去中心化的协作式机器学习框架。

5.5.1 蜂群学习基础知识

作为一项最新的技术,蜂群学习不需要进行参数聚合的中央服务器,各节点在本地使用自己的私有数据独立构建模型,并通过蜂群网络共享参数。蜂群学习提供安全措施,以保护通过私有区块链技术实现的数据主权,保障其安全性和机密性。每个参与者都有明确的定义,只有预先授权的参与者才能执行交易。当有新节点加入时,需要通过验证措施才可以加入区块链。新节点通过区块链智能合约注册获得模型,并执行本地模型训练。接下来,通过 Swarm 应用程序编程接口(API)交换模型参数,并在开始新一轮训练之前合并各个节点上传的参数,利用新参数更新模型。

各节点协作训练模型和进行数据共享是蜂群学习的两个重要特征,更进一步的优势是数据共享可以转变为参数共享,并且应用区块链技术实现对各节点的安全性保证以及对各参与训练节点的身份认证,从而实现数据完全保密的节点协作。

蜂群学习共有五个组件[54],这些组件连接起来形成一个网络。

(1) SL 节点

SL(Swarm Learning)节点运行用户定义的机器学习算法,这些算法组成 SL 机器学习程序,该程序负责以迭代方式训练和更新模型。该程序是使用 Python3 实现的基于 Keras(支持 TensorFlow 2)或 PyTorch 的机器学习算法,支持在 NVIDIA GPU 上运行。

(2) SN 节点

SN(Swarm Network)节点构成区块链网络。蜂群学习 V1.1.0 版本使用开源版本的以太坊作为底层区块链平台。SN 节点使用区块链机制交互,维护模型的全局状态信息和进度信息。此外,每个 SL 节点在初始化时都向一个 SN 节点注册自己,每个 SN 节点协调其对应 SL 节点的训练流水线。请注意,区块链仅记录模型状态和训练进度等元数据,没有模型参数。存在一种特殊的 SN 节点——哨兵节点,它负责初始化区块链网络,是整个程序中第一个启动的节点。

(3) SWCI 节点

SWCI(Swarm Learning Command Interface)节点是蜂群学习框架的命令接口工具,它用于查看状态、控制和管理 SL 框架,它使用安全链接通过 API 端口连接到 SN 节点。

(4) SPIRE 服务器节点

SPIRE 服务器节点为整个网络提供安全保障。可以运行一个或多个 SPIRE 服务器节点,这些节点连接在一起形成一个联盟。每个 SN 节点或 SL 节点都包含一个 SPIRE 代理工作负载证明器插件,该插件与 SPIRE 服务器节点通信以证明 SN 节点和 SL 节点的身份、获取和管理 SPIFFE 可验证身份文件(SVID)。

(5) 许可证服务器节点

SL 框架的许可证由许可证服务器节点安装和管理。

需要注意的是,所有蜂群学习节点必须使用相同的机器学习平台——Keras 或 PyTorch。不支持某些节点使用 Keras,其他节点使用 PyTorch。

算法 5-1 为蜂群学习模型训练算法。

算法 5-1 蜂群学习模型训练算法

输入：分布式机器学习模型训练参数 $D_1, D_2, \cdots, D_N$

输出：蜂群学习模型 M

01. 运行 SPIRE 服务器节点，构建 SPIRE 联盟
02. 参与者 i 运行许可证服务器节点，安装运行许可证
03. 参与者 j 启动 SN 节点加入蜂群学习网络，成为首个进入网络的 SN 节点——哨兵节点完成网络初始化
04. 参与者 i 启动 SL 节点并在 SN 节点中完成注册，SL 节点加入蜂群网络
05. While（没有达到停止界限）do
06.   SL 节点进行本地机器学习模型训练
07.   SL 节点完成本地模型训练，向 SN 节点发出信号
08.   if 完成训练节点数达到阈值 then
09.   SN 节点控制不同参与者 SL 节点之间进行信息交流，完成参数整合生成新机器学习参数 N
10.   新参数 N 返回参与者 SL 节点，并代替它们的旧参数 N'
11. 生成机器学习模型 M，M 的参数为最后一轮迭代生成的 N
12. return M

SL 节点的初始化流程是这样的：首先获得运行许可证，从 SPIRE 服务器节点获取 SVID，向 SN 节点注册自己；其次，启动文件服务器并向 SN 节点宣布它已准备好运行训练程序；最后，启动用户指定的模型训练程序。

初始化后，每个 SL 节点定期与其他 SL 节点分享其学习到的模型参数，并整合他们的学习结果。用户可以通过定义同步间隔（Synchronization Interval，SI）来控制共享的周期，此间隔指定了节点将共享其学习的训练批次数目。在每个 SI 的末尾，有一个 SL 节点被区块链选举为领导者。领导者从每个 SL 节点收集局部模型，并使用事先商定的合并算法将其合并为全局模型。之后，每个 SL 节点接收这个合并模型并启动下一个 SI。

SN 节点和 SL 节点以多种方式交互，使用多个代表不同含义的网络端口[55]，如图 5-10 所示。

（1）蜂群网络对等端口（Swarm Network Peer-to-Peer Port）：与其他 SN 节点共享区块链的内部状态信息。

（2）蜂群网络文件服务器端口（Swarm Network File Server Port）：每个 SN 节点都在该端口运行文件服务。该文件服务器端口用于共享有关 SL 平台的状态信息。

（3）蜂群网络 API 端口（Swarm Network API Port）：每个 SN 节点在该端口运行基于 REST 的 API 服务，SL 节点使用此 API 服务从它们注册的 SN 节点处发送和接收状态信息。SWCI 节点也使用它来管理和查看 SL 平台的状态。

（4）蜂群学习文件服务器端口（Swarm Learning File Server Port）：每个 SL 节点都在该端口运行文件服务。该文件服务器端口用于与网络中的其他 SL 节点共享从训练模型中学到的参数信息。

（5）SPIRE 服务器 API 端口（SPIRE Server API Port）：每个 SPIRE Server 节点都在该

端口运行基于 gRPC 的 API 服务,SN 节点和 SL 节点使用此 API 连接到 SPIRE 服务并获取 SVID。

(6) SPIRE 服务器联合端口(SPIRE Server Federation Port):每个 SPIRE 服务器节点利用该端口与联盟中的其他 SPIRE 服务器节点连接并发送和接收信任包。

(7) 许可证服务器 API 端口(License Server API Port):许可证服务器在该端口运行 REST 服务和管理界面。SN 节点和 SL 节点连接到许可证服务器并获取许可证。SL 平台管理员使用浏览器访问许可证服务器并管理许可证。

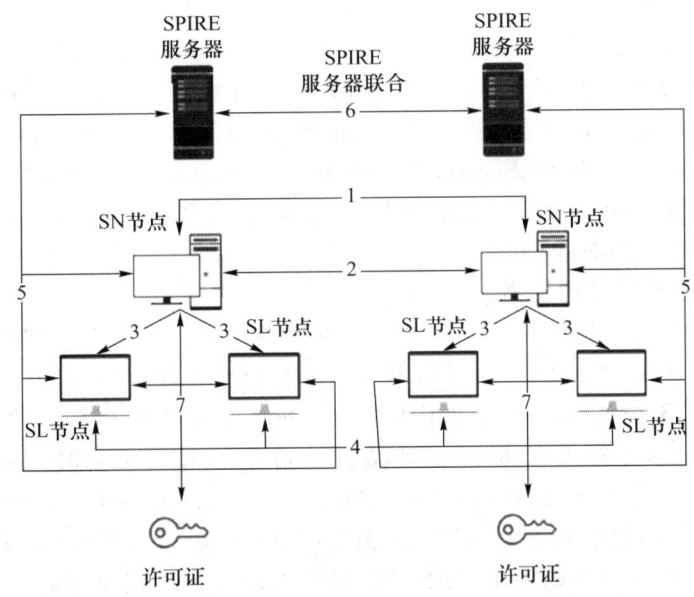

图 5-10 蜂群学习工作机制

5.5.2 蜂群学习的优势与隐私风险

本节通过将蜂群学习与目前研究最为火热的机器学习模型——联邦学习进行比较,来说明蜂群学习的优势与隐私风险。

蜂群学习相对于联邦学习来说具有多种优势。

(1) 模型容错性与效率有所提升

蜂群学习模型采用区块链机制保证其去中心化的特点,在蜂群网络中不需要中央服务器。随机当选的"蜂后"节点通过使用加权平均、最大值等函数来合并参数,这使得蜂群学习同联邦学习相比,能够应对单点攻击带来的威胁,通信成本也有所下降;此外,多种方法的综合运用使得 SL 的效率大幅提升,能够有效处理不平衡和不均匀分布的数据。

(2) 模型安全性与隐私防御能力增强

蜂群学习模型中数据的安全性和保密性同样由区块链提供,新节点只有通过区块链的授权操作才能动态地进入蜂群网络,且参数和模型只能以局部方式为所有参与节点共同使用。模型训练过程中,参数经由一个独立的蜂群设备组成的网络进行传输,并通过 API 与其他参与者进行交互,这种基于区块链智能合约的动态选择领导者机制使蜂群学习模型免受不诚实参与者的影响,所以蜂群学习对类似 GAN 攻击的防御能力很强。目前,蜂群学习方案已用于具有有限参数集的参数化模型,如线性回归或神经网络模型,Warnat-Herresthal[56] 等人于 2021 年 5 月首次将蜂群学习引入临床医学领域,通过对新冠病毒感染、结核病、白血病和肺部病理变化四类数据样本进行分类,研究发现蜂群学习的表现优于单个节点,接近或等同于联邦学习这种传统的中心模型。

(3) 边缘场景适配度高

每一个 SL 节点都可分为基础设施层(硬件层)和应用层。蜂群学习平台、区块链和蜂群学习库(Swarm Learning Library,SLL)都包含在一个以容器形式部署的独立环境中,这有利于在异构硬件基础设施中训练 ML 模型,因此蜂群学习适用于多种边缘应用场景。

Wang 等人[57]提出一种车联网系统中的蜂群联合深度学习框架(Swarm-Federated Deep Learning,SFDL),在蜂群学习过程的帮助下,通过区块链验证来保证联邦深度学习(Federated Deep Learning,FDL)之间共享数据的可靠性,与现有的应用于车联网的 FDL 方案相比,该方案在数据从边缘到全局的通信开销更小,计算效率更高。Zhu 等人[58]针对机器人之间的数据共享不足以及对数据隐私安全的担忧,提出了一个去中心化、基于区块链和隐私保护的蜂群深度强化学习框架(Swarm Deep Reinforcement Learning,SDRL),实验验证表明,此方案能够成功地应用于机器人操作领域,并提高了模型的学习速度以及准确性,且学习速度随机器人数量的增加而提高。

(4) 模型训练结果准确性提高

Saldanha 等人[59]首次证明使用蜂群学习可以实现基于人工智能的实体肿瘤临床生物标志物检测,并为基于病理的 BRAF 和 MSI 状态预测提供高性能模型(其中,BRAF 是一种人类基因,MSI 为微卫星不稳定性),在仅使用本地数据集的子集进行训练的情况下,该模型也能保持良好的性能。Dong 等人[60]提出一种结合蜂群学习和人在回环(Human-in-the-loop,HITL)的去中心化模型 HBSL(HITL Based Swarm Learning),在不侵犯用户隐私的情况下,将用户反馈整合到识别假新闻的学习和推理循环中,以扩展数据训练集的方式来提高检测性能;通过实验比较不同条件下的模型测试精度,虽然 HBSL 方案仅比蜂群学习高出 2%~5%,但从平均精度来看,其检测性能优于参与对比的所有其他方案。上述两个蜂群学习的具体应用都能够验证蜂群学习在模型准确度方面的性能优越性。

目前主流的联邦学习改良方案主要从通信体系结构、隐私保护机制和激励机制三个方面入手,它们与蜂群学习的对比如表 5-2 所示。

表 5-2 联邦学习改良方案与蜂群学习对比

方案	原理	特点	蜂群学习与之对比的优势
基于改良通信体系的联邦学习	主要针对中心化架构进行改良	中心化方案简单有效,可扩展性与稳定性高,但去中心化改良方案仍不能完全减免信息集带来的风险	本身就是去中心化的模型,能够有效降低单点攻击带来的风险,安全程度高
基于不同隐私机制的联邦学习	一种方式是由差分隐私机制提供隐私保证,另一种方式是加密方法,包括同态加密、安全多方计算等技术	安全性有待提升。其中,基于差分隐私的方法对模型准确度有一定影响,而加密方法易受到推理攻击,如基于安全多方计算的方法,需要额外的加解密操作,造成极高的计算开销	模型准确度高,参数聚合过程中不受其他数据影响
改良激励机制的联邦学习	设计更加优化合理的协议提升模型性能	面临多种条件限制,实现较为困难	蜂群学习拥有较为合理的基于区块链的激励机制,和用于提升节点共同构建模型的积极性,同时能够提供良好的隐私保证

相比联邦学习,蜂群学习能够提供一个完全去中心化的、与硬件无关的、安全保密的、可扩展的机器学习环境,且适用于多种场景和领域。蜂群学习的优势在于打破了存储设备对数据的限制,能够从无限大的数据空间中创建一个合适的模型,这使得许多对计算能力要求较高的学习过程可以在现场实时进行,蜂群学习技术的发展为当前人工智能领域的相关研究提供了一种新型思维方式。

然而,由于蜂群学习与联邦学习在训练模型的过程中都存在信息共享,所以蜂群学习也可能发生针对节点之间共享模型信息的推理攻击,同样会造成隐私信息的泄露。为此,有学者开始探索在区块链的基础上,为蜂群学习引入一些其他的隐私保护技术,比如将蜂群学习与同态加密相结合。

Manamohan 等人[61]提出了一种基于同态加密的蜂群学习参数安全合并方法。在此方法中,节点在本地进行模型训练得到的参数可以被加密和保存,各节点选举的领导者使用由外部密钥管理器生成的公钥对参数进行合并,参数解密时使用其他节点的解密器生成的私钥对合并参数进行解密。此方法中的公钥和私钥永远不会泄露给同一个节点,且使用后可能会被永久丢弃,进一步确保了数据隐私安全。Chen 等人[62]基于上述理论和方法,提出了基于 HE 的隐私保护蜂群学习方案,该方案使用门限 Paillier 密码系统对共享的局部模型信息进行加密,并设计了一种部分解密算法来防止聚合模型信息导致的隐私泄露,实验表明该方案在提供隐私安全的同时对最终模型的准确率的影响可忽略不计。

5.5.3 蜂群学习的展望

5.5.2 节展现了蜂群学习可应用于疾病分类、肿瘤检测、新闻识别、共享数据保护等多个方面,彰显了蜂群学习强大的应用能力。本节对蜂群学习的未来研究方向进行一些预测。

针对当前区块链的可扩展性不足、存在系统性能瓶颈等问题,笔者在此给出一种新颖的解决思路——基于蜂群学习的链下扩容技术,即构建可信蜂群学习模型,利用各参与节点扩容区块链算力。可信蜂群学习模型如图 5-11 所示。

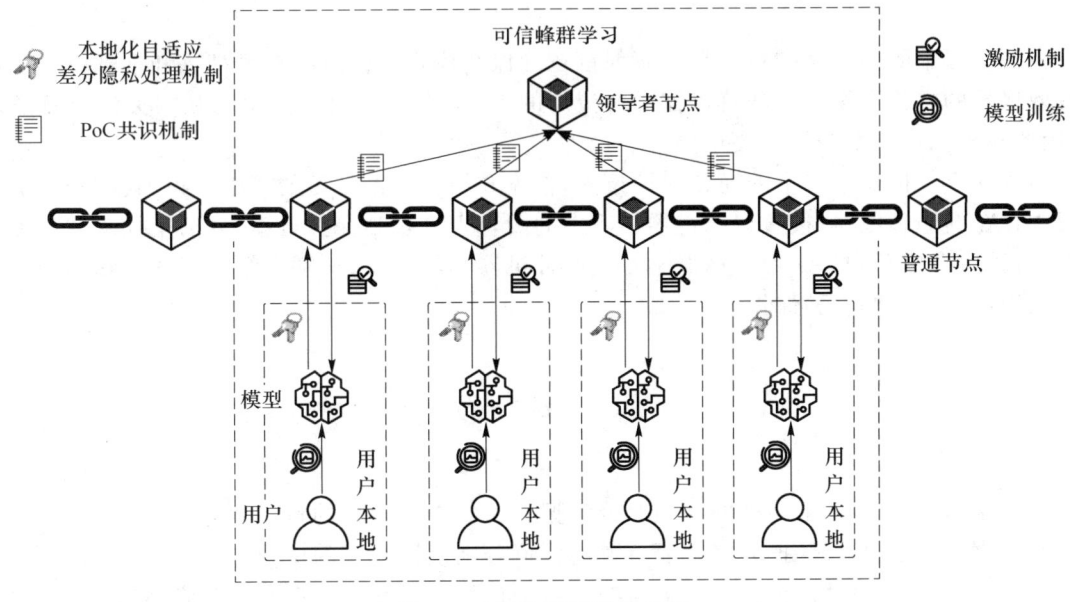

图 5-11 可信蜂群学习模型

首先,处理用户的交易数据,采用链上链下结合的方式进行存储,链下存储用户本地数据,链上存储数据摘要等信息;其次,构建可信蜂群模型,利用各参与节点扩容链下算力。在蜂群模型构建时设定使用的贡献量证明(Proof of Contribution,PoC)共识机制,通过 PoC 共识机制控制整合节点的选举。同时,在各参与节点处增加本地化自适应差分隐私处理机制。

构建可信蜂群模型的具体流程为:首先利用各参与节点的本地算力处理海量数据,得到的模型参数会在参与节点本地的差分隐私处理后在蜂群网络中传输;其次基于 PoC 共识机制选举领导者进行参数合并,并返还新模型参数给各个参与节点;最后基于激励机制给可信蜂群模型中的各参与节点回馈报酬。

基于蜂群学习的链下扩容技术有以下几点优势:第一,作为可信蜂群模型基础之一的区块链技术可以保证处理海量数据时蜂群学习各参与节点数据的安全性和一致性,以及训练过程的可追溯性,这从一定程度上避免了恶意参与节点对机器学习训练模型的破坏;第二,只在链上存储数据摘要信息,释放了区块的部分空间,提升了单个区块所能容纳的交易数量;第三,利用用户本地的大量算力进行模型训练,降低了计算成本,提高了交易效率;第四,在传统蜂群学习模型的基础上引入设定的 PoC 共识机制和本地化自适应差分隐私处理机制,解决整合节点选举的科学性问题、公平性问题和数据隐私安全性问题;第五,设置激励机制,鼓励数据拥有者积极参与模型训练,提高了数据的多样性和数据质量,进而提升了最终模型的实用性和科学性。

寻求隐私保护、异构性以及公平性等多方面的平衡以增加蜂群学习的实用性,探索合理的激励机制与定价方式、策略融合统一来推动数据交易,利用蜂群学习的分布式算力解决区块链可扩展性不足和性能瓶颈问题,这些均是蜂群学习需要重点研究的方向。随着各行业与数据共创合作的深入、个人隐私保护意识的加强以及相关法案的出台和日渐成熟,蜂群学习凭借其在提高数据保密性、隐私性和提供数据保护服务的同时能够减少流通过程中的数据量这一巨大优势,将会在更多领域有着更光明的应用前景。

本 章 小 结

机器学习中的隐私保护技术是一系列旨在确保个体隐私信息在模型训练和推理过程中得到有效保护的方法和手段。随着机器学习应用的推广,用户对敏感数据隐私的关注也日益增加,因此隐私保护技术变得至关重要。

本章探究了机器学习中的隐私保护技术,首先介绍了机器学习的基础知识;其次介绍机器学习中存在的隐私威胁;接着介绍机器学习中的两种主流隐私保护方案,分别是扰动方案和加密方案;最后聚焦于联邦学习和蜂群学习这两种机器学习类型,分别介绍联邦学习和蜂群学习的基础知识和相应的隐私保护方案。

思 考 题

1. 机器学习是用来干什么的?主要分为哪几种?它们各自的特点是什么?
2. 机器学习的隐私保护方案主要有哪些?请分别谈谈它们的优缺点。
3. 联邦学习分为哪几种?它们各自的特点是什么?联邦学习存在哪些隐私风险?
4. 蜂群学习由哪五部分组成?请谈谈蜂群学习的特点。

参 考 文 献

[1] 谭作文,张连福. 机器学习隐私保护研究综述[J]. 软件学报,2020,31(7):2127-2156.

[2] BARRENO M, NELSON B, JOSEPH A D, et al. The security of machine learning [J]. Machine Learning, 2010, 81(2): 121-148.

[3] BIGGIO B, FUMERA G, ROLI F. Security evaluation of pattern classifiers under attack[J]. IEEE Transactions on Knowledge and Data Engineering, 2013, 26(4): 984-996.

[4] BEAULIEU-JONES B K, WU Z S, WILLIAMS C, et al. Privacy-Preserving Generative Deep Neural Networks Support Clinical Data Sharing[J]. Circulation Cardiovascular Quality and Outcomes, 2019, 12(7).

[5] ARACHCHIGE P C M, BERTOK P, KHALIL I, et al. Local differential privacy for deep learning[J]. IEEE Internet of Things Journal, 2019, 7(7): 5827-5842.

[6] SHOKRIri R, SHMATIKOV V. Privacy-preserving deep learning[C]//Proceedings of the 22nd ACM SIGSAC conference on computer and communications security. Denver, USA, 2015: 1310-1321.

[7] ABADI M, CHU A, GOODFELLOW I, et al. Deep learning with differential privacy [C]//Proceedings of the 2016 ACM SIGSAC conference on computer and communications security. Vienna, Austria, 2016: 308-318.

[8] CHAUDHURI K, MONTELEONI C. Privacy-preserving logistic regression[J]. Advances in neural information processing systems, 2008, 21-28.

[9] PHAN H, WANG Y, WU X, et al. Differential privacy preservation for deep autoencoders: an application of human behavior prediction[C]//Proceedings of the AAAI Conference on Artificial Intelligence. Phoenix, Arizona, USA, 2016, 30(1).

[10] PHAN N H, WU X, DOU D. Preserving differential privacy in convolutional deep belief networks[J]. Machine learning, 2017, 106(9): 1681-1704.

[11] ADESUYI T A, KIM B M. A layer-wise perturbation based privacy preserving deep neural networks[C]//2019 International Conference on Artificial Intelligence in Information and Communication (ICAIIC). Okinawa, Japan, IEEE, 2019: 389-394.

[12] JAYARAMAN B, WANG L, EVANS D, et al. Distributed learning without distress: Privacy-preserving empirical risk minimization[J]. Advances in Neural Information Processing Systems, 2018: 31-43.

[13] PAPERNOT N, ABADI M, ERLINGSSON U, et al. Semi-supervised knowledge transfer for deep learning from private training data[J]. arXiv preprint arXiv:1610. 05755, 2016.

[14] PAPERNOT N, SONG S, MIRONOV I, et al. Scalable private learning with pate [J]. arXiv preprint arXiv:1802.08908, 2018.

[15] LI Z, GUI X, GU Y, et al. Survey on homomorphic encryption algorithm and its application in the privacy-preserving for cloud computing[J]. Journal of Software, 2018, 29(7): 1830-1851.

[16] GENTRY C. Fully homomorphic encryption using ideal lattices[C]//Proceedings of the forty-first annual ACM symposium on Theory of computing. New York, NY, USA, 2009: 169-178.

[17] GILAD-BACHRACH R, DOWLIN N, LAINE K, et al. Cryptonets: Applying neural networks to encrypted data with high throughput and accuracy[C]//International conference on machine learning. New York, NY, USA, PMLR, 2016: 201-210.

[18] DUMITRESCU A L. Chemicals in surgical periodontal therapy[M]. Berlin, Germany: Springer, 2011.

[19] HESAMIFARD E, TAKABI H, GHASEMI M. Cryptodl: Deep neural networks over encrypted data[J]. arXiv preprint arXiv:1711.05189, 2017.

[20] CHABANNE H, DE WARGNY A, MILGRAM J, et al. Privacy-preserving classification on deep neural network[J]. Cryptology ePrint Archive, 2017.

[21] CHILLOTTI I, GAMA N, GEORGIEVAM, et al. Faster fully homomorphic encryption: Bootstrapping in less than 0.1 seconds[C]//international conference on the theory and application of cryptology and information security. Berlin, Heidelberg: Springer, 2016: 3-33.

[22] BOURSE F, MINELLI M, MINIHOLD M, et al. Fast homomorphic evaluation of deep discretized neural networks[J]. Lecture Notes in Computer Science, 2018: 483-512.

[23] VAIDYA J, CLIFTON C. Privacy-preserving k-means clustering over vertically partitioned data[C]//Proceedings of the ninth ACM SIGKDD international conference on Knowledge discovery and data mining. New York, NY, USA, 2003: 206-215.

[24] BANSAL A, CHEN T, ZHONG S. Privacy preserving back-propagation neural network learning over arbitrarily partitioned data[J]. Neural Computing and Applications, 2011, 20(1): 143-150.

[25] SAMET S, MIRI A. Privacy-preserving back-propagation and extreme learning machine algorithms[J]. Data & Knowledge Engineering, 2012, 79: 40-61.

[26] MEHNAZ S, BELLALA G, BERTINO E. A secure sum protocol and its application to privacy-preserving multi-party analytics[C]//Proceedings of the 22nd ACM on Symposium on Access Control Models and Technologies. Indianapolis, Indiana, USA, 2017: 219-230.

[27] LI Y, JIANG Z L, YAO L, et al. Outsourced privacy-preserving C4.5 decision tree algorithm over horizontally and vertically partitioned dataset among multiple parties[J]. Cluster Computing, 2019, 22(1): 1581-1593.

[28] ABBASI S, CIMATO S, DAMIANI E. Toward secure clustered multi-party computation: a privacy-preserving clustering protocol[C]//Information and Communication Technology-EurAsia Conference. Berlin, Heidelberg: Springer, 2013: 447-452.

[29] ASHAROV G, LINDELL Y, SCHNEIDER T, et al. More efficient oblivious transfer extensions[J]. Journal of Cryptology, 2017, 30(3): 805-858.

[30] GHEID Z, CHALLAL Y. Efficient and privacy-preserving k-means clustering for big data mining[C]//2016 IEEE Trustcom/BigDataSE/ISPA. Tianjin, China, IEEE, 2016: 791-798.

[31] DANI V, KING V, MOVAHEDI M, et al. Secure multi-party computation in large networks[J]. Distributed Computing, 2017, 30(3): 193-229.

[32] BOGDANOV D, NIITSOO M, TOFT T, et al. High-performance secure multi-party computation for data mining applications[J]. International Journal of Information Security, 2012, 11(6): 403-418.

[33] NIKOLAENKO V, WEINSBERG U, IOANNIDIS S, et al. Privacy-preserving ridge regression on hundreds of millions of records[C]//2013 IEEE symposium on security and privacy. San Francisco, CA, USA, IEEE, 2013: 334-348.

[34] MOHASSEL P, ZHANG Y. Secureml: A system for scalable privacy-preserving machine learning[C]//2017 IEEE symposium on security and privacy (SP). San Francisco, CA, USA, IEEE, 2017: 19-38.

[35] HENECKA W, KÖGL S, SADEGHI A R, et al. TASTY: tool for automating secure two-party computations[C]//Proceedings of the 17th ACM conference on Computer and communications security. Chicago, IL, USA, 2010: 451-462.

[36] ROUHANIi B D, RIAZI M S, KOUSHANFAR F. Deepsecure: Scalable provably-secure deep learning[C]//Proceedings of the 55th annual design automation conference. San Francisco, CA, USA, 2018: 1-6.

[37] LIU J, JUUTI M, LU Y, et al. Oblivious neural network predictions via minionn transformations[C]//Proceedings of the 2017 ACM SIGSAC conference on computer and communications security. Dallas, Texas, USA, 2017: 619-631.

[38] Riazi M S, Weinert C, Tkachenko O, et al. Chameleon: A hybrid secure computation framework for machine learning applications[C]//Proceedings of the 2018 on Asia conference on computer and communications security. Incheon, Republic of Korea, 2018: 707-721.

[39] JUVEKAR C, VAIKUNTANATHAN V, CHANDRAKASAN A. {GAZELLE}: A low latency framework for secure neural network inference[C]//27th USENIX Security Symposium (USENIX Security 18). Baltimore, MD, USA, 2018: 1651-1669.

[40] NASR M, SHOKRI R, Houmansadr A. Comprehensive privacy analysis of deep

learning[C]//Proceedings of the 2019 IEEE Symposium on Security and Privacy (SP). San Francisco, CA, USA, 2018: 1-15.

[41] 周传鑫，孙奕，汪德刚，等. 联邦学习研究综述[J]. 网络与信息安全学报，2021，7(05)：77-92.

[42] BONAWITZ K, IVANOV V, KREUTER B, et al. Practical secure aggregation for privacy-preserving machine learning[C]//proceedings of the 2017 ACM SIGSAC Conference on Computer and Communications Security. Dallas, Texas, USA, 2017: 1175-1191.

[43] MANDAL K, GONG G, LIU C. Nike-based fast privacy-preserving highdimensional data aggregation for mobile devices[J]. IEEE T Depend Secure, 2018: 142-149.

[44] DONG Y, CHEN X, SHEN L, et al. EaSTFLy: Efficient and secure ternary federated learning[J]. Computers & Security, 2020, 94: 101824-101843.

[45] HAO M, LI H, LUO X, et al. Efficient and privacy-enhanced federated learning for industrial artificial intelligence[J]. IEEE Transactions on Industrial Informatics, 2019, 16(10): 6532-6542.

[46] CHENG K, FAN T, JIN Y, et al. Secureboost: A lossless federated learning framework[J]. IEEE Intelligent Systems, 2021, 36(6): 87-98.

[47] GEYER R C, KLEIN T, NABI M. Differentially private federated learning: A client level perspective[J]. arXiv preprint arXiv:1712.07557, 2017.

[48] MCMAHAN H B, RAMAGED, TALWAR K, et al. Learning differentially private recurrent language models[J]. arXiv preprint arXiv:1710.06963, 2017.

[49] BHOWMICK A, DUCHI J, FREUDIGET J, et al. Protection against reconstruction and its applications in private federated learning[J]. arXiv preprint arXiv:1812.00984, 2018.

[50] LIU X, LI H, XU G, et al. Adaptive privacy-preserving federated learning[J]. Peer-to-Peer Networking and Applications, 2020, 13(6): 2356-2366.

[51] HUANG X, DING Y, JIANG Z L, et al. DP-FL: a novel differentially private federated learning framework for the unbalanced data[J]. World Wide Web, 2020, 23(4): 2529-2545.

[52] WEI K, LI J, DING M, et al. Federated learning with differential privacy: Algorithms and performance analysis[J]. IEEE Transactions on Information Forensics and Security, 2020, 15: 3454-3469.

[53] CAO H, LIU S, ZHAO R, et al. IFed: A novel federated learning framework for local differential privacy in Power Internet of Things[J]. International Journal of Distributed Sensor Networks, 2020, 16(5): 1550147720919698.

[54] HPE Labs. Swarm Learning: Turn Your Distributed Data Into Competitive Edge[R]. (2020.2)

[55] HAN J, MA Y, HAN Y, et al. Demystifying Swarm Learning: A New Paradigm of

Blockchain-based Decentralized Federated Learning[J]. arXiv preprint arXiv:2201. 05286, 2022.

[56] WARNAT-HERRESTHAL S, SCHULTZE H, SHASTRY K L, et al. Swarm learning for decentralized and confidential clinical machine learning[J]. Nature, 2021, 594(7862): 265-270.

[57] WANG Z, LI X, WU T, et al. A Credibility-aware Swarm-Federated Deep Learning Framework in Internet of Vehicles[J]. arXiv preprint arXiv:2108.03981, 2021.

[58] ZHU X, ZHANG F, LI H. Swarm Deep Reinforcement Learning for Robotic Manipulation[J]. Procedia Computer Science, 2022, 198: 472-479.

[59] SALDANHA O L, QUIRKE P, WEST N P, et al. Swarm learning for decentralized artificial intelligence in cancer histopathology[J]. Nature Medicine, 2022, 28(6): 1232-1239.

[60] DONG X, SARKER S, QIAN L. Integrating Human-in-the-loop into Swarm Learning for Decentralized Fake News Detection[C]//2022 International Conference on Intelligent Data Science Technologies and Applications (IDSTA). San Antonio, Texas, USA, IEEE, 2022: 46-53.

[61] MANAMOHAN S, GARG V, SHASTRY K L, et al. Secure parameter merging using homomorphic encryption for swarm learning: U.S. Patent 11,218,293[P]. 2022-1-4.

[62] CHEN L, FU S, LIN L, et al. Privacy-Preserving Swarm Learning Based on Homomorphic Encryption[C]//International Conference on Algorithms and Architectures for Parallel Processing. Cham: Springer, 2021: 509-523.

第 6 章
位置大数据隐私保护技术

本章学习要点	• 掌握位置大数据定义及性质 • 了解位置大数据隐私攻击方法与保护模型 • 了解基于缓存的时空位置保护方法 • 了解基于本地化差分隐私的位置数据发布方法

案例： 通过卫星定位、通信网络等方式获取汽车位置轨迹相关数据，进而侵犯公民个人信息的事件时有发生。2022 年，风险情报平台威胁猎人捕获到一批用于攻击"智慧停车平台"的工具，针对多个平台的 API 接口展开大规模攻击，非法获取车辆停车信息，包括位置和停车时长，以掌握车主的行踪[1]。

在大数据时代，随着移动通信和传感设备的发展，逐渐累积形成的位置大数据已经成为当前用来感知人类社群活动规律、分析地理国情和构建智慧城市的重要战略资源，然而位置大数据既直接包含用户的隐私信息，又隐含用户的个性习惯、健康状况和社会地位等敏感信息，若使用不当则会给用户的隐私带来严重的威胁。本章首先介绍位置大数据隐私保护基础，其次对位置大数据的攻击方法和保护模型进行总结，最后介绍三种针对位置大数据的隐私保护方案。

6.1 位置大数据隐私保护基础

6.1.1 位置大数据定义及特征

大数据时代,移动通信和传感设备等位置感知技术的发展催生了位置大数据。移动对象中的传感芯片以直接或间接的方式收集移动对象的位置数据,如图 6-1 所示,各种内置在手机、车载导航等设备中的 GPS、WIFI 等定位设备可以直接获得移动对象任意时刻的准确位置信息。同时,可穿戴设备等传感设备采集到的加速度、光学影像等数据经过处理后也可以准确地确定使用者的位置信息。统计数据显示,每个移动对象平均每 15 s 上传一次当前位置,这样一来,全球的手机、车载导航设备等移动对象每秒钟提交的位置信息就超过 1 亿条,这样的数据产生速度和数据规模为人们的生活、企业的运作以及科学研究带来巨大的变革。随着位置服务和车联网应用的不断普及,由地理数据、车辆轨迹和应用记录等构成的位置大数据已经成为当前用来感知人类社群活动规律、分析地理国情和构建智慧城市的重要战略资源[2]。

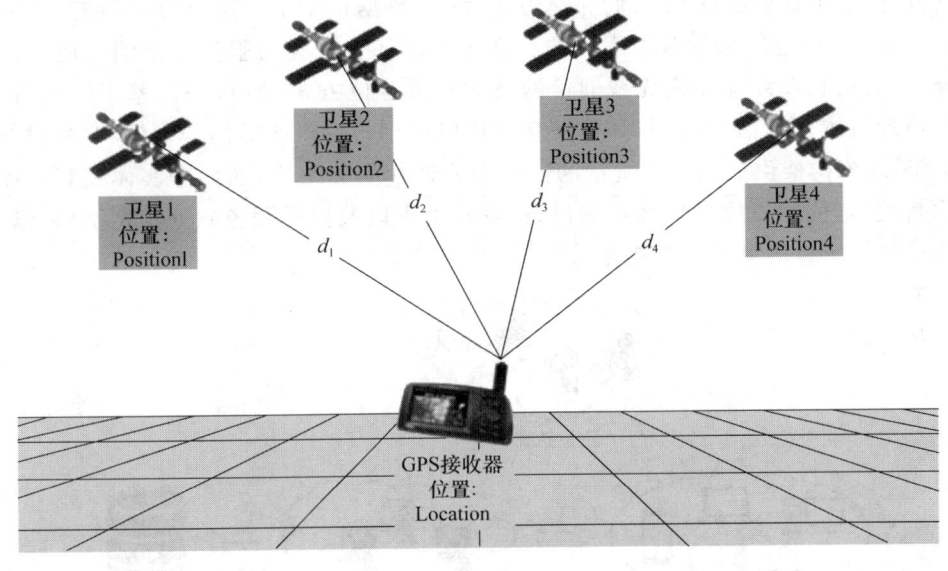

图 6-1 位置大数据的产生

定义 6.1 位置大数据。由移动传感设备产生的具有规模大、产生速度快、蕴含价值高等特点的包含位置信息的数据被称为位置大数据。

通过之前的学习我们了解到,大数据具有"5V"特征,即 Volume(大量)、Variety(多样)、Velocity(高速)、Veracity(真实)及 Value(低价值密度)。作为大数据的一种,位置大数据同样具有以下 5 种特征。

(1) 数据规模大:如北京 12 000 辆出租车 110 天产生 577 000 000 条轨迹记录,Facebook 每天生成 300 TB 以上与位置有关的日志数据,等等。无数个体产生的数据规模很庞大,数据体量达到了 PB 级别及以上。

(2) 数据类型多样:位置信息的表现形式包括地理数据、轨迹数据和空间媒体数据等。其中,地理数据指直接或间接关联到某个地点的数据。轨迹数据是指通过策略手段获取的用户活动数据。空间媒体数据是指包含位置信息的文字、图像、声音和视频。

（3）产生速度快：由于位置数据"实时"更新，因此位置数据更新具有数据流的特点。如某知名手机的定位服务中，与运动相关的应用记录了用户每天的锻炼数据，包括行走步数、跑步距离等，用户一天当中的行踪无一遗漏被记录。

（4）数据真实性：位置大数据的真实性体现在其来源的可靠性和数据的准确性上。由于位置数据大多来源于可靠的传感器设备并且通常与实时的时间戳相关联，因此位置数据在时间和空间上都是可验证的。同时，随着技术的进步，如差分GPS和精确定位算法的应用，位置数据的准确性也在不断提高。

（5）数据价值高：位置大数据通过各种传感器设备产生，目前人们常用的软件如高德地图、百度地图、谷歌街景车、安吉星服务以及各类定位追踪软件等，都离不开地理位置。另外，由于位置大数据中蕴含人类行为特征，因此其在消除贫困、疫情防控、城市规划、减灾救灾、优化治安及案件侦破等重大社会决策上发挥重要作用，如根据治安大数据，可以把有限警力投入重点防控区域。

6.1.2 基于位置的服务

移动互联网的快速发展将人们带入了位置大数据的时代，基于位置的服务（Location Based Service，LBS）也逐渐融入了人们的日常生活。基于位置的服务是指围绕地理位置数据展开的服务，其由移动终端使用无线通信网络或外部定位方式（如GPS），基于空间数据库，获取用户的地理位置坐标信息，并与其他信息集成以向用户提供所需的与位置相关的增值服务。现实的LBS系统构架由如图6-2所示的四个主要通信实体组成，这四个实体及其具体功能分别为定位系统（定位用户位置）、客户端设备（发送请求以及接受服务）、通信网络（传输数据）以及LBS服务器（响应请求并反馈服务）。

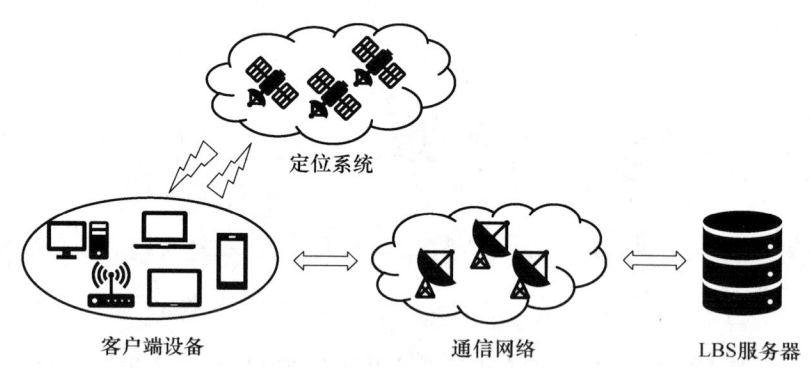

图6-2 LBS系统架构图

当用户在使用基于位置的服务时，通过具备移动定位功能的客户端设备，联系定位系统获取当前的精确地理位置，然后将位置信息、用户发起的请求内容和搜索服务半径的相关信息打包，通过通信网络发送给LBS服务器。在整个系统架构中，LBS服务器是基于位置服务的提供者，提供的服务包括接收、处理、计算和响应，它主要利用用户的位置信息、服务请求内容和搜索服务半径对位置服务请求进行计算处理，最后将符合请求的结果通过通信网络传给用户。

目前，对移动对象进行定位的5种常用方法为：（1）定位系统部署的卫星与客户端设备经过通信，根据多个卫星与同一移动设备之间通信时在时间上的延迟，使用三角测量方法得到目前最为精准的移动物体的经纬度,目前常见的定位设备可以实现 5 m 以下的精度;(2)因为 WiFi 访问点与它们的准确位置之间的对应关系,当移动物体连接到某个 WiFi 访问点时,用户的位置也可以较精确地对应一个经纬度;(3)当移动设备位于 3 个手机基站的信号范围内时,使用三角测量法同样可以获得用户的经纬度,这种方法和方法(2)都避免了定位系统无法在建筑物内进行定位的缺点;(4)移动设备接入互联网时会被分配一个 IP 地址,IP 地址的分配是和地域有关的,利用已有的 IP 地址与地区之间的映射关系,可以将移动物体的位置定位到一个城市大小的地域;(5)通过传感器捕获的加速度、光学影像等信息,可以用于识别用户的位置信息。

LBS 服务已渗透到生活的方方面面,为人们的日常生活带来了极大的便利。下面是位置服务在生活中的一些真实的应用举例。

(1) 交通出行

近年来,交通的四通八达、私家车数量的急剧增加,以及移动导航应用的出现给人们出行带来了极大的便利。例如,高德地图和百度地图,不仅可以帮助人们去更多没有去过的地方,还能够为用户实时更新路况信息,协助用户选择最佳出行路线。在这类服务场景中,服务提供商根据用户提交的持续位置服务请求加以计算,可以获取用户完整的运动轨迹。

(2) 周边推荐

现代生活中,旅游已经成为一种潮流,当处在陌生的环境中时,人们需要查询周边环境信息以获取所需的服务。比如,大众点评就是一款可以查询附近饭店、旅馆、景点、停车场、加油站等一系列服务设施的应用;目前的地图应用也涵盖了周边服务信息,还包括实时公交、地铁运行信息等;网约车软件获取用户当前位置和目的地信息推送给司机,用于接送服务。

(3) 位置分享

当前,主流社交软件如微信、微博、探探等都可以显示用户位置,通过签到或者分享的方式共享自己的位置信息。用户可以了解好友在做什么,从中发现共同爱好,找到附近志同道合的朋友。微信更是提供了共享实时位置服务,方便好友间的联系和交流。

(4) 紧急救援

生活中存在着大量的不确定性因素,紧急情况时刻都在发生。人们在遇到紧急状况(如疾病、火灾、盗窃等)拨打电话求助时,有时说话模糊不清,甚至无法表达出真实的想法和需求信息,救援人员为了紧急救援,通过定位系统对求救人员的手机进行定位并获取其位置信息,从而实施快速而有效的救援。

(5) 追踪服务

基于位置的追踪服务已得到了广泛的应用:警察可以追踪犯罪嫌疑人的活动;企业可以随时跟踪贵重或保密的设备;父母能够知道孩子的去处从而使孩子的安全问题得到保障;共享单车的管理人员能够对单车的轨迹进行追踪,以实施维护和更大效益化的车辆投放;车辆管理人员能够监控到车辆的行踪,进行合理的控制和管理;还能对轮船、飞机航班等进行追踪,获取其相应的信息以应对突发状况。

以上是五类比较典型的基于位置服务的应用场景,这些 LBS 服务为用户日常生活带来了巨大的变革和便利。除此以外,还有其他基于位置服务的应用,比如广告促销和投放、局域网在线游戏、计费服务等等。

6.1.3 位置大数据隐私风险

位置大数据的隐私有别于其他大数据的隐私[3,4],主要体现在两种隐私内容上,即用户请求服务时的位置隐私和请求内容隐私,其中位置隐私又分位置点隐私以及一定时间内的位置轨迹隐私[5]。从图 6-2 所示的 LBS 系统架构来看,现阶段隐私信息的泄露来源主要从通信的三个方面下定义:(1)客户端设备直接被监听或者劫持,用户的隐私信息直接泄露,安全无从谈起;(2)通信网络被窃听,或者传输的信息被截取,使用户隐私泄露;(3)LBS 服务器不受信任,可能是服务提供商不受信任,或者服务器被攻击。一般将用户的 LBS 服务请求格式定义为[用户身份 ID,位置 Position,时间 Time,服务请求 POI],因为用户的 ID 跟其他三个属性要联系起来,所以根据用户提交的信息格式将位置大数据隐私泄露分为以下三类[6]。

(1) 位置点隐私泄露

位置点是移动对象在某一时刻的经纬度,通常由三元组<经度 x,纬度 y,时刻 t>表示。位置点隐私(location privacy)是指与用户实时位置相关的敏感信息,一般用于精确定位用户所在坐标。

(2) 轨迹隐私泄露

轨迹隐私(trajectory privacy)是指在一定时间内用户访问过的所有位置点的集合。结合时间信息,可推理计算得到用户的家庭、工作地址以及出行规律等私人信息。

(3) 查询隐私泄露

查询隐私(query privacy)是指与服务请求相关的敏感信息。POI 的暴露很可能导致用户包括爱好和需求等信息在内的隐私直接泄露。

6.2 位置大数据隐私攻击方法与保护模型

6.2.1 位置大数据隐私攻击方法

针对基于位置的服务存在的位置点隐私泄露、轨迹隐私泄露和查询隐私泄露,本节分别介绍相应的攻击方法:基于位置点的攻击方法、基于轨迹的攻击方法、基于单次查询的攻击方法、基于连续查询的攻击模型。

1. 基于位置点的攻击方法

位置同质攻击(location homogeneity attack)是针对位置 k 匿名的攻击方法。k 匿名的思想是通过生成包含请求用户在内的至少 k 位用户的匿名集合,使得攻击者无法准确地将查询请求与用户身份建立联系。但是如果在一定区域内,k 位用户距离较近,位置相对集中,攻击者通过分析就可以大致知道所有用户的位置点信息。

2. 基于轨迹的攻击方法

位置依赖攻击(location dependent attack)是针对连续位置轨迹的攻击方法。用户连续移动会有一个最大速度,根据用户在两个相邻时间节点连续提交的匿名区域,同时考虑其最大移动速度,可以大概推出用户可到达的最远区域。如果下一时间节点用户提交的匿名区域与最远可达区域有交集,则可推断出用户的位置。结合真实地图的路径以及多个时间点的连续位置,甚至可以预测出用户的移动轨迹和目的地。如图 6-3 (a)所示,用户 t_1 和 t_2 时刻分别处在匿名区域 S_1 和 S_2 中,攻击者计算得到 t_2 时刻用户的最远可达区域(虚线所示),可以确定用户就在虚线与 S_2 重叠的浅灰色区域中。同理,如图 6-3 (b)所示,运用逆向推理的方法也可以获知用户 t_1 时刻所在位置为虚线与 S_1 相交的阴影区域,用户隐私被泄露。

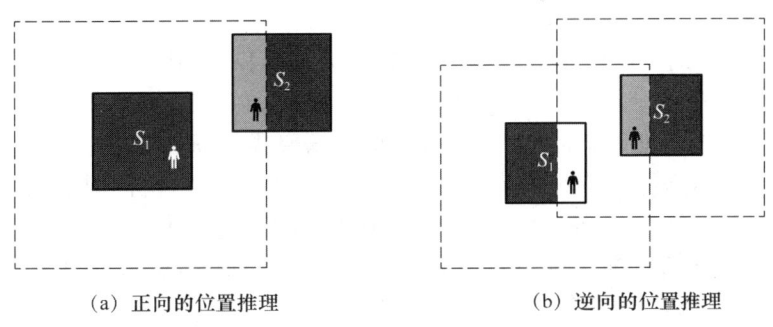

(a) 正向的位置推理　　　　　　　(b) 逆向的位置推理

图 6-3　位置依赖攻击

预测攻击(prediction attack)是建立在攻击者掌握一定区域内大量用户的历史移动轨迹的基础上的,比如获得用户工作日的移动轨迹,根据每个轨迹点的时间信息能推测出用户的家庭、单位地址,甚至能预测出某个时间节点用户可能的位置和移动路线。

概率分布攻击(probability distribution attack)是以实际地理位置信息和交通流量作为背景,建立概率分布统计的,若隐匿区内概率分布不均匀,则用户最有可能位于概率较大的位置,从而窃取用户位置轨迹。例如,结合实际地理位置信息,得到隐匿区内的交通路线及数据统计,从 A 口进入的 90% 的用户都会从 C 口出去,再结合用户进入时间,大概推算出用户出混合区的时间,两个数据结合,就基本能将用户身份与假名联系起来,从而跟踪用户轨迹。

同源攻击指攻击者掌握一定的背景知识,知道用户会在相同位置提交多次查询请求,收集该信息,结合用户的隐私保护机制,攻击者可计算出产生这一系列请求最可能的位置。

3. 基于单次查询的攻击方法

位置分布攻击(location distribution attack)是利用隐匿区域中用户位置分布不均匀的特点,排除干扰,推理用户身份的过程。这个过程一般用于区分处于密度稀疏区域的用户,虽然能满足 k 匿名要求,但是若攻击者发现隐匿区域中只有一个用户位于稀疏区域,而其他 $k-1$ 个用户处于密集区域,则可以判断处于稀疏区域的用户很可能就是查询请求者。如图 6-4 所示,用户 A、F 都处于稀疏区域,有可能通过分布攻击的方式泄露隐私。

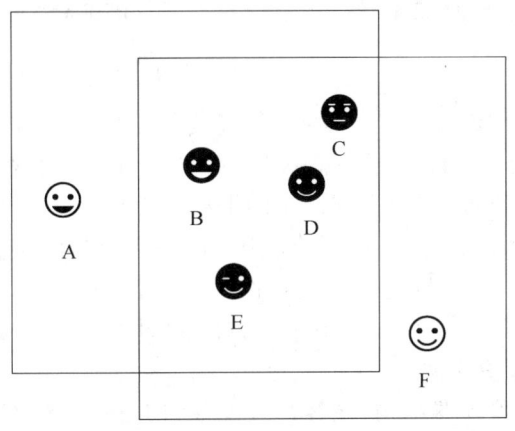

图 6-4　位置分布攻击

查询采样攻击(query sampling attack)是攻击者针对同一时间地理位置非常接近甚至有重叠的不同匿名集采取的攻击方法,由于地理位置接近,因此能够通过关联并排除不同匿名集中相同的查询请求,剩余请求与用户相关联得到用户请求信息。如图6-4所示,两个匿名区域排除掉B、C、D、E这几个相同请求后,只要A、F的请求不相同,就很容易区分开来。

查询同质攻击(query homogeneous attack)类似于位置同质攻击,即查询请求不满足 l 多样性,一定匿名区域中查询请求内容相似,查询请求语义类型很少,此时攻击者不需要将请求与用户身份联系起来,就能大概推测出用户查询请求的内容。即使同时满足 k 匿名与 l 多样性,用户的隐私仍有可能泄露,此时的攻击就是敏感同质攻击(sensitive homogeneous attack),比如每个查询请求都可能包含医院、餐厅、酒店等词汇,就可以推测出用户敏感的请求。敏感同质攻击是查询同质攻击的一种特殊情况。

4. 基于连续查询的攻击模型

查询追踪攻击(query tracking attack):当用户连续提交查询请求时,对匿名集中所有请求内容进行分析,可获得大量相似查询请求,从中推测出用户身份和查询目的,进而得到用户的移动轨迹。如用户不断提交查询附近酒吧的请求,攻击者就能够得到用户移动轨迹等信息。

身份匹配攻击(identity matching attack)是针对假名的攻击,当用户使用不同的假名连续请求服务时,根据相关联的信息如服务请求内容等,就能结合假名,构造出用户移动轨迹。例如,用户不断查询医院信息,那么查询内容相似的假名就可以互相关联。

6.2.2 位置大数据隐私保护模型

本节对位置大数据隐私保护模型进行总结。按照不同体系结构进行划分,隐私保护模型可分为独立式结构、集中式结构、分布式结构和混合式结构[6]。

1. 独立式结构隐私保护模型

独立结构中只有客户端设备与LBS服务器,客户端设备直接与LBS服务器进行通信,是最早提出也是最简单的位置隐私保护模型。该结构要求客户端设备具有移动定位功能,并且具备较强计算能力和存储能力,能够实现位置匿名。图6-5所示是该结构的简易模型。

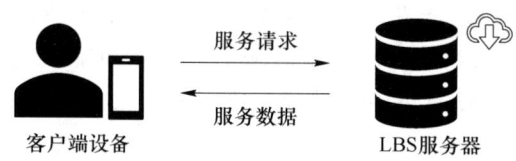

图6-5 独立式结构

独立式结构的隐私保护流程为:客户端设备直接获得自身位置,根据需求将位置匿名化,并将匿名保护后的数据发送给LBS服务商;LBS服务器将相应的查询结果返回客户端设备;客户端设备根据自身真实位置,完成查询结果的求精。

该结构实现简单,没有第三方安全瓶颈的限制,并且易于结合其他技术。但是其缺点显而易见,客户端设备只针对自身位置信息进行匿名处理,完全忽略了周边环境信息及其他用户的位置分布特点,易受到攻击;另外,客户端设备开销比较大,对其硬件的计算、存储、处理能力要求较高。

2. 集中式结构隐私保护模型

集中式结构也称中心服务器结构,在客户端设备和LBS服务器之间加入可信匿名服务器构成集中式框架结构,其核心是可信匿名服务器。集中式结构如图6-6所示。

集中式结构以中间的可信匿名服务器绝对可信为前提。用户使用移动终端向LBS服务器发送服务请求,并获得最终的查询结果。可信匿名服务器包含匿名处理模块和查询结果精炼模块:匿名处理模块对移动终端发送过来的精确位置进行匿名处理并生成匿名集,以达到用户的隐私需求,之后将其转发给 LBS 服务器;可信匿名服务器的查询结果精炼模块接收 LBS 服务器返回的结果集对其进行筛选,并将最终结果返回用户。

图 6-6　集中式结构

该结构中之所以加入可信第三方(可信匿名服务器),是因为无法确定 LBS 服务器是否可信,因此集中式结构的优点在于保证高质量服务的同时提供符合用户隐私需求的匿名服务,并且隐私保护及数据处理从客户端脱离,减轻客户端设备的处理负担。但是其缺点也显而易见:

(1) 引入的可信第三方会成为系统性能和安全的瓶颈。如何高效准确响应用户请求将直接影响用户的服务体验。但大数据时代,同时进行 LBS 服务请求的移动用户过多,容易造成服务器崩溃。

(2) 无法保证匿名服务器的可信度。由于所有接入用户的实时位置信息都保存在可信第三方服务器(Trusted Third Party,TTP)中,因此如果可信第三方服务器被恶意攻击者攻破,那么用户的位置隐私可能会完全泄露。

3. 分布式结构隐私保护模型

分布式结构由一定数量的移动用户组和 LBS 服务器组成。该结构的特点体现在:每一位用户的设备都具备一定的计算存储处理能力,且可以相互信任组成匿名组(anonymity group)合作进行处理。分布式结构如图 6-7 所示。

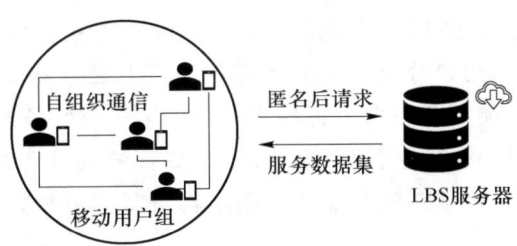

图 6-7　分布式结构

采用分布式结构进行位置隐私保护的基本步骤如下:

(1) 移动用户通过基站等固定通信基础设施与区域内其他对等用户通信以构造匿名组,匿名组中的用户发起位置查询时,组内所有用户彼此合作,依靠组中其他用户的位置信息构造匿名集。

(2) 组中任何用户请求服务时,可以由该用户直接发起请求,也可以通过匿名组中的头结点提交请求。

(3) LBS 服务器返回查询结果,此时将查询结果集直接返回查询用户,由用户自己对查询结果进行筛选,或者返回匿名组中的头结点,由其负责对结果进行求精并将所需结果转发给请求的用户。如何选择适当的头结点来平衡网络负载也是一个需要研究的问题。

该结构与独立式结构的主要区别在于:该结构中移动用户之间自组织协商构建了一个匿名组,包含一定区域的全局信息,隐私保护度高。该结构与集中式结构最大的区别是摒弃了可信第三方服务器,将匿名的功能和结果求精的功能都交给了用户组成的集合,消除了可信第三方的性能和安全瓶颈。

分布式结构的缺点在于:匿名功能和查询结果处理功能都在移动设备上实现,增加了移动终端的通信和计算处理开销;另外,在实际应用中用户组成员较多时无法有效保证匿名组中其他用户都是可信的,而对等用户过少时位置匿名又很难实现。

4. 混合式结构隐私保护模型

混合式结构结合了集中式结构和分布式结构的特点,由移动用户组、可信匿名服务器、LBS 服务器组成,如图 6-8 所示。

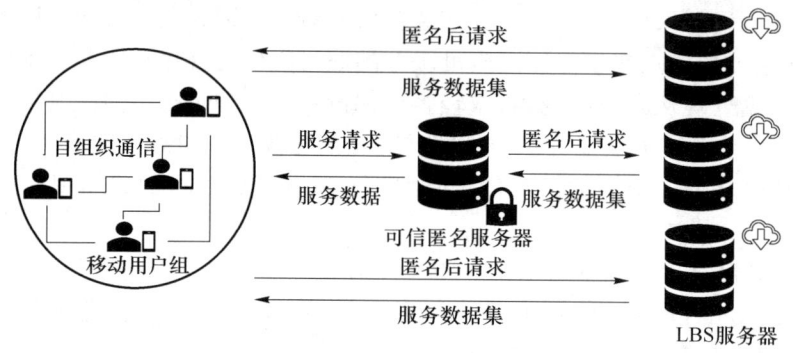

图 6-8 混合式结构

用户在向 LBS 服务器请求服务时会首先根据构建匿名组的协议广播消息,满足一定要求的移动用户协作构建一个匿名组。当组内用户数量满足用户隐私需求时,组中所有移动用户都能够使用该集合进行匿名服务请求,即实现分布式结构的处理方案。若用户数量不能满足需求,则用户可直接请求匿名服务器,实现集中式匿名保护方案。

混合式结构的优点:(1)用户分布密集或者可信第三方服务器安全性能不明时,通过匿名组线路,降低了由移动客户端不断更新位置导致的可信第三方服务器负荷,能够很好地平衡用户端和匿名服务器之间的负载;(2)用户分布稀疏时,尽管匿名组难以组建,但是通过可信匿名服务器仍能保证服务质量。但该结构缺点依旧明显:结构复杂,参数繁多,布置调整烦琐,实用性受限。

6.3 基于缓存的时空扰动位置数据隐私保护方法

6.3.1 问题描述

当前,位置大数据保护大多是针对单个位置请求进行的,对于位置数据时间相关性的研究并不多。即使单个时刻的敏感位置都得到了保护,但由于连续时刻提交的位置请求可能存在某种关联,因此连续的轨迹仍很可能暴露用户隐私信息。如图 6-9 所示,某位用户以时间为顺序分别经过了 A、B、C 点,并且在这三个位置发送了位置服务请求,他每个时刻的真实位置被匿名保护到灰色区域中。看似用户的真实位置得到了保护,但是根据用户的行为模式,结合背景知识,攻击者只要知道 A、C 处分别有餐厅和电影院,就可以大致推测出拥有这条轨迹的

80%的用户都是吃完饭后去看电影;再结合用户请求 LBS 服务的时间、地理约束等背景知识,攻击者甚至可以推测出用户此时是否仍在电影院,从而造成隐私的泄露。

针对以上问题,本节介绍一种基于缓存的时空扰动位置隐私保护方法[7],并设计一种具有高速缓存、读取、转发功能的缓存服务器,将该服务器作为用户和 LBS 服务器之间的隐私保护服务器,能够实现位置大数据的隐私保护。

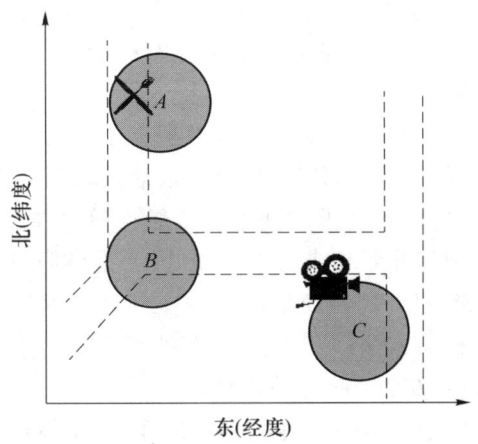

图 6-9 用户时间相关性的轨迹举例

6.3.2 相关定义

基于缓存的时空扰动位置隐私保护服务器(Caching based Spatio-Temporal Disruption Server,CSTDS)具有高速缓存、读取、转发功能,在本节的隐私保护方法中其作为隐私保护服务器。如图 6-10 所示,系统架构采用中间服务器模式,用户通过 CSTDS 访问不受信任的 LBS 服务器以获取相应的位置服务。

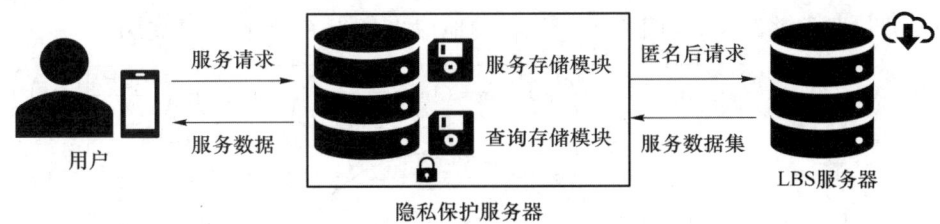

图 6-10 基于缓存的时空扰动位置隐私保护

(1) t_1 时刻用户在 A 点发起 LBS 服务 Q_1,由于之前已有其他用户在 A 点或离 A 点非常近的距离请求过类似服务,CSTDS 的查询缓存模块还保留有一定时间内其他用户查询的服务数据,因此可以直接将此条服务信息转发给当前用户。

(2) CSTDS 的服务存储模块存储此次服务请求 Q_1,并向 LBS 服务器提交一个之前存储的其他位置的服务请求,如某位用户在 C 点的查询 Q_1' 或者其他用户在 CSTDS 服务范围内的任意位置的任意请求。得到的 LBS 服务将在查询存储模块中继续存储一定时间。

(3) 对于不受信任的 LBS 服务器而言,收到的服务请求只是用户在 C 点的假请求或其他任意位置的假请求。虽然是假请求,但却全都是真实有效的"假请求",同理,攻击者最多只能得到与 LBS 服务器相同的请求数据。

（4）同理，在 t_2 时刻，用户在 B 点在提交 LBS 服务请求 Q_2，得到 B 点的 LBS 服务；

（5）t_3 时刻，用户在 C 点提交 LBS 服务请求 Q_3，得到 C 点的 LBS 服务。CSTDS 可以提交之前存储的服务请求，此请求从服务存储模块中被提取出来，可能是 t_1 时刻 A 点或者 t_2 时刻 B 点的服务请求，也可能是其他用户的 LBS 服务请求 Q_3'，得到的 LBS 服务用于更新查询存储。

另外，可能在某些区域中，用户流量在一定时间内达不到特定的阈值，这就需要 CSTDS 具有一定的自我学习和更新的能力，服务器需要不定时的给 LBS 服务器发送一些真实位置的假查询，以更新缓存数据集并且混淆攻击者。

本节介绍的基于缓存的时空扰动位置隐私模型框架不仅可以保护用户位置点，还可以保护用户位置轨迹。在任何一个时间点，用户发起请求后，请求被转发给中间的隐私保护服务器，由服务缓存模块存储用户的此条请求。搜索查询缓存模块中对应的用户查询数据，如果有则直接返回用户；如果没有，则将此条请求发给 LBS 服务提供商以请求服务，最终得到服务信息存储在查询存储模块。LBS 服务提供商只需要响应并处理保护服务器发过来的请求指令。该方法需要定义三个实体和相关方法。三个实体分别是：

① 具有定位（GPS 或其他方法）能力的用户；

② 基于缓存的时空扰动服务器制定数据缓存、处理、转发策略，主要的模块有数据预处理模块、数据匹配验证模块、数据抽取与转发模块、服务器交互模块、服务数据处理模块以及服务处理转发模块等；

③ 服务提供商为用户提供 LBS 服务，满足用户的位置服务需求。

定义 6.2 数据格式　由于位置数据的特殊性，需要定义数据格式：

$$\text{data}=(u,\text{lng},\text{lat},d,t,s)$$

其中，u 是唯一识别用户的标识 ID；lng，lat 分别是用户的所在位置的经度和纬度；d，t 分别是一个时间戳中的日期与时间；s 是用户提交的服务请求内容。

定义 6.3 位置偏移量 Δ_l　用于表示用户真实位置点 (lat, lng) 与服务器中缓存的替代点 (lat′, lng′) 的位置偏移距离，如图 6-11 所示，设地球半径为 R，其计算公式为

$$\Delta_l = 2R \times \arcsin\left(\sqrt{\sin^2\left(\frac{\text{lat}-\text{lat}'}{2}\right)+\cos(\text{lat})\times\cos(\text{lat}')\times\sin^2\left(\frac{\text{lng}-\text{lng}'}{2}\right)}\right) \quad (6.1)$$

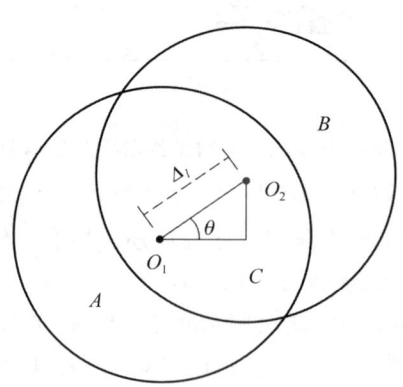

图 6-11　服务缓存替代示意图

定义 6.4 服务时间偏移量 Δ_t　表示满足用户隐私保护预算的服务器中缓存的替代点服务时间距离当前时刻的最大时间间隔，计算公式为

$$\Delta_t = t - t' \tag{6.2}$$

定义 6.5 隐私预算 ε 定义用户请求的服务半径为 r,规定用户允许的最大位置偏移量 Δ_l 与服务半径 r 的比值为用户的隐私预算,其公式为

$$\varepsilon = \frac{\Delta_l}{r} \tag{6.3}$$

定义 6.6 轨迹变化角度 θ_i 假设点 $(\text{lat}_i, \text{lng}_i)$ 表示用户 $i(i=1,2,\cdots,n)$ 时刻所处的位置,则用户轨迹为 $U = \{(\text{lat}_1, \text{lng}_1), (\text{lat}_2, \text{lng}_2), \cdots, (\text{lat}_n, \text{lng}_n)\}$,其中,此用户在 i 时刻的位置相对于起始点的行动方向变化即为轨迹变化角度 θ_i。从 O_1 到 O_2 的角度 θ 如图 6-11 所示。根据用户的经纬度可计算得到角度变化正切为 $\tan\theta_i = \frac{\text{lat}_i - \text{lat}_1}{\text{lng}_i - \text{lng}_1}$,则变化角度为

$$\theta_i = \arctan\left(\frac{\text{lat}_i - \text{lat}_1}{\text{lng}_i - \text{lng}_1}\right) \tag{6.4}$$

定义 6.7 有效服务率 对于用户提交的某个 LBS 请求,缓存数据库中的范围请求服务与用户真实位置的范围请求相交区域的服务占真实范围请求的比值,即为有效服务率。如图 6-11 所示,真实范围为 A 的圆,真实请求数量为 S_A,缓存中的服务是范围为 B 的圆,其服务数量为 S_B,相交区域的服务数量为 S_C,则有效服务率为

$$\phi = \frac{S_C}{S_A} \tag{6.5}$$

6.3.3 解决方法

假设用户通过中间的受信任的隐私保护第三方访问不受信任的 LBS 服务器;隐私保护服务器具有时间随机化功能,且具有一定数据存储功能。CSTDS 算法流程如图 6-12 所示。

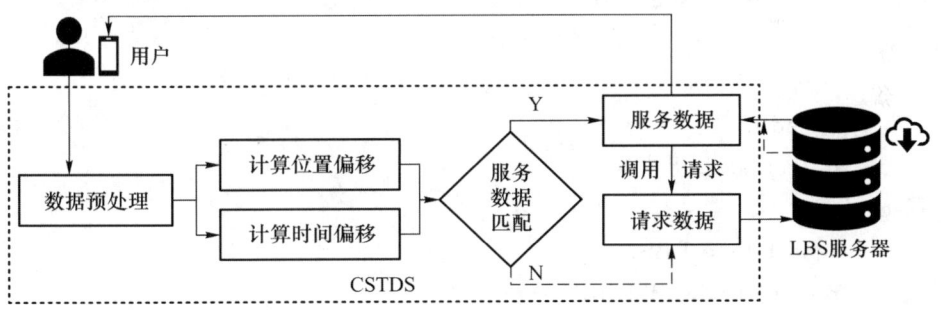

图 6-12 CSTDS 算法流程

步骤 1:用户提交 LBS 请求 Q_1,随后 CSTDS 进行数据处理,将用户 ID 与位置及请求分离,请求存储模块记录此条请求。

步骤 2:根据用户隐私预算,计算用户位置偏移量 Δ_l,服务时间偏移量 Δ_t。

步骤 3:根据位置请求及偏移量从服务存储模块中提取服务,如果有,则跳转步骤 4;否则,跳转步骤 5。

步骤 4:将服务发送给用户,从请求存储模块按顺序提取一条请求,与用户 ID 重组后发给 LBS 服务器。

步骤 5:直接转发用户的真实请求 Q_1 给 LBS 服务器,并将获得的服务转发给用户。

步骤 6:服务存储模块记录收到的 LBS 服务,并更新服务器数据。

上述算法的伪代码如算法 6-1 所示。

算法 6-1 CSTD 处理算法

输入：原始用户请求 UR；隐私预算 ε。
输出：用户需要的服务。

```
01. begin
02.     id=UR.id；
03.     save(UR.lng,UR.lat,UR.date,UR.time,UR.request)；
04.     repeat
05.         搜索服务缓存数据库 database_S；
06.         if（服务匹配请求）
07.             此条服务数据加入 List；
08.     until 搜索完毕；
09.     if(List≠null)
10.         repeat
11.             计算 List 中位置偏移量 Δ_l；
12.             if (Δ_l/R<ε)
13.                 if(Δ_l 最小)
14.                     service=id+service；
15.                     return service to User；
16.                     从请求缓存模块提取一条 request；
17.                     UR'=id+request；
18.                     send UR' to LBS；
19.                     save service_UR'；
20.                 end if
21.             end if
22.         until List 遍历完毕；
23.     else
24.         send UR to LBS；
25.         return service_UR to User；
26.         save service_UR；
27.     end if
28. end
```

6.4 基于缓存的中国剩余定理位置数据隐私保护方法

6.4.1 问题描述

目前的位置隐私保护方法中多数引入了可信任第三方服务器作为中介,而在基于位置的服务中,可信第三方服务器假设往往存在争论,即是否能够实现理论上的"可信"有待商榷,并且它容易成为攻击热点、性能瓶颈,一旦遭到攻击,所有用户的隐私信息都将被泄露,即中心匿名服务器存在架构上的缺点。针对这一问题,本节采用独立式架构提出一种新的解决方案[8]:首先在客户端引入缓存区机制,并以中国剩余定理为方案的底层算法,借助算法运算结果的特性,巧妙地将等价集的概念与地理坐标相结合,在用户请求服务时通过中国剩余定理计算出真实位置的经纬度等价集;然后将真实位置与等价集中的位置信息发送给 LBS 服务器,达到多个位置同时请求服务的效果,这样消除了攻击者通过非法手段获取用户真实位置信息的绝对优势,降低了将用户信息暴露给 LBS 服务器的风险。

6.4.2 相关定义

定义 6.8 服务请求的数据格式 用户提交服务请求的数据格式定义为 $Q=\{(x,y),t,r\}$,客户端发送给 LBS 服务器的服务请求数据格式定义为 $Q'=\{(x,y),G,t,r\}$。其中,(x,y) 表示用户地理位置的经纬度,t 表示请求服务的时间,r 表示请求服务的内容,G 表示地理位置的等价集。

定义 6.9 隐私级别 隐私级别定义为用户在提交服务请求时,可根据自己的不同需求对自己的位置设置不同的隐私等级,满足用户的个性化隐私需求,由 (n,f) 共同决定。n 表示等价集中虚拟位置点的个数,f 表示以真实位置为圆心获取虚拟点的范围,n,f 越大,该位置的隐私级别越高。

定义 6.10 等价集 等价集是由真实地理位置产生的等价位置的集合,用符号 G 来表示。若等价集 G 中有 3 个位置,则其表示为 $G\{G_1,G_2,G_3\}$。

定义 6.11 中国剩余定理(CRT) 中国剩余定理又称孙子定理,被用于求解一元线性同余方程组问题。其公式如下:

$$(S): \begin{cases} x \equiv a_1 \pmod{m_1} \\ x \equiv a_2 \pmod{m_2} \\ \vdots \\ x \equiv a_n \pmod{m_n} \end{cases} \tag{6.6}$$

我们将式(6.6)用于位置隐私保护,根据公式对真实地理位置进行计算,产生真实位置的等价集,最终客户端将服务请求 Q' 发送给 LBS 服务器以请求服务,此时真实位置隐藏在等价集中,从而成功保护了用户的位置信息。具体计算过程如下。

假设 $n=3$,其真实地理位置坐标 $(x,y)=(116.231\,7°,39.542\,7°)$,$(m_1,m_2,m_3)=(13,17,113)$,$(n_1,n_2,n_3)=(13,45,92)$。

步骤 1:$(x,y)=(116.231\,7°,39.542\,7°)$,整数化后为 $(X,Y)=(1\,162\,317°,395\,427°)$

步骤 2:中国剩余定理同余方程组为

$$\begin{cases} x' \equiv a_1 \bmod 13 \\ x' \equiv a_2 \bmod 17 \\ x' \equiv a_3 \bmod 113 \end{cases} \quad \text{和} \quad \begin{cases} y' \equiv b_1 \bmod 13 \\ y' \equiv b_2 \bmod 45 \\ y' \equiv b_3 \bmod 92 \end{cases}$$

整数化后为

$$\begin{cases} X \equiv 3 \bmod 13 \\ X \equiv 14 \bmod 17 \\ X \equiv 19 \bmod 113 \end{cases} \quad \text{和} \quad \begin{cases} Y \equiv 3 \bmod 13 \\ Y \equiv 40 \bmod 45 \\ Y \equiv 62 \bmod 92 \end{cases}$$

求解得

$$\begin{cases} X = 13\ 559 + 24\ 973k \\ Y = 18\ 534 + 53\ 820k \end{cases}$$

其中,$k \in \mathbf{Z}$。

步骤 3:得到

$$\begin{cases} (x', y') = (138\ 424, 287\ 634) \\ (x', y') = (263\ 289, 556\ 734) \end{cases}$$

等价集的坐标:

$$\begin{cases} (x'_1, y'_1) = (13.842\ 4°, 28.763\ 4°) \\ (x'_2, y'_2) = (26.328\ 9°, 55.673\ 4°) \end{cases}$$

由此,通过中国剩余定理能够得到互相不可区分的位置等价集。

定义 6.12 缓存命中率 缓存命中率表示由缓存机制为用户提供服务请求的概率。缓存命中率定义为

$$C_T = \frac{Q_C}{Q_C + Q_S} \tag{6.7}$$

其中,Q_C 表示缓存提供服务请求的次数,Q_S 表示 LBS 服务器提供服务请求的次数。缓存命中率越高,用户与 LBS 服务器交互的次数越少,位置隐私保护效果越好。

6.4.3 模型框架

该算法主要的处理步骤集中在客户端的后台处理模块,缓存区存储一定时间内的服务请求数据,该算法与请求服务的时间无关并不受时间因素的影响。基于 CCRT 算法的隐私保护流程图如图 6-13 所示。

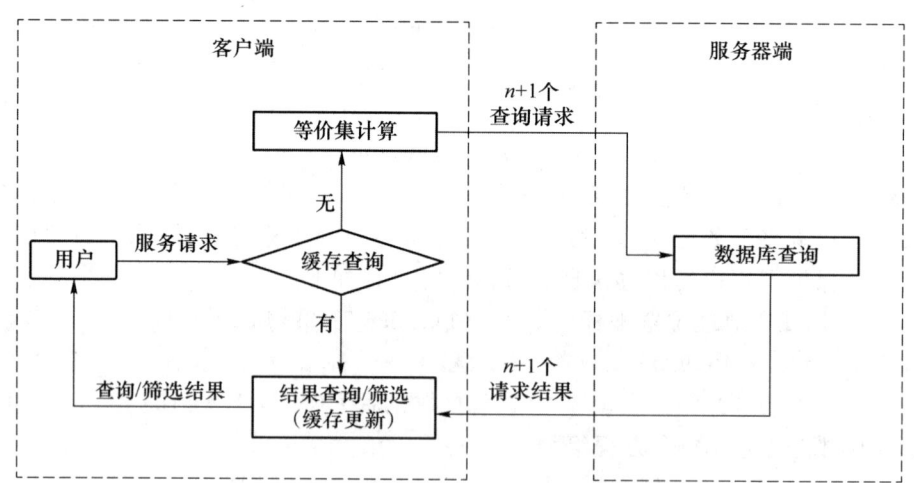

图 6-13 基于 CCRT 算法的隐私保护流程图

CCRT 算法步骤如下。

步骤 1:用户提交 LBS 服务请求 Q,并自定义用户的隐私级别。

步骤 2:查询缓存区是否存在该服务请求 Q,若存在,则跳转步骤 3;否则,跳转步骤 4。

步骤 3:缓存区将查询结果直接反馈给用户,请求完成。

步骤 4:通过中国剩余定理对获取的真实位置的经纬度进行计算,得到一个关于真实位置

的经纬度等价集 G。

步骤 5：将包括真实位置及其等价集 G 的服务请求 Q' 发送给 LBS 服务器进行查询。

步骤 6：LBS 服务器进行查询后将请求结果返回客户端。

步骤 7：客户端对返回的结果进行筛选并将结果反馈用户,同时更新缓存区的数据,请求完成。

6.5 基于本地化差分隐私的时序位置数据发布方法

6.5.1 问题描述

由于 LBS 服务所收集的位置数据中包含大量用户的隐私信息,如果不加保护直接发布就会造成大量用户的隐私泄露。用户对隐私问题的顾虑限制了其分享个人位置数据的意愿,阻碍了位置大数据的收集和分析工作的进行。因此,本节结合本地化差分隐私技术介绍一种针对时序位置数据的隐私保护发布方法[9]。

6.5.2 相关定义

1. 位置数据建模过程

本节使用两种坐标系表示用户的位置点。一种是状态坐标系,将原始地图划分成多个网格,每个网格单元表示用户的一个位置状态。另一种是地图坐标,通过二维经纬度坐标点来表示用户的位置。

这两种坐标系之间可以互相转化,状态坐标系中每个网格单元的索引可以由经纬度表示,从而对应到地图坐标系上。如图 6-14 所示,横坐标表示经度,纵坐标表示纬度,网格表示位置状态。

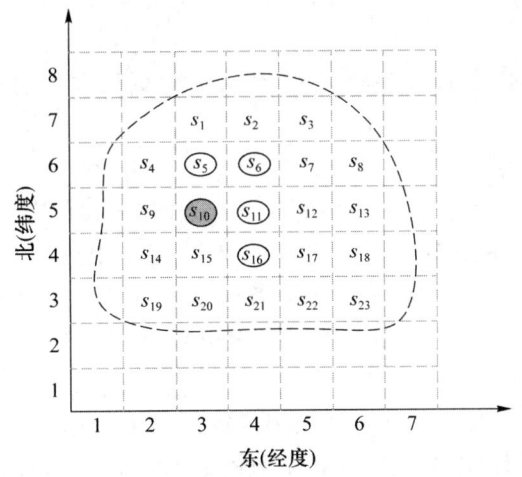

图 6-14 状态坐标系和地图坐标系转化示意图

对于位置域 $S=\{s_1,s_2,\cdots,s_N\}$,记 $s_i(1\leqslant i\leqslant N)$ 为图上的第 i 个网格单元,该网格单元表示为一个单位向量,其中第 i 个元素为 1,其余 $N-1$ 个元素为 0;用二维向量 x_t 表示 t 时刻用户在地图坐标系中的位置，$x_t[0]$表示该位置点的经度，$x_t[1]$表示该位置点的纬度，x_t与t时刻用户在状态坐标上的真实位置s_t^*互相对应；位置查询$f(s):s \to \mathbb{R}^2$表示网络坐标中位置点到地图坐标的映射。以图6-14为例，设用户位置域$S=\{s_1,s_2,\cdots,s_{56}\}$，若用户在$t$时刻的真实位置状态为$s_{10}$，则$s_{10}=[0,0,0,0,0,0,0,0,0,1,\cdots,0]$，对应地图坐标$x_t=[3,5]$，即$s_{10}$的纬度坐标为3，经度坐标为5，存在位置查询$f(s_{10})=[3,5]$。

2. 位置隐私攻击定义

在位置隐私发布的研究背景下，针对位置的隐私攻击可视为根据发布的扰动位置推测出某时刻用户真实位置的过程。本节采用隐马尔可夫模型对该过程进行建模。每一时刻用户的真实位置是不可观测的，对应隐马尔可夫模型中的隐藏状态，经过隐私保护处理（如CPLP算法）后发布的位置数据可由攻击者直接观察得到，对应隐马尔可夫模型中的观测状态，记矩阵$M \in [0,1]^{N \times N}$为用户的位置状态转移矩阵，矩阵中的元素m_{ij}表示由位置状态s_i转移到位置状态s_j的概率大小。在后续隐私保护位置扰动算法的设计中，假设矩阵M可根据用户的历史位置数据训练得到。在位置攻击模型中，t时刻用户的位置状态可以通过概率分布$p_t \in [0,1]^{1 \times N}$表示，其中$p_t[i]=\Pr(s_t^*=s_i)=\Pr(x_t^*)$代表$t$时刻用户真实位置为$s_i$的可能性大小。假设$t$时刻用户以相同的概率分布于位置集合$S=\{s_1,s_3,s_4,s_6\}$中，则此时用户的位置概率分布表示为$p_t=[1/4,0,1/4,1/4,0,1/4,0,0,\cdots,0]$；再使用$p_t^-$和$p_t^+$分别表示攻击者观察扰动输出$z_t$前后该时刻位置状态的先验概率和后验概率。$t$时刻的先验概率$p_t^-$可以通过前一时刻$t-1$的后验概率结合状态转移矩阵$M$计算得到，即$p_t^-=p_{t-1}^+ M$。后验概率$p_t^+$可根据式(6.8)所示的贝叶斯公式计算，其中$\Pr(z_t|s_t^*=s_i)$表示隐马尔可夫模型的发射概率，即在给定真实位置概率分布的情况下输出扰动位置为z_t的概率。

$$p_t^+[i] = \Pr(s_t^* = s_i | z_t) = \frac{\Pr(z_t | s_t^* = s_i) p_t^-[i]}{\sum_j \Pr(z_t | s_t^* = s_j) p_t^-[j]} \tag{6.8}$$

假设攻击者掌握的背景知识包括隐马尔可夫模型的状态转移矩阵和初始概率分布，则攻击者可以推测出t时刻用户可能出现的位置，即该时刻先验概率大于0的位置，将这个区域定义为时序关联域C_t。

定义6.13 时序关联域 时序关联域C_t代表t时刻用户所有可能出现的位置集合，即$C_t=\{s_i | p_t^-=\Pr(s_t^*=s_i)>0, s_i \in S\}$。

3. 位置

传统的本地化差分隐私模型基于严格的数学背景，其形式化定义如下所示。

定义6.14 ε-本地化差分隐私[10] 给定n个用户，每个用户对应一条记录，对于随机化算法A，其定义域为$\mathrm{Dom}(A)$，值域为$\mathrm{Ran}(A)$，若算法A在任意两条记录t和$t'(t,t' \in \mathrm{Dom}(A))$上得到相同输出结果$(o(o \subseteq \mathrm{Ran}(A)))$的概率满足$\Pr(A(t)=o) \leqslant e^{\varepsilon}\Pr(A(t')=o)$，则称算法$A$满足$\varepsilon$-本地化差分隐私。

本地化差分隐私技术通过控制任意两条记录输出结果的相似性来确保算法的隐私性，即根据随机化算法A的某个输出结果无法推测出输入数据为哪一条记录，位置隐私发布的目标就是确保攻击者不能根据已发布的扰动位置推测出某个时刻用户的真实位置，也就是保证时序关联域中任意两个位置不能被攻击者区分出来，基于此提出ε-不可区分性，用于表示时序关联域内的差分隐私定义。

定义6.15 ε-不可区分性 对于时序关联域中相邻的两个位置s_i和s_j，在随机化算法A的作用下，若对任意输出 $o \subseteq \text{Ran}(A)$，存在 $\Pr(A(s_i)=o) \leq e^{\varepsilon}\Pr(A(s_j)=o)$ 成立，则称随机化算法 A 满足 ε-不可区分性。

该定义中，参数 ε 非负，表示隐私保护的程度，该参数越小，隐私保护的程度越高。由于定义 6-14 只是理论模型，而要实现具体的位置差分隐私则需要设计相关的噪声机制，因此需要结合凸包和各向同性位置的定义设计噪声机制。

定义 6.16 凸包[11]　对于给定集合 $X=\{x_1,x_2,\cdots,x_n\}$，包含 X 中所有点的凸集称作 X 的凸包，记作 $\text{Conv}(X)$，凸包可以用 X 中所有点的线性组合来构造。

定义 6.17 各向同性位置[11]　若凸集 $K \subseteq \mathbb{R}^d$ 满足下式，则称 K 位于各向同性位置上，用 L_K 表示每个单位向量的各向同性常数，则有

$$\frac{1}{\text{Vol}(K)}\int_K |\langle z,v \rangle|^2 dz = L_K^2 \text{Vol}(K)^{2/d} \tag{6.9}$$

定义 6.18 凸包敏感度[12]　对于位置 s 和查询 $f(s):s \to \mathbb{R}^2$，Δf 表示时序关联域中两个位置点 x_1 和 x_2 的查询差值，凸包敏感度 K 是 Δf 的凸包，有

$$\Delta f = \bigcup_{x_1,x_2 \in C}(f(x_1)-f(x_2)), \quad K=\text{Conv}(\Delta f) \tag{6.10}$$

定义 6.19 K-机制　对于给定的查询函数 $f(s):s \to \mathbb{R}^2 f(s):s \to \mathbb{R}^d$ 以及凸包敏感度 K，若任意扰动输出 z 的概率分布满足式(6.11)，则称其满足 K-机制，其中 $K=FB_n^n$ 表示凸包敏感度，$\Gamma(\cdot)$ 表示伽马函数，$\|\cdot\|_k$ 表示凸包敏感度的闵可夫斯基范数。

$$\Pr(z)=\frac{1}{\Gamma(d+1)\text{Vol}(K/\varepsilon)}\exp(-\varepsilon\|z-f(s)\|_K) \tag{6.11}$$

6.5.3 模型框架

为了解决位置数据发布时存在的隐私泄露问题，本节介绍一种基于本地化差分隐私的时序位置发布模型，如图 6-15 所示。模型的主要思想为允许用户在本地进行隐私策略的定制，在根据定制的隐私策略对时序关联的位置数据添加噪声后发布，实现位置数据发布时的隐私保护。

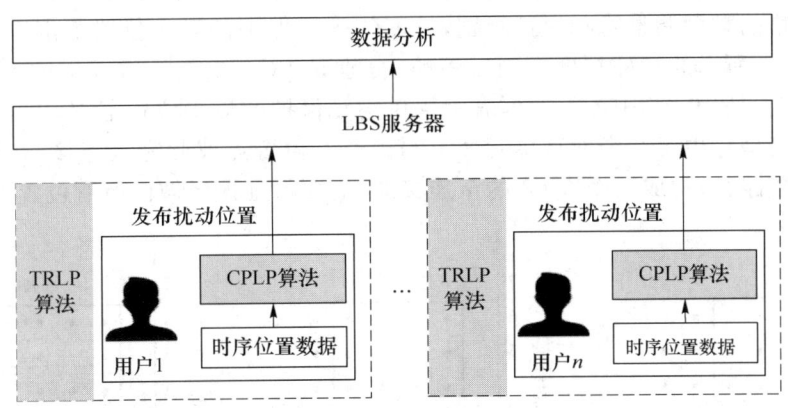

图 6-15　基于本地化差分隐私的时序位置发布模型

在用户端，模型由两个主要算法构成，分别是基于定制隐私策略的位置扰动算法 CPLP 和基于隐马尔可夫模型的时序关联位置隐私发布算法 TRLP。发布经过隐私保护处理后的时序位置，并上传给 LBS 服务器，用于后续的位置大数据分析工作。

1. 定制隐私策略

本节参考 Blowfish Privacy[13] 来设计位置隐私发布时的定制隐私策略。Blowfish Privacy 是一种针对统计数据集的定制隐私保护方案,使用无向图的节点表示需要保护的数据集,使用无向图的边表示对两个数据集提供不可区分性,用户可以在本地通过定制无向图来决定隐私保护程度。然而,Blowfish Privacy 并不能直接应用在位置数据中,因此定义了位置网格坐标。将定制隐私引入位置数据的隐私保护发布,并提出隐私策略的定义。

定义 6.20 隐私策略 隐私策略表示为一个无向图 $G=(S,\xi)$,其中 S 是无向图的节点,代表网格坐标中需要保护的位置状态点,ξ 是无向图的边,代表为两个节点提供 ε 不可区分性。

图 6-16 展示了几种不同的隐私策略。图 6-16(a)表示宽松隐私策略,其中所有节点间都没有连线,表示可以直接发布用户的真实位置,不提供位置隐私保护(仍然需要提供匿名隐私保护)。图 6-16(b)所示的隐私策略为区域内部分位置点之间提供不可区分性,但不要求对图中所有节点提供不可区分性。与图 6-16(b)相比,图 6-16(c)所示的隐私要求更为严格,需要保护所选区域内所有位置点之间的隐私性,表现为一个全连接图,这种隐私策略适用于对隐私需求很高的用户。

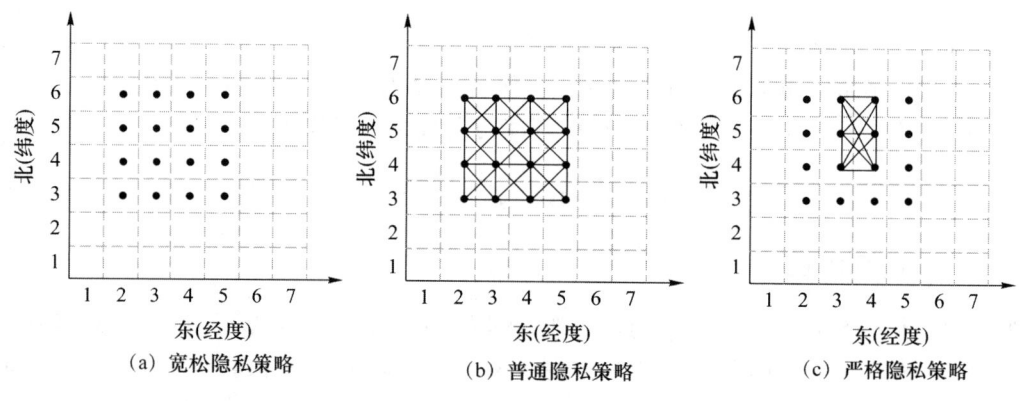

图 6-16 定制隐私策略示意图

除了选择图 6-16 所示的隐私保护级别外,若用户需要更严格的隐私策略,还可进一步通过定制隐私策略的粒度调整隐私保护级别,粒度代表所保护的最小位置范围。本节模型为用户提供如图 6-17 所示的三种粒度的隐私策略,分别是 PG_{k9}、PG_{k16}、PG_{k25},下标中的数字表示隐私策略的粒度。图 6-17 中黑色边框表示提供隐私保护的最小位置范围,以 PG_{k9} 为例,该隐私策略表示网格坐标中每 9 个网格单元(3×3)内所有位置点彼此完全连接(在该区域内所有点之间都有连接路径)构成一个 3×3 的全连接图,需要保证该区域内所有位置点不可区分。

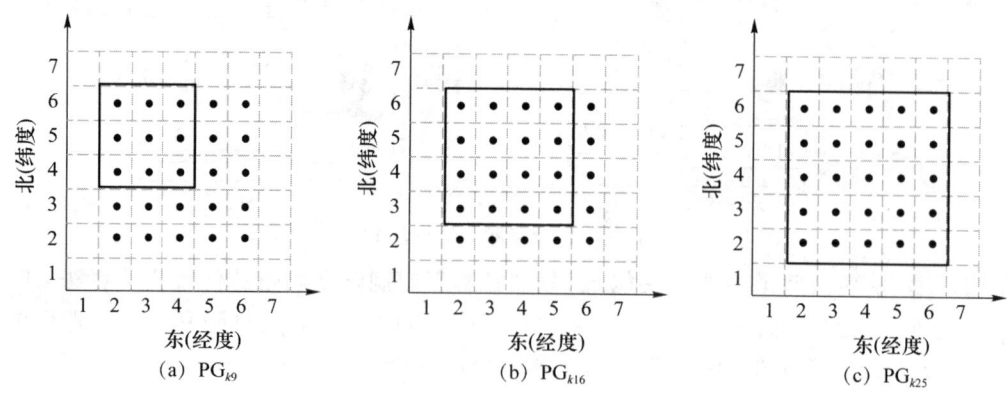

图 6-17 三种隐私策略粒度示意图

为了将定制隐私策略应用到位置差分隐私中，本节结合时序关联域 C_t，给出时序关联域隐私策略的定义。

定义 6.21 时序关联域隐私策略 G_t^C　t 时刻的时序关联域隐私策略 G_t^C 是隐私策略 G 在时序关联域中 C_t 的子图，G_t^C 只包含属于时序关联域 C_t 中的边，即 $G^C=(C,\xi^C)$，其中 $C\subseteq S$ 且 $\xi^C\subseteq\xi$。

在传统差分隐私定义中，相邻数据集（neighboring databases）被定义为只相差一条记录的两个数据集。在定制隐私策略的背景下，引入相邻节点的概念。

定义 6.22 相邻节点集合 $N(s)$　位置 s 的相邻节点是指和 s 有公共边连接的一系列节点的集合，记作 $N(s)$，则有 $N(s)=\{s'|d_G(s,s')=1,s'\in S\}$，用 $d_G(s_i,s_j)$ 表示隐私策略上点 s_i 和 s_j 之间的距离，该距离可通过两点间的最短路径数计算。

结合时序关联域隐私策略，本节提出 $\{\varepsilon,G\}$-位置差分隐私的定义，通过确保时序关联域隐私策略中每一对相邻节点的 ε-不可区分性，使得攻击者无法区分时序关联域隐私策略中的相邻位置点。

定义 6.23 $\{\varepsilon,G\}$-位置差分隐私　给定一个随机化算法 A，对于时序关联域隐私策略 G_t^C 中的所有相邻节点 s 和 s'，若对任意输出 $z\subseteq\text{Ran}(A)$，存在 $\Pr(A(s)=z)\leqslant e^\varepsilon\Pr(A(s')=z)$ 成立，则认为 s 和 s' 满足 $\{\varepsilon,G\}$-位置差分隐私。

引理 6.1　对于随机化算法 A，当且仅当时序关联域隐私策略中任意两个节点满足 ε-不可区分性时，算法 A 才满足 $\{\varepsilon,G\}$-位置差分隐私。

2. 定制隐私策略位置扰动算法

本节设计一种基于定制隐私策略的位置扰动算法 CPLP。对单一时刻真实位置的查询结果添加噪声，生成扰动位置，可以将位置数据的扰动看作以隐私保护的方式响应查询函数，使得攻击者无法根据扰动后的位置推测出用户的真实位置，具体流程如算法 6-2 所示。

算法 6-2　定制隐私策略位置扰动算法 CPLP

输入：G_t^C 表示时序关联隐私策略，S 表示真实位置，ε 表示隐私预算。

输出：扰动位置 z。

```
01. begin
02.     N(s)={s'|d_G(s,s')=1,s'∈S}      //计算相邻位置点集合
03.     Δf^G=[]
04.     for i in range(len(N^p(s)))
05.         for j in range(i,len(N^p(s)))
06.             Δf^G.append(f(s_i)−f(s_j))
07.         end for
08.     end for
09.     K_1(G_t^C)=Conv(Δf^G)
10.     从 K(G_t^C)中采样得到(y_1,y_2,⋯,y_l)
11.     T=(1/l ∑_{i=1}^{l} y_i y_i^T)^{−1/2}
12.     K_1(G)=TK(G)
```

13. 从 $K_1(G)$ 中采样得到 z''
14. 从 $\Gamma(3, \varepsilon^{-1})$ 中采样得到 r
15. $z'' = r\boldsymbol{T}^{-1}z''$
16. $z' \leftarrow f(s) + z''$
17. $z \leftarrow$ find_nearest_location(z')
18. **return** z
19. **end**

首先是查询函数敏感度的计算。传统差分隐私中查询函数的敏感度代表有无某条数据记录对查询结果的最大影响值,在定制隐私策略的背景下,查询函数的敏感度代表查询时序关联隐私策略域 G_t^C 中相邻位置节点时查询结果的最大变化值,查询函数的计算过程对应算法 6-2 中的步骤 01~07。对于 t 时刻的位置状态 s,根据时序关联域隐私策略 G_t^C,结合定义 6.22 计算当前时刻真实位置状态在时序关联域隐私策略中相邻位置点的集合 $N^P(s)$,用 Δf^G 表示 $N^P(s)$ 中每两个位置查询差值结果的集合,计算公式为

$$\Delta f^G = \bigcup_{s_i, s_j \in N^P(s)} (f(s_i) - f(s_j)) \tag{6.12}$$

其次将凸包敏感度应用到定制隐私策略位置扰动的背景中。通过计算 Δf^G 的凸包得到 $K(G_t^C)$,凸包可直观理解为由集合 $X = \{x_1, x_2, \cdots, x_n\}$ 最外沿的所有点连接而组成的凸多边形,$K(G_t^C)$ 表示 t 时刻查询函数的敏感度,记作隐私策略凸包敏感度,表现为一组二维坐标对。将平面各向同性扰动机制应用到定制隐私策略位置扰动的过程对应算法 6-2 中的步骤 08~11,对于所得的隐私策略凸包敏感度 $K(G_t^C)$,根据定义 6.17 将其转化为其各向同性位置 $K_1(G_t^C)$:从集合 $K(G_t^C)$ 中均匀采样得到 $y_1, y_2, \cdots, y_l$,代入计算矩阵 $\boldsymbol{T}$,$K_1(G_t^C)$ 可根据矩阵 $\boldsymbol{T}$ 与 $K(G_t^C)$ 相乘得到,即 $K_1(G_t^C) = \boldsymbol{T}K(G_t^C)$。在二维平面上一个凸包的各向同性位置可直观理解为保持凸包原始方向不变,以凸包的各个顶点为坐标中心对凸包进行旋转排列构成的图形。

$$\boldsymbol{T} = \left(\frac{1}{l}\sum_{i=1}^{l} y_i y_i^T\right)^{-\frac{1}{2}} \tag{6.13}$$

最后是扰动噪声的生成过程。该过程对应算法 6-2 中的步骤 12~14,先从 $K_1(G_t^C)$ 中均匀采样得到 z'',再从伽马分布 $\Gamma(3, \varepsilon^{-1})$ 中随机产生变量 r,此时得到噪声 $z'' = rz''$,将得到的结果转换回 $K(G_t^C)$ 中得 $z'' = \boldsymbol{T}^{-1}z''$,这里的 z'' 就是添加的噪声大小,表现为一个二维向量。算法 6-2 中的第 15 步表示对 t 时刻真实位置状态的查询结果添加噪声,得 $z' = f(s) + z''$。算法 6-2 中的第 16 步所用到的函数 find_nearest_location(z') 表示在地图坐标系中找到距离 z' 最近的真实位置 z 作为扰动输出返回。记 t 时刻经过算法 6-2 处理后所发布的扰动位置为 z_t,用 $\Pr(z_t | s_t^* = s_i)$ 表示发布扰动位置 z_t 的概率大小,则有

$$\Pr(z_t | s_i) = \frac{1}{\Gamma(3)\text{Vol}(K_1/\varepsilon)}\exp(-\varepsilon \|z_t' - s_i'\|_{K_1}) \tag{6.14}$$

其中:

$$z_t' = \boldsymbol{T}z_t, \quad s_i' = \boldsymbol{T}s_i$$

3. 时序关联位置隐私发布算法

在发布连续时刻的位置数据时,需要考虑时序关联的影响,即发布历史时刻的扰动位置对攻击者预测下一时刻真实位置的影响。图 6-18 展示了时序关联位置隐私发布的过程。

第 6 章 位置大数据隐私保护技术

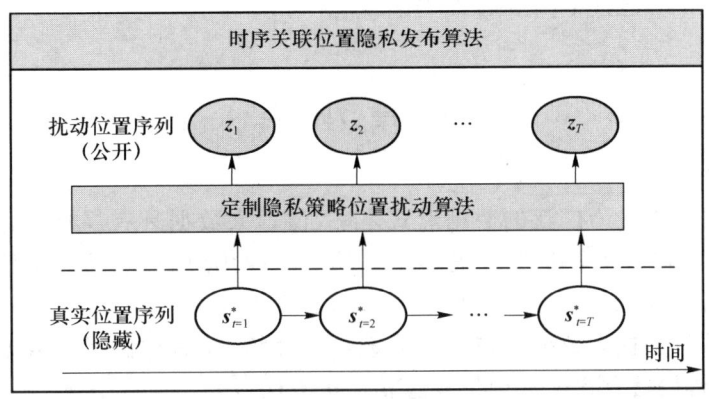

图 6-18 时序关联位置隐私发布的过程

根据位置隐私攻击模型可知,攻击者掌握的背景知识包括用户的历史位置数据、用户初始位置的概率分布 p_1。在此基础上对攻击者的背景知识做最大假设,假设攻击者的背景知识还包括定制隐私策略位置扰动算法 CPLP,在这样的情况下,对攻击者先验知识(如时序关联域)的计算可以看作隐马尔可夫模型的推理问题(inference problem),即攻击者试图结合定制隐私策略位置扰动算法 CPLP、当前时刻的马尔可夫模型和当前时刻之前的所有扰动输出推测出当前时刻的真实位置。为了抵御拥有强大背景知识的攻击者对用户位置的推测,本节设计了时序关联位置隐私发布算法 TRLP,具体流程如算法 6-3 所示。

算法 6-3 时序关联位置隐私发布算法 TRLP

输入:G_t^C 表示时序关联隐私策略,s 表示真实位置,ε 表示隐私预算,M 表示状态转移矩阵。
输出:每一时刻经算法 CPLP 扰动后的位置。
01. **begin**
02. $p_t^- = p_{t-1}^+ M$
03. $C_t \leftarrow \{s_i \mid p_t^-[i] > 0\}$
04. $G_t^C \leftarrow G \wedge C_t$
05. $z_t \leftarrow \text{CPLP}(\varepsilon, G_t^C, s_t^*)$
06.   计算 p_t^+
07. $\text{TRLP}(\varepsilon, G_t^C, M, p_t^+, s_t^*)$
08. **end**

算法 6-3 第 01 步计算当前时刻的先验概率,每一时刻的先验概率均由前一时刻的后验概率与马尔可夫状态转移矩阵 M 相乘得来;第 02 步根据先验概率计算 t 时刻的时序关联域 C_t,即攻击者根据历史发布的数据推测出该时刻用户所有可能位置的集合;第 03 步将此时的时序关联域和用户的定制隐私策略求交集得到时序关联域隐私策略 G_t^C;第 04 步中将隐私预算、当前时刻的时序关联域隐私策略 G_t^C 和当前时刻真实位置状态 s_t^* 代入定制隐私策略位置扰动算法 CPLP 中,对此时的真实位置进行扰动得到 z_t;第 05 步中将扰动位置 z_t 代入式(6.8)计算 t 时刻的后验概率 p_t^+;最后在第 06 步中将时序关联域隐私策略 G_t^C、t 时刻的后验概率 p_t^+ 和 $t+1$ 时刻的真实位置 s_{t+1}^* 代入本算法,即递归调用,实现下一时刻扰动位置的发布。该算法的输出为每一时刻经算法 CPLP 扰动后的位置(第 04 步)。

本 章 小 结

作为大数据中应用最为广泛的数据形式之一,位置大数据具有规模大、速度快、类型多样和价值高的特点。同时,随着基于位置的服务的广泛应用,用户们的位置信息不断被采集利用。对位置数据的过度采集给用户带来了严重的隐私泄露风险。因此,本章在介绍了位置大数据的基础知识后对位置大数据存在的风险进行了介绍,随后对位置大数据的攻击方法和保护模型进行了总结,最后介绍了三种位置隐私保护方法。

思 考 题

1. 位置大数据具有哪些特征?
2. 位置大数据存在哪些隐私风险?
3. 目前针对位置大数据的隐私攻击方法有哪些?对应的隐私保护模型是什么?
4. 基于缓存的位置数据隐私保护方法中"缓存"的意义是什么?
5. 在本地化差分隐私时序位置发布过程中如何设计定制隐私策略?

参 考 文 献

[1] 威胁猎人. 多个智慧停车平台被攻击爬取数据,车主隐私安全何去何从? [EB/OL]. (2022-07-13)[2023-11-18]. https://zhuanlan.zhihu.com/p/541078769

[2] 刘经南,方媛,郭迟,等. 位置大数据的分析处理研究进展[J]. 武汉大学学报(信息科学版),2014,39(4):379-385.

[3] 王璐,孟小峰. 位置大数据隐私保护研究综述[J]. 软件学报,2014,25(4):693-712.

[4] JIANG H, LI J, ZHAO P, et al. Location privacy-preserving mechanisms in location-based services: A comprehensive survey[J]. ACM Computing Surveys (CSUR), 2021, 54(1): 1-36.

[5] 冯登国,张敏,叶宇桐. 基于差分隐私模型的位置轨迹发布技术研究[J]. 电子与信息学报,2020,42(01):74-88.

[6] 康海燕,朱万祥. 位置服务隐私保护[J]. 山东大学学报(理学版),2018,53(11):35-50.

[7] 朱万祥,康海燕. 基于缓存的时空扰动位置隐私保护方法[J]. 北京信息科技大学学报(自然科学版),2018,33(05):81-87.

[8] 冯亚平,康海燕. 基于缓存的位置隐私保护方法研究[J]. 郑州大学学报(理学版),2019,51(04):49-55.

[9] 康海燕,冀源蕊. 基于本地化差分隐私的时序位置发布方案研究[J]. 电子学报, 2022, 50(09): 2222-2232.

[10] WANG T, ZHANG X, FENG J, et al. A comprehensive survey on local differential privacy toward data statistics and analysis[J]. Sensors, 2020, 20(24): 7030.

[11] HARDT M, TALWAR K. On the geometry of differential privacy[C]// Proceedings of the forty-second ACM symposium on Theory of computing. Massachusetts, USA, 2010: 705-714.

[12] XIAO Y, XIONG L. Protecting locations with differential privacy under temporal correlations[C]// Proceedings of the 22nd ACM SIGSAC Conference on Computer and Communications Security. Colorado, USA, 2015: 1298-1309.

[13] HE X, MACHANAVAJJHALA A, DING B. Blowfish privacy: Tuning privacy-utility trade-offs using policies[C]// Proceedings of the 2014 ACM SIGMOD international conference on Management of data. Utah, USA, 2014: 1447-1458.

第 7 章
社交网络中的隐私保护技术

本章学习要点
- 社交网络基本概念
- 社交网络中的隐私风险
- 社交网络中的隐私保护方法

案例：据报道，2018 年英国的一家数据分析公司 Cambridge Analytica 通过 Facebook 上的一个调查问卷收集了数百万用户的个人信息。该公司利用这些数据进行政治宣传，并被指控在美国 2016 年总统选举期间向特朗普竞选团队提供支持。

该调查问卷应用程序获取了 Facebook 用户及其朋友的个人数据，包括姓名、性别、年龄、居住地和喜好等。该公司使用这些数据创建了用户的心理档案，以预测其投票偏好并针对性地进行广告投放。这场数据泄露事件引起了广泛的关注和批评，Meta 公司的隐私保护措施也备受质疑。该事件揭示了社交网络中个人数据隐私受到威胁的现实，引发了人们对数据保护和隐私权的关注和重视。

近年来，随着大数据和信息技术的不断发展，以微信、QQ、Facebook 等为代表的社交网络平台以前所未有的速度不断收集着用户的隐私数据，各类网络社交平台通过对所收集的数据进行数据分析和数据挖掘，获取数据中蕴藏的价值，从而为平台获取更多的收益和财富。然而，对社交网络数据进行数据分析和挖掘的行为，常常会导致严重的用户信息泄露问题。因此，如何在对社交网络数据进行发布及利用的同时，"既能保证发布数据的可用性，又能保证用户的隐私安全"是当前社交网络数据隐私保护亟待解决的矛盾与问题。

本章聚焦于社交网络中的隐私保护问题。7.1 节对社交网络定义及特征进行概述，并介绍社交网络中的隐私风险。7.2 节介绍基于分割采样的社交网络数据发布方法。7.3 节介绍基于 Skyline 计算的社交网络隐私保护方法。7.4 节介绍基于隐私攻击的社交网络数据分析方法。

7.1 社交网络隐私保护基础

7.1.1 社交网络定义及特征

随着社交网络相关软件的飞速发展,越来越多的人加入社交网络,人们的生活和交流方式也随之发生巨大的变化。第 51 次《中国互联网络发展状况统计报告》[1]显示,截至 2022 年 12 月,我国网民数量达到 10.67 亿,较 2021 年 12 月,新增网民数量为 3 549 万,互联网普及率达 75.6%,较 2021 年 12 月提升了 2.6 个百分点。中国网民规模和互联网普及率(2018 年 12 月—2022 年 12 月)如图 7-1 所示。

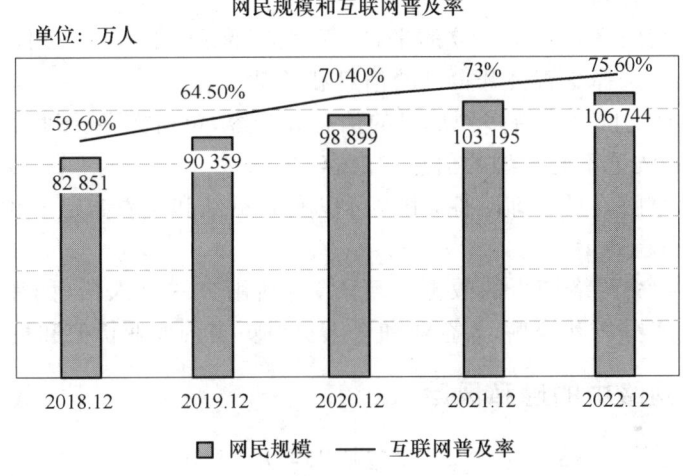

图 7-1 中国网民规模和互联网普及率(2018 年 12 月—2022 年 12 月)

随着中国网民规模和互联网普及率的增长、社交网络平台的发展,产生了大量的社交网络数据。这些社交网络数据蕴含着巨大的商业价值和应用前景。大数据、云计算等新兴技术发展迅速,为了对数据进行进一步分析与利用,数据的共享变得越来越重要,许多数据需要发布出来。然而,通过对这些信息的收集和分析,人们往往可以获得一些隐藏信息,包括他人不愿被泄露的隐私信息。人们在使用社交网络应用的同时,面临着严重的隐私信息泄露和恶意攻击问题,人身和财产安全受到了极大的威胁。因此,研究社交网络的隐私保护技术显得尤为重要。

定义 7.1 社交网络[2]　社交网络又称为社交网络服务,指的是社会关系中的个体信息和社交关系信息,不仅包括社交网站,还涉及社交软件和服务等,可以用一个带标签的无向无权图 $G=(V,E)$ 来表示,即社交网络是具有 n 个节点的图,其中 $V=\{v_1,\cdots,v_n\}$ 表示社交网络中的点集合,各节点 $v_i(i=1,\cdots,n)$ 表示社交网络中的各用户,$E=(u,v)$ 表示社交网络中的边集合,u 和 v 表示各节点之间存在的某种关系。

社交网络中不仅包含图结构数据,其中的每一个用户也具有属性数据。图 7-2 所示为简单的社交网络图,该社交网络中包含 6 个社交网络关系,各用户之间的关系也在本社交网络图中得以展示。由图 7-2 可以看出,用户 A_1 和 A_4 之间的交流和联系(A_1 与 A_4 的通信)可以借

助 A_5 节点或 A_2 和 A_3 节点来实现。

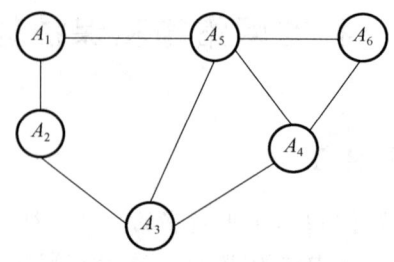

图 7-2 简单的社交网络图

社交网络主要具有以下特征。

(1) 社交性:社交网络的核心是人与人之间的互动和交流,用户可以通过社交网络与他人建立社交关系、分享信息和资源。

(2) 开放性:社交网络是一个开放的平台,任何人都可以加入和使用,用户可以自由选择加入哪些社交网络,并选择是否公开自己的信息和活动。

(3) 多媒体性:社交网络支持多种形式的信息和内容,包括文字、图片、视频、音频等,用户可以自由选择分享和浏览不同类型的信息和内容。

(4) 实时性:社交网络具有即时性,用户可以实时更新和查看自己和他人的动态,及时了解最新的社交信息和趋势。

(5) 大数据性:社交网络产生的数据量巨大,包括用户的个人信息、社交关系、互动行为等,这些数据可以用于分析和挖掘,为企业和个人提供更多的商业价值和机会。

7.1.2 社交网络中的隐私风险

社交网络中存在多种隐私风险[3],主要包括以下几个方面。

(1) 个人身份泄露风险:用户在社交网络上公开的个人身份信息,如姓名、电话号码、家庭住址等,这些信息容易被不法分子获取并进行非法使用,从而导致身份泄露和财产损失。

(2) 假冒身份风险:社交网络上存在大量的虚假账号和假冒身份,这些假冒身份可能被用于进行网络诈骗、散布虚假信息、恶意攻击等活动,从而对用户和社会造成不良影响。

(3) 信息泄露风险:用户在社交网络上发布的信息可能被不当使用或泄露,如被第三方机构获取、被黑客攻击或被社交网络公司滥用。这些泄露行为可能导致用户隐私权利受到侵害,甚至面临身份盗窃、经济损失等风险。

(4) 社交工程风险:攻击者可能会利用社交网络中用户的信任和友好特点,通过社交工程手段获取用户的个人隐私信息、登录凭证等敏感信息,从而进行网络攻击、身份盗窃等活动。

(5) 个人信息的盗用和滥用风险:社交网络公司可能会利用用户的个人信息进行商业行为,如对用户进行广告投放、销售等活动,这些行为可能会侵犯用户的隐私权益。

(6) 分析攻击风险:攻击者通过对社交网络中的用户行为进行分析,如通过点击率、搜索历史等猜测用户的敏感信息,如个人喜好、兴趣爱好等。

(7) 基于位置的攻击风险:攻击者通过对用户的位置信息进行收集和分析,猜测用户的日常活动范围和行踪,从而获取用户的敏感信息。

(8) 基于社交网络的攻击风险:攻击者通过社交网络上用户的朋友关系或社交网络的拓扑结构,来推测用户的敏感信息或社交圈等隐私信息。

在使用社交网络的过程中,用户应当保护好自己的隐私信息,注意隐私保护,以减少隐私泄露的风险。同时,社交网络公司也应该严格遵守隐私保护的相关法律法规,保障用户的隐私权益。

7.2 基于分割采样的社交网络数据发布方法

随着社交软件的流行,越来越多的人加入社交网络,产生了大量有价值的信息,其中也包含了许多敏感隐私信息。针对海量社交网络关系数据的个性化隐私保护问题,本节提出了分割采样(Dimensionality Reduction Segmentation-Sampling,DRS-S)算法。首先针对社交网络数据量过于庞大、处理效率不高的问题,采用降维分割方法实现用户分组。其次利用采样方法,对不同隐私要求的用户进行分级保护,实现个性化差分隐私保护。最后对保护后的关系数据进行加噪,使其满足隐私预算后进行发布。

7.2.1 问题描述

本节重点研究的是社交网络关系图中的隐私保护问题。社交网络表示为无向无加权的图$G(V,E)$,V表示社交网络中的用户节点,E表示边,节点之间有链接记为1,无链接记为0。

发布社交网络关系图需要考虑三个问题:第一,发布数据的用途是对关系数据进行进一步的挖掘和利用;第二,攻击者掌握的背景知识是目标攻击节点的子图信息;第三,需要保护的隐私信息是社交网络中的节点,攻击者找到了具有子图信息的节点,通过进一步链接攻击将得到其他节点的隐私信息。所以,隐私保护的目的是避免攻击者在发布的社交网络关系图中识别出掌握背景知识的节点。与此同时,针对不同用户的不同隐私偏好,本节旨在实现个性化的隐私保护。

7.2.2 相关定义

定义 7.2 数据集分割 数据集分割是指将一个完整的数据集划分为多个子集的过程。常用的数据集分割方法包括随机划分、按照时间顺序划分、按照样本特征划分等。

定义 7.3 聚类 聚类是一种无监督学习方法,它是指将数据集中的对象按照相似度进行分组的过程。聚类算法将数据集中的对象分成若干个类别,每个类别包含相似的对象。聚类算法不需要预先知道类别的数量和类别的特征,而是通过数据本身的相似度进行划分。

7.2.3 解决方法

1. DRS-S 机制

针对社交网络数据的个性化隐私保护问题,提出用分割采样算法发布社交网络关系数据。数据集分割的目的有两个:一是将数据降维,便于进一步处理分析;二是在相似的基础上分析子集数据,使子集的数据更具可比性。本节采用聚类的方法对数据集进行分割,分割的依据是相同邻接节点的数量。图7-3为社交网络分割采样过程示例图。

第一步:降维分割。详细步骤如下:

(1)根据相同节点数量将图G中的节点集V聚类分割为子节点集$V_1,V_2,\cdots,V_k$。按照数据集的大小确定分组数量,设k为分割参数,每组的节点数为总节点数与分组数的比值取整$t=[n/k]$。

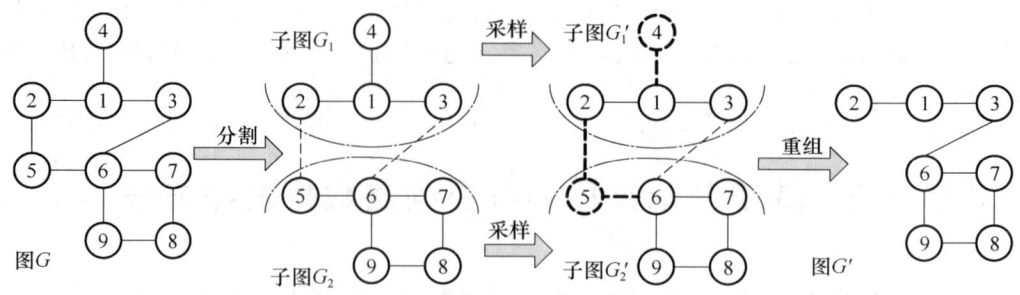

图 7-3 社交网络分割采样过程示例图

(2) 根据节点的分组,构建子图 $G_1,G_2,\cdots,G_k$,其中,$|V(G_i)|\leqslant k$。分割后的子图内部链接保持不变,子图之间的链接也保持不变。

(3) 给子图中的节点标注所属子图的编号 $1,2,\cdots,k$,便于进一步处理分析。

第二步:采样。采样方法是实现差分隐私个性化的常用有效方法。采样要求抽取的样本能够在一定程度上代表全部数据。采样有很多种,本方案采用随机采样的方法,增加了数据的随机性。根据采样方法去掉不满足隐私要求的节点,得到子图。然后将各子图节点整合到图 G' 中,但节点间原有的连接关系基本不变。我们构建简单的社交网络图 G,表 7-1 为分割、采样、重组后图中的节点及边的信息表。

表 7-1 分割、采样、重组后图中的节点及边的信息表

	图	节点	边
分割	G_1	(V_1,V_2,V_3,V_4)	$(V_1,V_2),(V_1,V_3),(V_1,V_4)$
	G_2	(V_5,V_6,V_7,V_8,V_9)	$(V_5,V_6),(V_6,V_7),(V_6,V_9),(V_7,V_8),(V_8,V_9)$
采样	G_1'	(V_1,V_2,V_3)	$(V_1,V_2),(V_1,V_3)$
	G_2'	(V_6,V_7,V_8,V_9)	$(V_6,V_7),(V_6,V_9),(V_7,V_8),(V_8,V_9)$
整合	G'	$(V_1,V_2,V_3,V_6,V_7,V_8,V_9)$	$(V_1,V_2),(V_1,V_3),(V_3,V_6),(V_6,V_7),(V_6,V_9),(V_7,V_8),(V_8,V_9)$

2. 基于 DRS-S 的数据发布流程

基于个性化差分隐私的社交网络数据发布方法主要包括分割采样处理、添加噪声、验证及修正、发布四个步骤。基于 DRS-S 的数据发布流程如图 7-4 所示。

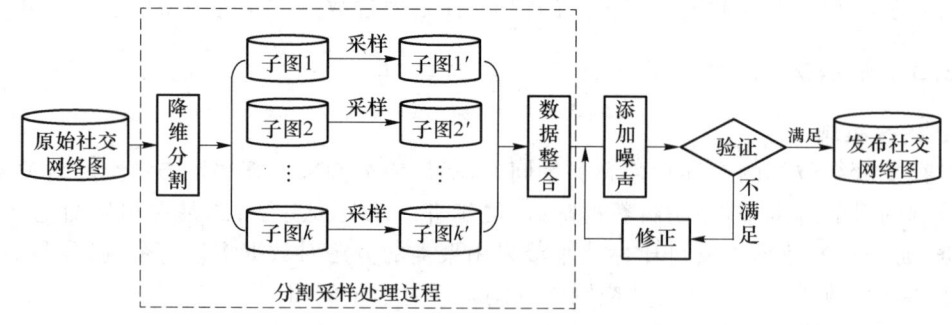

图 7-4 基于 DRS-S 的数据发布流程

第一步:分割采样处理过程。首先将原始的社交网络图分为子图1,子图2,…,子图k,然后对每个子图进行随机采样,得到的样本结果分别为子图$1'$,子图$2'$,…,子图k',最后根据初

始链接关系,将子图重新连接。

第二步:添加噪声过程。对于非数值型社交网络数据,一般用添加、删除或修改社交网络节点和边的方法满足差异化隐私保护的需要。本方案采用添加虚拟节点和虚拟边的方法实现差异化隐私保护:添加虚拟边作为噪声的数量与采样过程中未采样的边的数量相同,添加虚拟节点的数量与由于边未采样而未采集到的节点的数量相同。

第三步:验证及修正过程。验证数据的安全性和可用性。针对不同的问题,有不同的矫正策略。如果噪声太大,则修改噪声参数。如果数据安全性不满足,则可以修改社交网络关系或隐匿高风险用户的重要信息。

第四步:发布过程。发布隐私保护后的社交网络图。

算法 7-1 为 DRS-S 数据发布算法。

算法 7-1 DRS-S 数据发布

输入:原始社交网络图 G_Input,分割参数(组数)k,用户隐私要求 P,采样参数(阈值)T,总节点数 n,隐私预算 ε。

输出:隐私保护后的社交网络图 G_Output。

```
01. begin
02.     for  i=1 to n    //计算节点在第1跳连接节点的数量
03.         count N_1[i];
04.     end for
05.     for  i=1 to n; j=1 to n   //计算两个节点的相同连接点数量
06.         count N[i][j];
07.     end for
08.     t=n/k;    //计算分割后子图的节点数
09.     for  i=1 to t   //将图 G 分割
10.         find  Max_N_1[i];  //N_1[i]最大的节点
11.         find  V_i[1]-V_i[t-1];  //Max_N_1[i]连接点中 N[i][j]最大的 t-1 个节点
12.         Max_N_1[i] to G_i;     //放入图 G_i 中
13.         V_i[1]-V_i[t-1] to G_i;
14.     end for
15.     for each G_i    //在各子图中采样
16.         if  P_V[i]≤T
17.             sample Node_V[i];    //根据阈值参数进行采样
18.             Node_V[i] to G_i';    //采样节点放入图 G_i' 中
19.             G_i' to G';     //各子图整合到图 G'
20.         end if
21.     end for
22.     G' to G_Output;   //得到发布图 G'
23. end
```

7.3 基于 Skyline 计算的社交网络隐私保护方法

社交网络中用户隐私泄露等级受社交网络图结构和用户自身威胁等级等诸多因素影响。针对社交网络数据的个性化隐私保护问题及用户隐私泄露等级评价问题,本节介绍基于 Skyline 计算的个性化差分隐私保护策略(Personalized Differential Privacy based on Skyline,PDPS)。首先构建用户的属性向量,采用基于 Skyline 计算的方法评定用户的隐私泄露等级,并根据该等级对用户数据集进行分割。然后应用采样机制实现个性化差分隐私,并对整合后的数据添加噪声。最后对处理后的数据进行安全性和实用性的分析并发布数据。

7.3.1 问题描述

本节重点研究的是社交网络中用户隐私泄露等级的评定方法。7.2 节提出的 DRS-S 数据发布机制基本满足了社交网络中关系型数据的"个性化"隐私保护。但是该方法中用户的隐私级别只考虑了用户的隐私要求,现实中隐私级别受多种因素影响,如用户的隐私要求、用户在社交网络中的位置、关联用户的威胁等级等等。此外,在隐私保护中每一种因素都有可能引起隐私泄露,所以各因素的权重难以确定。本节在解决好 7.2 节提出的"考虑不同用户的不同隐私偏好,实现个性化的隐私保护"问题的基础上,重点解决用户隐私泄露等级的评定问题,更有针对性地实现个性化的隐私保护。

7.3.2 相关定义

定义 7.4 Skyline 多维数据集的一条 Skyline,是通过对各维度属性的对比,数据集中的一个或多个不被其他点支配的点组成的点或线。

已知数据集上的点 m 和点 n,将点 m 所有维度的属性值与点 n 对比,如果点 m 在任意维度上的值都比点 n 更优或与点 n 一致,则称点 m 支配点 n。

定义 7.5 Skyline 计算[4] Skyline 计算指从数据集中找到组成这条 Skyline 的数据点,且 Skyline 计算的算法要做到迅速且准确。

Skyline 计算是一个典型的多目标优化的问题。Skyline 计算的一个经典的例子为:假设要去海边旅行,想找一个价格低且距离近的旅馆,但是离海边越近的旅馆价格越高,所以不能选择出一个最好的结果,只能列举出一些能让用户较为满意的旅馆,这些旅馆的评价属性表如表 7-2 所示。根据价格和距离两个属性画出散点图,如图 7-5 所示。在图 7-5 中找出在价格和距离两个方面都不比其他旅馆差的旅馆,这些不被支配的旅馆就是 Skyline。

表 7-2 旅馆的评价属性表

旅馆	距离/km	价格/元
p_1	3	350
p_2	6	250
p_3	10	400
p_4	13	50
p_5	16	75
p_6	20	160

续表

旅馆	距离/km	价格/元
p_7	23	25
p_8	26	100
p_9	30	300
p_{10}	40	130

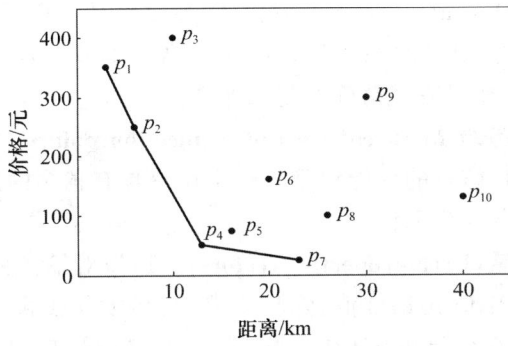

图 7-5　Skyline 计算选择旅馆散点图

定义 7.6 CFP 值(Comection Fingerprint)　CFP 的数量是社交网络用户属性中最重要的属性之一。由社交网络图可以得到用户在各跳内的连接信息,即在各跳内连接到的用户数量。CFPi 表示用户在 i 跳内连接的用户数量。CFP1 为第 1 跳 CFP 值,CFP2 为 2 跳内的连接点数。在如图 7-6 所示的社交网络示例图中,v_1 的 CFP1=3,CFP2=3。通过这些统计数据可以了解用户的社会影响,研究通过媒体传播的方式,制定合理的用户推广广告等。图 7-6 所示社交网络示例图对应的用户 CFP 连接信息如表 7-3。

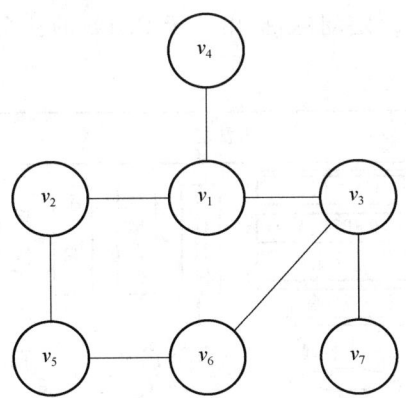

图 7-6　社交网络示例图

表 7-3　用户 CFP 连接信息

用户	CFP 连接点
v_1	$\{v_2,v_3,v_4\}_1,\{v_5,v_6,v_7\}_2$
v_2	$\{v_1,v_5\}_1,\{v_3,v_4,v_6\}_2,\{v_7\}_3$
v_3	$\{v_1,v_6,v_7\}_1,\{v_2,v_4,v_5\}_2$

续 表

用户	CFP 连接点
v_4	$\{v_1\}_1, \{v_2, v_3\}_2, \{v_5, v_6, v_7\}_3$
v_5	$\{v_2, v_6\}_1, \{v_1, v_3\}_2, \{v_4, v_7\}_3$
v_6	$\{v_3, v_5\}_1, \{v_1, v_2, v_7\}_2, \{v_4\}_3$
v_7	$\{v_3\}_1, \{v_1, v_6\}_2, \{v_2, v_4, v_5\}_3$

定义 7.7 隐私要求 P(Privacy Preferences) 隐私要求是一个用户的个性化的隐私偏好，P 值越小表示隐私要求越高，要求的隐私保护级别越高。本节设定每个用户可以设置自己的隐私要求，以确保每个用户都能得到精确的隐私保护。

定义 7.8 邻接点威胁等级 T(Threat level of connection points) 邻接点威胁等级是指一个用户通过邻接点泄露隐私信息的可能程度。一个用户具有越多的连接点，隐私要求越低，这个用户就越容易泄露相邻点的隐私信息。

定义 7.9 用户属性向量(User properties vectors) 通过对输入的原始社交网络图进行分析，可以提取出用户的 CFP1 值、CFP2 值、隐私要求 P、邻接点威胁等级 T。将这几个属性记录为向量，第 i 个用户的属性向量为 $\{CFP1[i], CFP2[i], P[i], T[i]\}$。

定义 7.10 隐私泄露等级 L(Privacy leak level) 第 1 条 Skyline 上的用户隐私泄露的可能性最小，这些用户的隐私泄露可能性记为 1。删除第 1 条 Skyline 上的点，从剩下的点中计算出第 2 条 Skyline。第 2 条 Skyline 上用户的隐私泄露可能性记为 2。依此类推。

定义 7.11 采样阈值 S(Sampling threshold) 设定一个采样阈值 S，将隐私泄露等级与采样阈值比较，如果 $L \leq S$，则该用户可以被采样；如果 $L > S$，则不能输出该用户。

7.3.3 解决方法

针对用户隐私泄露等级的评定问题，提出基于 PDPS 的社交网络数据发布机制，发布流程如图 7-7 所示。

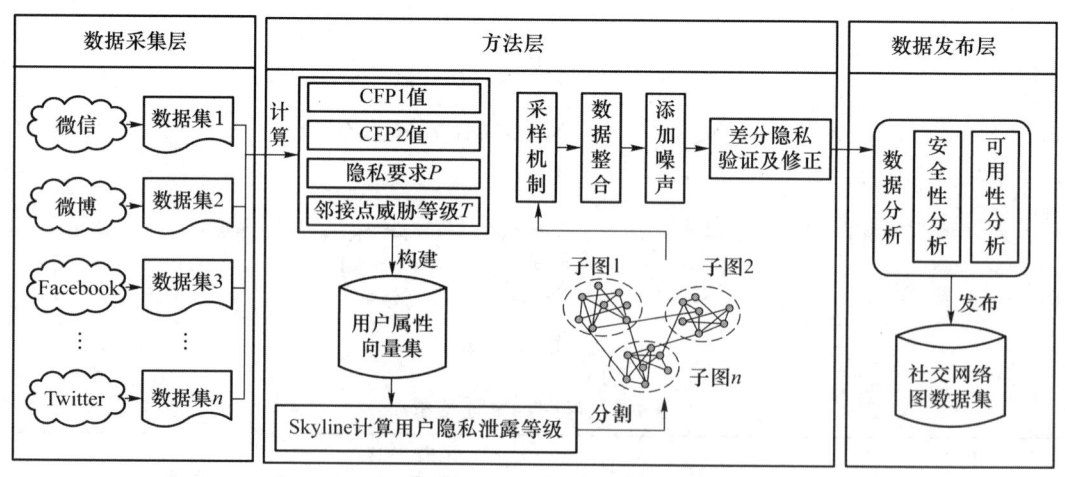

图 7-7 基于 PDPS 的社交网络数据发布流程

该机制包括三个模块：数据采集层、方法层、数据发布层。

1. 数据采集层

数据采集层可以从各大社交平台获取社交网络数据,如微信、微博、Facebook 等社交网络平台的数据集。数据集中包括用户的连接关系及相关属性。

2. 方法层

方法层中使用 PDPS 策略进行处理。PDPS 策略具体分为以下几个步骤。

(1) 输入原始社交网络图数据集。网络图数据集包括节点集和边集。节点集中的每一个节点代表一个用户,每个用户都有其属性值,初始输入应存有用户的隐私要求 P 值。边集用 0 和 1 分别表示两节点无连接和有连接。

(2) 构建用户属性向量集。首先计算每个用户的第 1 跳连接点数量 CFP1 值、第 2 跳连接点数量 CFP2 值和邻接点威胁等级 T。然后将这三个属性值和用户的隐私要求 P 值记录为该用户的属性向量,其中,第 i 个用户的属性向量为 $\{CFP1[i], CFP2[i], P[i], T[i]\}$。最后将所有用户的属性向量构建为用户属性向量集,表示为 $N \times 4$ 的矩阵。以 U1~U10 这 10 个用户为例,列出用户属性表,如表 7-4 所示。

表 7-4 用户属性表

用户	第 1 跳连接点数量 CFP1	第 2 跳连接点数量 CFP2	隐私要求等级 P	临接点威胁等级 T
U1	2	3	0.9	0.1
U2	4	5	0.7	0.4
U3	5	6	1	0.2
U4	6	10	0.2	0.6
U5	8	14	0.3	0.8
U6	11	16	0.6	0.5
U7	13	19	0.1	0.8
U8	14	20	0.4	0.7
U9	15	21	0.8	0.6
U10	20	24	0.5	0.4

(3) Skyline 计算用户隐私泄露等级。根据所有用户的属性向量计算第 1 条 Skyline,该 Skyline 上的点的隐私泄露等级定义为 $L=1$,若以 CFP1 值和隐私要求 P 为 Skyline 的决策标准,则可得到第 1 条 Skyline,如图 7-8 所示;然后去掉这些节点,计算第 2 条 Skyline,该 Skyline 上的点的隐私泄露等级定义为 $L=2$;依此类推。与选择旅店的例子类似,CFP1 值越小则第 1 跳连接用户越少,P 值越小则用户的隐私要求越高,用户的隐私越不容易泄露,即 L 值越小,隐私越不容易被泄露。设共分了 m 个等级,根据数据集规模设定分割系数 k,将数据集分割,每 m/k 个等级为一个子数据集,$L=1$ 至 $L=m/k$ 的用户存入子数据集 1,$L=m/k+1$ 至 $L=2m/k$ 的用户存入子数据集 2,依此类推。

(4) 采样。采样机制是实现差分隐私个性化的常用有效机制。首先根据用户的隐私要求 P 计算每一条边的可能性。其次为每一子数据集设定采样阈值 $S[i], i=1,2,\cdots,k$,若子数据集 1 中的用户隐私泄露等级较低,则设定较大的采样阈值。然后根据采样机制去掉隐私泄露等级较高的节点。最后将各子数据集整合,子数据集间原有的连接关系基本不变,输出 PDPS

处理后的社交网络数据集。

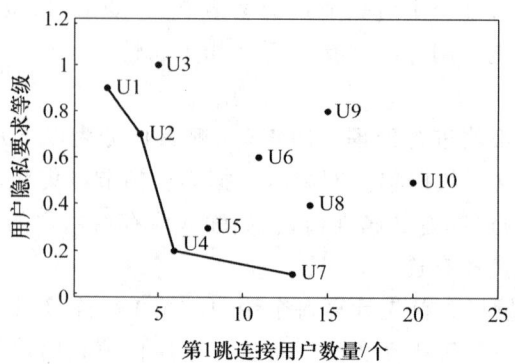

图 7-8 Skyline 计算用户威胁等级散点图

（5）添加噪声。为满足差分隐私，我们要在发布前对发布图添加噪声。针对社交网络图数据，采用的加噪方法为添加虚拟边和添加虚拟节点，然后验证是否满足差分隐私，如果不满足则修改噪声参数。

3. 数据发布层

在发布前应验证发布图的安全性和可用性。首先，抵抗隐私攻击的能力能够反映数据的安全性，这里使用隐私攻击的方法来验证数据的安全性，设定攻击者具有一定的背景知识，结合发布的社交网络图进行链接攻击，得出攻击结果的匹配度。然后，将图数据结构特征参数中的平均最短路径及平均聚类系数与隐私保护之前的原始数据集进行比较，验证社交网络图的可用性。

算法 7-2 所示为 PDPS 数据发布算法。

算法 7-2　PDPS 数据发布算法

输入：原始社交网络图 G，隐私要求 P，采样参数 $S[i]$，分割参数 k，总用户数 n。
输出：保护后的社交网络图 G'。
//01～09 计算用户隐私泄露等级，根据泄露等级分割
01. count $N_1[i], N_2[i], T[i]$;
02. $V[i] = \{N_1[i], N_2[i], P[i], T[i]\}$; //构建用户属性向量
03. $t = n / k$;
04. for　$i=1$ to $n, j=1$ to $n, m=1$; //计算用户隐私泄露等级
05. 　　　if $V[i]$ root $V[j]$
06. 　　　　　insert $V[i]$ to Skyline$[m]$;
07. 　　　　　remove $V[i]$ from G;
08. end for
09. insert Skyline$[i]$-Skyline$[i+m/k]$ to $G[i]$; //根据 k 值分组
//10～15 采样机制及重组
10. for each $G[j]$
11. 　　　if　$P\_V[i] \leqslant S[j]$
12. 　　　　　sample Node_$V[i]$;

13.   Node_V[i] to $G[j]'$;
14. end for
15. put each G_i' to G';
//16~19 添加噪声、验证及发布
16. add noise;
17. if G_output dissatisfies the unit-differential privacy
18.   correct it;
19. publish the G_output;

7.4 基于隐私攻击的社交网络数据分析方法

对保护前后的数据进行对比分析,可验证保护后的数据是否能被安全地发布。本节介绍基于隐私攻击的数据分析方法,构建社交网络数据的分析系统。首先,介绍社交网络、隐私攻击方法、图数据结构特征的相关定义。其次,介绍基于节点强度及度数的攻击方法,并将该方法用于数据的安全性分析;计算社交网络图的平均最短路径及平均聚类系数,用于数据的可用性分析。最后,综合安全性分析和可用性分析介绍基于隐私攻击的数据分析方法。

7.4.1 问题描述

前两节介绍了两种社交网络隐私保护的数据发布方法,验证这两种方法发布的数据是否符合发布标准,对发布数据进行安全性和可用性分析十分必要。用隐私攻击的方法可以验证隐私保护的效果,即发布数据的安全性,此外,还需要采用一种针对本章所保护的关系型数据的隐私攻击方法。本节旨在解决进行何种隐私攻击来验证社交网络图的安全性,如何对社交网络图进行可用性分析,如何验证上文提出的隐私保护方法安全有效的问题。

7.4.2 相关定义

定义 7.12 网络拓扑结构 社交网络关系型数据,由用户及用户间的联系组成。通常,用网络拓扑结构中的点表示用户,用边表示用户间的联系。点和边共同组成了网络拓扑结构。

定义 7.13 有向图与无向图[5] 无向图可定义为 $G=(V,E)$。其中,V 为非空集合,称为顶点集;E 为集合,包括 V 中所有元素构成的有序二元组,即边的组合,称为边集。但是 E 中的所有边均是无向的。有向图和无向图的差别为元素间有无指向关系。有向图可以定义为 $G=(V,E,R)$。其中,R 为关系的集合。

例如:对于 QQ 而言,其社交网络关系为无向图,不过为了描述用户之间的关系,我们仍可以用 $G=(V,E,R)$ 表示,可用 $R=0,1,2$ 分别表示亲属、朋友、同事关系,如图 7-9(a)所示。微博中的用户之间存在关系(例如,关注、被关注以及互相关注关系),故其社交网络关系图是有向图,用 $G=(V,E,R)$ 表示时,可用 $R=0,1,2$ 分别表示关注、被关注、互相关注关系,如图 7-9(b)所示。

定义 7.14 入度与出度 无向图中,度表示一个点所连接的边的数量。如图 7-9(a)所示,

点 b 的度为 4。有向图中，度分为入度和出度。一个点的入度表示所有指向该点的边数，出度表示由该点向外指出的边数。如图 7-9(b) 所示，点 b 的入度为 1，出度为 4。

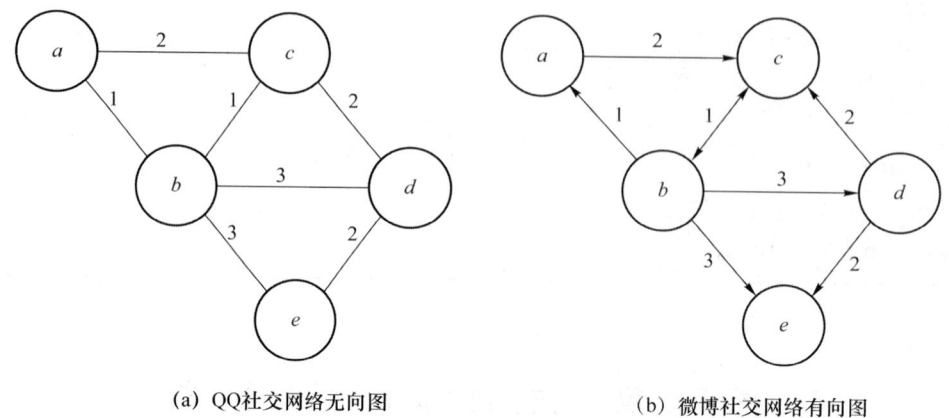

(a) QQ社交网络无向图　　　　(b) 微博社交网络有向图

图 7-9　社交网络无向图

在社交网络中，可以用入度表示用户的被关注量，出度表示用户的关注量。

定义 7.15 邻域　一个点的邻域为所有与该点相连的邻接点的集合。有向图中邻域还可分为入度邻域和出度邻域。

在社交网络中，可以用邻域表示用户的好友群。例如，在微博中，可以用入度邻域表示用户的粉丝群，用出度邻域表示用户的关注群。

定义 7.16 基于度数的攻击[6]　在社会网络数据中，许多信息片段都可能被认为是用户的隐私。现实生活中存在着这样一类社会网络，用户隐私信息被定义为节点的度数。例如，在一个商业贸易网络中，节点的度数表示该机构和多少个客户进行过交易；在公司人事网络中，节点的度数表示该职位需要和多少个同事进行联系。如果攻击者知道目标节点的度数，并且在该社会网络中，与目标节点度数相同的节点较少，那么攻击者就可能以较高的置信度在网络中识别出目标节点。

例如，图 7-10 所示是一个朋友网络，每个节点代表一个人，两个人之间如果是朋友关系，那么他们之间连一条边。由图 7-10 可知，Bob、Tom 和 Jim 各有 2 个朋友，Lucy 和 Lily 各有 3 个朋友，Ada 有 4 个朋友。如果攻击者知道某些节点的度数信息，那么该节点存在被识别出来的可能性。例如，如果攻击者知道 Ada 有 4 个朋友，而图上只存在唯一一个 4 度的节点，Ada 在社会网络中就会直接被攻击者识别出来。

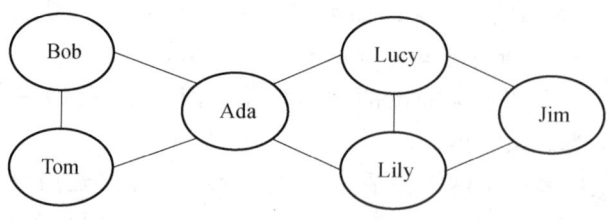

图 7-10　朋友网络

定义 7.17 平均最短路径[7]　在网络图的任意两个节点 i 和 j 之间的所有通路中，连通这两个节点的边数最少的路径称为节点 i 和 j 之间的最短路径。网络中所有节点对的最短路径的平均值，称为网络的平均最短路径，是网络的全局特征。

在具有边信息的加权社交网络图中,平均最短路径不仅取决于两个节点间的路径,而且受两个节点间路径上的权重值的影响。平均最短路径体现了整个社交网络中包括节点、边的权重的关系,是网络结构方面的重要参数。

定义 7.18 平均聚类系数 在网络拓扑图中,聚类系数[8]是一个网络图中节点的聚集程度的量化值。在社交网络图中,用户被分为不同的群组,相同群组的用户社交网络关系相对紧密,则该部分用户构成的社交网络图的聚类系数较大。

在网络图中,如果点 v_3 与点 v_2 相连,点 v_2 与点 v_1 相连,那么点 v_3 很可能与点 v_1 相连。根据这种现象,可推出部分节点间存在的密集连接性质。可以用聚类系数 CC_{v_2} 来表示 v_2 的密集连接性质:

$$CC_{v_2} = \frac{n}{C_k^2} = \frac{2n}{k(k-1)} \tag{7.1}$$

其中,k 表示节点 v_2 的所有相邻的节点的个数,n 表示节点 v_2 的所有相邻节点之间相互连接的边的个数。平均聚类系数的值等于网络中所有点的聚类系数的平均值。平均聚类系数是表示网络中节点间关系的特征参数,也是描述网络结构的重要参数。

定义 7.19 数据损失率 数据损失率用来表示数据处理前后数据损失的程度。在社交网络图中,数据损失率用删除的边的数量除以原始边的数量来表示。

7.4.3 解决方法

1. 基于节点强度和度数的攻击方法

假设攻击者已知部分节点的度数和强度,进行基于节点强度和度数的隐私攻击,得到相应的目标节点。目标节点的匹配率 P 为衡量社交网络数据安全性的指标,匹配率越低,社交网络数据越安全。根据不同的数据集,设定不同的专家参数 T_1,如果 $P \leqslant T_1$,则社交网络数据是安全的,可以发布;如果 $P > T_1$,则社交网络数据不安全,不可以发布。

社交网络数据分析的重点是数据安全性的分析和数据可用性的分析。攻击者拥有不同的背景知识并利用已有的攻击手段,通过已经发布的社交网络数据集,能够识别出目标节点或个体,从而攻击用户的隐私。因此,抵抗隐私攻击的能力能够反映数据的安全性,我们结合隐私攻击的方法来验证数据的安全性。

基于度数的攻击是常见的隐私攻击方法。由于基于度数并已知相邻边的权值能够更好地识别出目标节点,因此下面介绍基于节点强度和度数的隐私攻击方法来进行社交网络数据的分析。

在加权社交网络中,由于与某个节点相连的各条边的权重可能不同,于是引入了节点的强度用于描述节点的重要性。节点 v_i 的强度定义为

$$S_i = \sum_{j \in N(i)} R_{ij} \tag{7.2}$$

其中,$N(i)$ 为节点 v_i 的所有邻居节点,R_{ij} 表示所有与节点 v_i 相连的边的权重。

基于节点强度和度数的攻击的实质是在攻击者得知某节点的节点强度和度数的情况下对网络中的信息进行隐私攻击。例如,已知某节点有三个连接点且其中一个是亲戚、两个是同事,则该点的度数为 3,节点强度为 $1+3\times2=7$。

对于社交网络图 G,通过计算各节点的度数,可以得到图 G 的节点度数序列:

$$D = \{D_1, D_2, \cdots, D_N\}$$

通过计算各节点的强度,可以得到图 G 的节点强度序列:

$$S = \{S_1, S_2, \cdots, S_N\}$$

其中,N 为社交网络中的节点数量。如果在某个节点强度的序列中,攻击者能够识别出某个节点的强度值,则攻击者就可以找到他的目标节点 v_i。例如,图 7-9(a)中各节点的强度分别为 $S_a=3, S_b=9, S_c=6, S_d=7, S_e=5$,节点强度序列为 $\{3,5,6,7,9\}$。如果攻击者想要得到节点强度为 9 的节点,那么他就可以根据发布图计算各节点的强度,对比得出点 b 即为目标节点。不论攻击者是否已知节点的度数及强度,我们都可以通过这两个序列的对比分析得出目标节点。这就是基于节点强度和度数的隐私攻击方法的基本原理。

2. 社交网络数据分析流程

社交网络数据不仅要具备安全性,还要具备可用性。将图数据结构特征参数中的平均最短路径及平均聚类系数与实施隐私保护之前的原始数据集进行比较。与验证数据安全性类似,根据不同的数据集,设定平均最短路径的专家参数 T_2 和平均聚类系数的专家参数 T_3,计算发布的社交网络图上的这两个参数并进行对比,验证社交网络图的可用性。

基于隐私攻击的社交网络数据分析流程如图 7-11 所示。

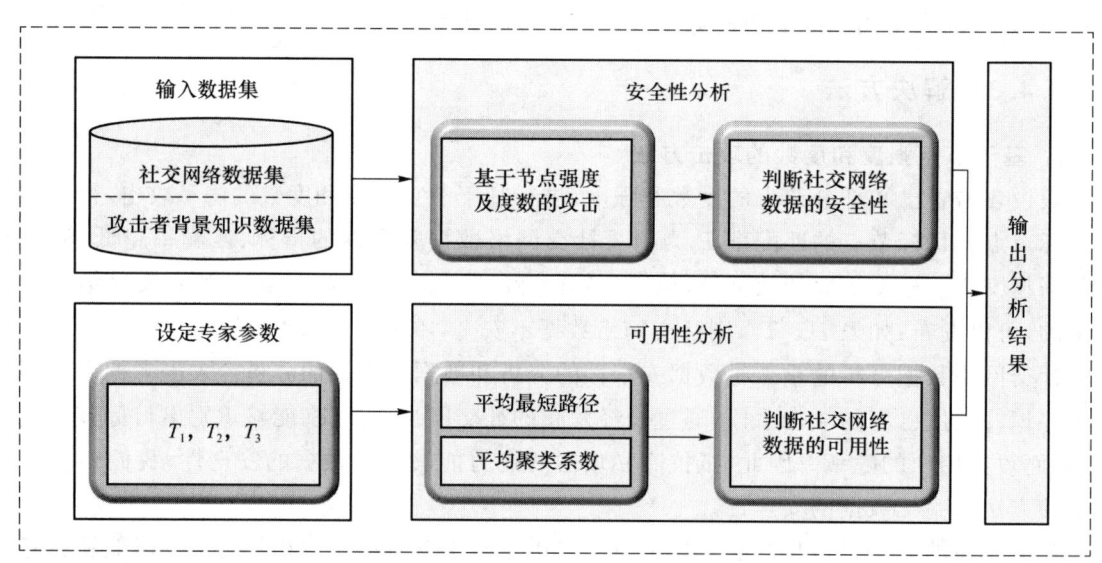

图 7-11 基于隐私攻击的社交网络数据分析流程

具体的研究方案如下:

(1) 输入数据集。输入社交网络数据集、攻击者背景知识数据集、安全性参数、平均最短路径的参数、平均聚类系数的参数。

(2) 数据安全性分析。计算图中节点的度数和节点强度;进行基于节点强度及度数的攻击,计算攻击结果的匹配度;将隐私保护前后攻击结果的匹配度进行对比,验证社交网络数据的安全性。

(3) 数据可用性分析。计算平均最短路径,计算平均聚类系数;参数对比,验证社交网络数据的安全性。

(4) 输出数据分析结果。是否满足设定的安全性和可用性相关参数,判定输出的社交网络图是否安全可用。

算法 7-3 是社交网络数据分析算法。

算法 7-3 社交网络数据分析算法

输入：发布数据集 G，攻击者已知背景知识数据集 DS，DS = $\{(D_1,S_1),(D_2,S_2),\cdots,(D_i,S_i)\}$，数据安全性参数 T_1，平均最短路径参数 T_2，平均聚类系数参数 T_3。

输出：社交网络数据分析结果。

```
//01～14 行为社交网络数据的安全性分析；15～23 行为社交网络数据的可用性分析
01. D={D₁,D₂,…,D_N};            //计算图中节点的度数
02. S={S₁,S₂,…,S_N};            //计算图中节点的强度
03. int n_p=0;                   //03～10 行计算攻击结果的匹配度
04. for(i=1;i++;i≤m)
05.   { for(j=1;j++;j≤n)
06.     { if((D_i==D_j)&&(S_i==S_j))
07.         i=j;n_p++;
08.     }
09.   }
10. P=n_p/n;
11. if (P≤T₁)                    //11～15 行验证社交网络数据的安全性
12.     printout("社交网络数据是安全的");
13. else if
14.     printout("社交网络数据是不安全的");
15. Dist={d(1,1),d(1,2),…,d(i,j),…,d(n,n)};
16. D=∑Dist/n²;                  //计算平均最短路径
17. CC={CC₁,CC₂,…,CC_n};
18. C=CC/n;
19. if((D≤T₂)&&(C≤T₃))           //19～22 行验证社交网络数据的可用性
20.     printout("社交网络数据是可用的");
21. else if
22.     printout("社交网络数据是不可用的");
23. end
```

本 章 小 结

社交网络的发展深刻地改变了人们的交流方式，同时产生了大量有价值的信息，包含多种关系和敏感隐私信息。在社交网络中，无论哪种类型的隐私信息泄露都可能使个人的隐私受到威胁。因此，"既能保证发布数据的可用性，又能保证用户的隐私安全"是当前社交网络数据

隐私保护亟待解决的矛盾与问题。

本章基于社交网络中的隐私保护问题，介绍了社交网络中隐私保护的基础知识，针对社交网络中数据的隐私保护方案，依次介绍了基于分割采样的社交网络数据发布方法、基于 Skyline 计算的社交网络隐私保护方法和基于隐私攻击的社交网络数据分析方法。

思 考 题

1. 什么是社交网络？它有哪些特征？
2. 社交网络中存在哪些隐私风险？请举例说明。
3. 请简述基于分割采样的数据发布流程。
4. 什么是 Skyline 计算？
5. 社交网络数据分析的流程是什么？

参 考 文 献

[1] 中国互联网信息中心. 第 51 次中国互联网络发展状况统计报告[EB/OL]. (2023-03-03)[2023-05-20]. https://cnnic.cn/NMediaFile/2023/0322/MAIN16794576367190GBA2HA1KQ.pdf.

[2] 刘向宇, 王斌, 杨晓春. 社会网络数据发布隐私保护技术综述[J]. 软件学报, 2014, 25(3): 576-590.

[3] ADHIKARI K, PANDA R K. Users' information privacy concerns and privacy protection behaviors in social networks[J]. Journal of Global Marketing, 2018, 31(2): 96-110.

[4] WANG H, HU X, YU Q, et al. Integrating reinforcement learning and skyline computing for adaptive service composition[J]. Information Sciences, 2020, 519: 141-160.

[5] AI J, GERKE S, GUTIN G, et al. Proximity and remoteness in directed and undirected graphs[J]. Discrete Mathematics, 2021, 344(3): 112252-112261.

[6] 孙昱, 姚佩阳, 张杰勇, 等. 基于优化理论的复杂网络节点攻击策略[J]. 电子与信息学报, 2017, 39(3): 518-524.

[7] LIU S, ZHANG D G, LIU X H, et al. Dynamic analysis for the average shortest path length of mobile ad hoc networks under random failure scenarios[J]. IEEE Access, 2019, 7: 21343-21358.

[8] LI Y, SHANG Y, YANG Y. Clustering coefficients of large networks [J]. Information Sciences, 2017, 382: 350-358.

第 8 章 区块链中的隐私保护技术

本章学习要点
- 区块链概述
- 区块链中的隐私威胁分类
- 区块链隐私保护方案
- 区块链数据隐私保护未来研究方向

案例：2019 年 11 月，数字货币交易平台 BitMEX 在发送平台邮件通知时没有采用密送设置，导致该邮件所有接收人的邮箱地址被泄露，事后有研究人员在推特上发布消息称，已收集到的邮箱地址超过 2.3 万个，严重威胁了相关用户的比特币所有权和区块链账户安全。结合上述案例，不难发现区块链中的隐私泄露问题逐渐向高频化、范围化、强危害性化方向发展，区块链数据隐私保护迫切地需要系统的安全性研究作为指南。

最近，比特币[1]、门罗币[2]、达世币[3]等密码货币风靡全球，其中所涉及的区块链引起全球广泛关注。区块链被认为是一种突破性的技术，其不仅将 Merkle 树[4]、Pow 证明[5]等技术进行整合，还结合运用零知识证明、Hash 函数、数字加密和签名等密码学技术，形成新的计算范式和分布式结构[6-9]。

如今，区块链的应用涉及多个领域，从最开始的比特币、门罗币等电子货币领域到银行、证券等金融行业，再到刷脸支付、智能家居等物联网领域，受到行业各界的普遍重视。各国政府机构也高度关注区块链的发展，加紧部署区块链发展战略与政策。我国将区块链发展列入战略性前沿科技，并写进了《"十三五"国家信息化规划》，而后中国信息通信研究院于 2019 年 10 月发布了《区块链白皮书（2019 年）》[10]。2019 年 10 月 24 日，习近平总书记在中央政治局第十八次集体学习时强调，把区块链作为核心技术自主创新重要突破口，加快推动区块链技术和产业创新发展，使区块链技术在建设网络强国、发展数字经济、助力经济社会发展等方面发挥更大作用。

然而，区块链系统没有中心化的机构处理与维护数据，为了使各节点快速达成共识，系统中所有交易都可被追溯，尽管在区块链中所有用户的地址都匿名，但是如果不法分子利用这些匿名地址进行追踪，分析用户交易之间的联系，那么最后综合其他信息进行推测很容易获得用户的真实隐私数据[11]。此外，在区块链系统中，系统的所有交易数据存储在分布式全节点中，节点的防御能力各不相同，恶意节点会加入区块链系统并获取交易数据，而且就目前而言，传统的数据隐私保护方案根本无法对区块链系统中分布式存储、高频率访问和透明公开的用户在交易信息时进行隐私保护，传统的数据隐私保护方案并不适用于区块链。因此，在使用区块链技术的同时,需要解决区块链存在的隐私泄露问题,保证用户的信息安全。

目前,对数据隐私已有很多保护方法,这些方法涉及区块链的网络层、交易层以及应用层等多个方面。本章旨在对区块链技术的发展现状、数据隐私威胁、数据隐私保护等攻击类型和保护方法进行综合概述,希望能给目前区块链数据隐私保护的相关研究提供一定的借鉴和参考,最后在归纳区块链数据隐私保护技术的基础上,对未来的区块链数据隐私保护进行展望。

8.1 区块链隐私保护基础

8.1.1 区块链概述

区块链是一种源自比特币基础技术的新型技术系统,其最初的定义来源于 Satoshi Nakamoto(中本聪)在 2008 年发表的论文。作为一种分布式账本,其每个节点的运作方式是将一段时间内接收的事务数据和代码采用特殊的散列算法和 Merkle 树进行封装并放入数据块,最后衔接到最长的区块链。"去中心"与"不可篡改"是区块链技术最重要的特征,它可以在不依靠第三方信任组织的条件下在对等体之间建立信任传递,这不仅能使交易的成本大大降低,还能使交易的效率大大提升。

区块链技术刚被提出的时候,其架构通常被分为 6 层,即数据层、网络层、共识层、激励层、合约层和应用层。图 8-1 为区块链技术早期架构图。

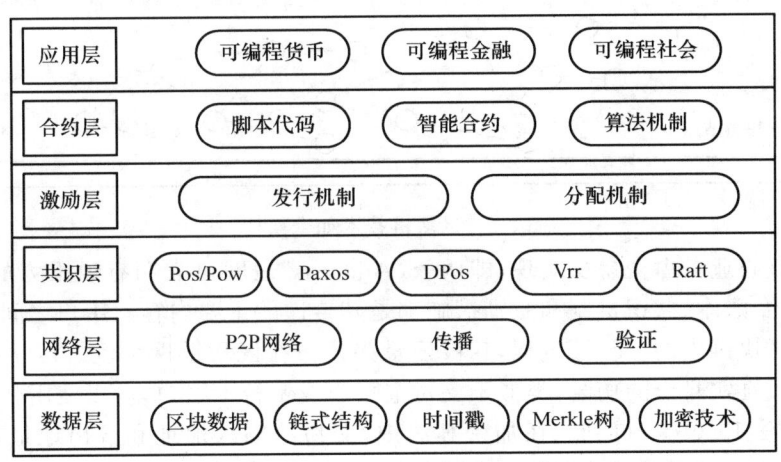

图 8-1 区块链技术早期架构

随着时间的推移,区块链技术的研究越来越深入,区块链技术发展迅速,区块链架构也在不断变化,很多传统的模块被弱化,甚至类似于激励层的机制在联盟链和私有链技术中已经被替代了。通过详细分析区块链技术的本质特性和进展,本节将区块链技术的架构简化为三个层次,即网络层、交易层和应用层,如图 8-2 所示。接下来,依次对这三个层次进行具体介绍。

1. 网络层

网络层负责控制建立区块链网络以及所有节点之间信息的传递,其核心内容包括两部分:组网方式和数据传播协议[12]。

网络层利用 P2P 技术实现分布式网络机制,主要任务是保证区块链节点之间可以通过 P2P 网络进行有效通信。在自动联网机制下,节点通过维护公共区块链结构来维持通信。网络层对区块链系统的组网方式、消息传播协议和数据验证机制进行了封装。根据实际应用需求,区块链系统中的每个节点都可以通过设计特定的传播协议和数据验证机制参与块数据的校验和记账过程。只有在经过整个网络上大多数节点的验证后,才能在区块链中输入区块链。

2. 交易层

交易层负责交易数据的建立、检验和保存,区块链的核心业务在该层中实现。其主要内容包括地址格式、交易格式、全局账本和共识机制。

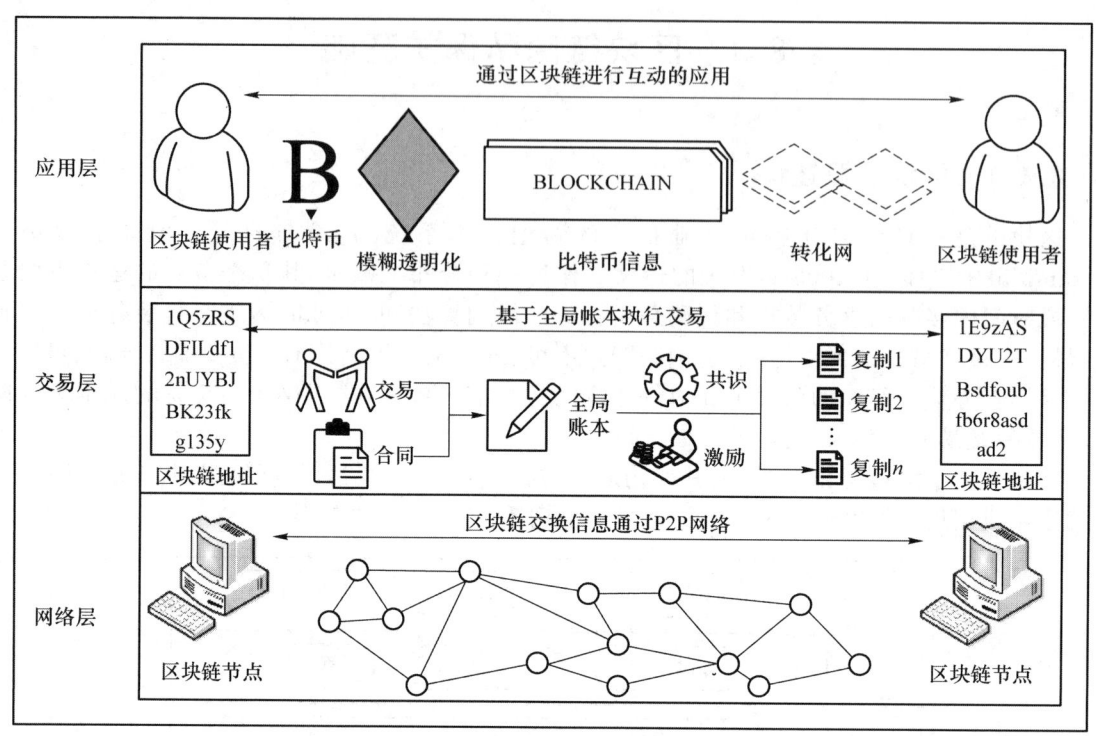

图 8-2　区块链技术如今架构

区块链的核心业务由交易层实现,即两个"Address"之间可靠和有说服力的数据传输,且地址、交易、合约、账本、共识机制和激励措施都是其传递的主要内容。用户之间的一系列数据交互过程就是区块链中的"交易"过程,其被记录并公布在区块链网络上。区块链中的"地址"是用户用来隐藏真实身份的伪装,类似于支付宝账户或银行卡账户,可以使用公钥和加密算法(如椭圆加密算法 ECC[13])得到。在加密算法中,交易的输入地址和输出地址是由公钥生成的,私钥信息由用户自己保存并用于生成签名以验证所需资金的所有权。以下是两种常见的区块链地址。

(1) 比特币地址:"1Q5zRSDFILdf12nUYBJBK23fkg135y"。
(2) 以太坊地址:"1E9zASDYU2TBsdfoubfb6r8asdad2"。

区块链地址主要包括两个地址(输入和输出)以及交易内容等。在数字货币中,交易的内容表示交易的金额。而在其他应用程序中,它可以表示字符串或证书 ID。本节通过最广泛使用的区块链比特币——存储数据的哈希值的交易例子来介绍交易层的数据格式。

表 8-1 显示了简化的比特币交易格式,表 8-2 和表 8-3 分别显示了比特币交易格式(a)和(b)。

表 8-1　简化的比特币交易格式

编号	Txhash			Transaction Hash		
	输入账户			输出账户		
编号	Pre-Txhash	索引	签名	编号	账户	数量
编号	Pre-Txhash	索引	签名	编号	账户	数量
…				…		

表 8-2 比特币交易格式(a)

N1001	7f5RSdf12nUYBUK23f				—	
	—			0	1YU5PTM7TH2CDS14t5al2	5.0
0	8duSAD2jf7gCFS39kjs4k	1	签名1	1	1BT7lRC9RL6ETM27l0by2	2.5
N1001	7f5RSdf12nUYBUK23f					

表 8-3 比特币交易格式(b)

N1002	7TBt5iy3r1CJNHK5lt				—	
0	7f5RSdf12nUYBUK23f	1	签名2	0	1Deljie2uyetDu23KtgJiCk1	3.0
1	2Buiy3r1CJNFSHK5lt4y	2	签名3	1	1AdeYu79y6jbnkib3tTV2r	1.6
N1002	7TBt5iy3r1CJNHK5lt					

为确保所有合法节点维护的全局账本的相同区块链中采用了共识机制。目前，主流的共识机制主要为工作量证明(POW 机制)、权益证明(POS 机制)、股份授权证明(DPOS 机制)以及拜占庭容错机制(PBFT 机制)[14]等。

3. 应用层

目前，应用程序场景的程序和接口都是由应用层提供的，并且安装在应用层的各种应用程序是直接与用户进行交互的，用户不用去探究区块链那些底层的细节。目前，典型的区块链应用包括数字货币应用、数据存储应用以及能源应用等。

(1) 数字货币应用。除了比特币之外，以太币[15]、Z-cash 零币[16]、门罗币等区块链中的数字货币都是由参与区块链共识机制的矿工节点创建的，用户可以使用他们持有的数字货币在数字货币系统中进行交易，购买各种商品或者服务。

(2) 数据存储应用。区块链公司开发了便捷的存款证书系统，这是区块链技术的重要应用方向。用户通过存款证书系统上传文件数据，然后系统完成编写区块链的后续步骤。系统完成存证后，用户利用系统返回的事务哈希值查看存储记录。

(3) 能源应用。整个能源价值链中的数字化可以帮助公司实现前所未有的高效率，同时降低交易成本和风险。越来越多的能源和商品贸易公司依靠这一点来优化他们的流程。

8.1.2 区块链中的隐私分类

日常信息系统中的隐私一般指数据拥有方不想透露的初始数据，或数据中隐含的某些特征。但区块链技术必须披露一些信息，如交易内容，以便维护分布式节点之间的数据同步并在交易上达成共识。因此，为了保护用户隐私以及降低隐私泄露的风险，必须对一些敏感数据进行相应处理。通过分析区块链技术的特点，可将区块链中的隐私概括为两类：身份隐私与交易隐私。

身份隐私是指区块链系统中能够用于识别用户身份的敏感信息。区块链地址是用户在区块链系统中使用的昵称。无论用户身份信息如何，用户都不需要第三方参与创建和使用地址。因此，区块链地址比传统账号(如信用卡号)拥有更好的伪装性。当用户使用昵称(区块链地址)参与区块链服务时，个人敏感信息存在被泄露的风险，如网络层中的区块链交易痕迹可被用于猜测用户区块链地址的真实信息。

交易隐私是指保存在区块链系统中包含用户交易信息或能够标识特定交易过程的敏感信息。在最初的区块链数字货币应用中,交易记录是不被保密的,即任何用户都可以查询。然而,证券银行等金融领域使用区块链技术进行业务时,交易记录是十分隐私且要紧的数据。此外,用户隐私信息也许会被交易记录等敏感数据泄露。例如,用户的收入水平、生活状态等隐私信息都可以通过用户的交易记录推断出来。

8.2 区块链中的隐私威胁

区块链数据面临的隐私威胁分为三类:网络层面临的数据隐私威胁、交易层面临的数据隐私威胁和应用层面临的数据隐私威胁。

8.2.1 网络层面临的数据隐私威胁

网络层负责底层通信的整个过程,包括块链节点设置模式、节点通信机制和数据传输机制。以比特币为例,区块链网络层主要面临以下几种隐私威胁,如图 8-3 所示。

(1) IP 地址泄露。攻击者可以部署探测节点,以便轻松检测节点的 IP 地址。

(2) 节点拓扑关系暴露。攻击者使用探测节点通过主动获取和被动监听获得节点之间的拓扑关系。

(3) 传播交易信息泄露。因为网络中传播的交易信息在网络层传播时是不加密的,所以攻击者可以很容易读取网络中传播的交易信息。

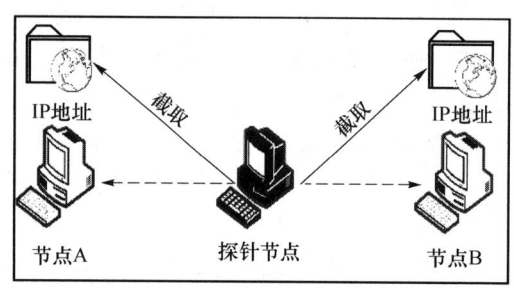

(a) IP地址泄露

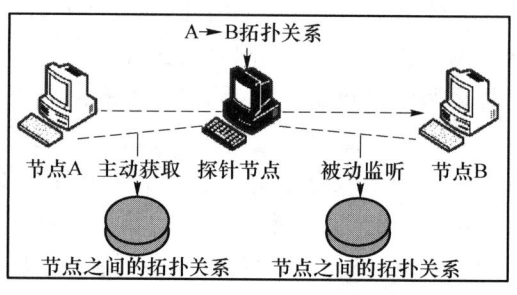

(b) 节点拓扑关系暴露

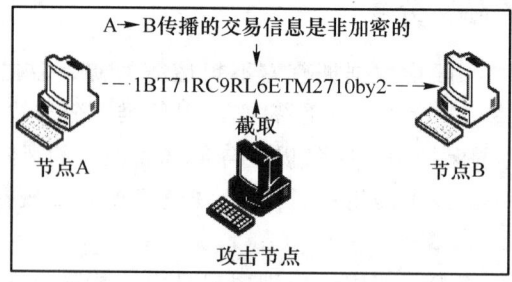

(c) 传播交易信息泄露

图 8-3 网络层面临的数据隐私威胁

8.2.2 交易层面临的数据隐私威胁

交易层负责区块链的数据生成、验证、存储和使用的整个过程,而且在区块链交易中,交易双方的地址是其公钥的哈希值,又被称为假名,以避免和交易实体的 IP 地址混淆。当前区块链全局分类账本中的整个交易历史都是公开的,因此,任何人都可以看到资金是如何从一个假名传输到另一个假名的,并且同一用户的不同假名可能会被攻击者链接在一起。因此,数据背后的用户数据信息和知识非常容易受到隐私威胁,如图 8-4 所示。

(1) 交易信息被挖掘。攻击者可以对交易记录进行分析,然后筛选有价值的信息,从而对交易隐私构成威胁。换句话说,攻击者可以轻松地从公共全局账本中获取全部数据,并使用大数据挖掘技术发现用户交易规则等有用的私人信息。

(2) 身份信息被推测。比特币系统的当前交易数据大约是 300 GB,包括自 2008 年以来一直在运行的全部交易记录。因此,攻击者不仅可以对交易数据进行分析,而且可以在此基础上结合一些背景知识来推测交易者的身份信息。除此之外,攻击者可以分析账本中的数据,窃取任何账户的所有交易。甚至针对多个账户之间的交易记录进行分析,纵然客户使用很多个账户进行交易,攻击者也能够通过地址聚类技术[17]判别出属于同一用户的多个账户,从而带来身份隐私威胁。

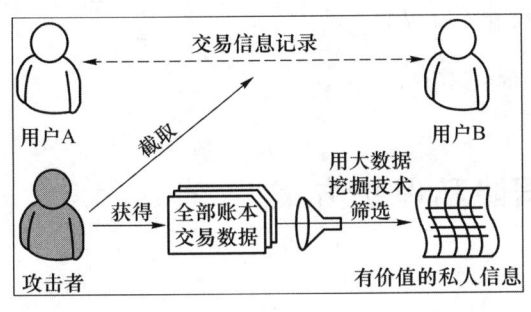 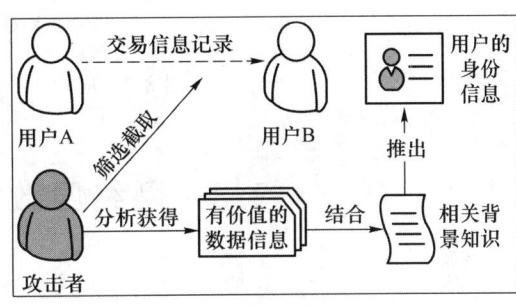

(a) 交易信息被挖掘　　(b) 身份信息被推测

图 8-4　交易层面临的数据隐私威胁

8.2.3 应用层面临的数据隐私威胁

应用层负责外部使用区块链技术的过程。外部使用包括普通用户使用区块链程序和其他应用程序调用区块链界面。外部使用区块链的过程可能会暴露交易隐私和身份隐私。例如,用户在社交网站(如论坛)上发布自己的比特币地址,导致该用户其私人信息暴露。应用层面临的数据隐私威胁如图 8-5 所示。

(1) 使用应用不当泄露隐私的威胁。当用户使用区块链技术时,由于不了解区块链的安全机制,因此可能会进行一些泄露私人信息的行为,然后恶意用户采取一些手段获取私人信息并进行恶意操作,从而威胁到个人用户的财产安全。

(2) 使用应用遭受恶意攻击的威胁。用户在使用提供区块链服务的网站时,由于这些网站没有采用有效的隐私技术保护,因此容易被恶意攻击且被盗取用户个人隐私信息,存在显著的隐私泄露隐患。

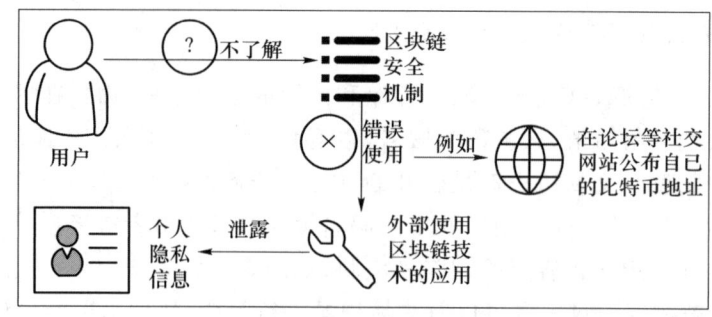

(a) 使用应用不当泄露隐私的威胁

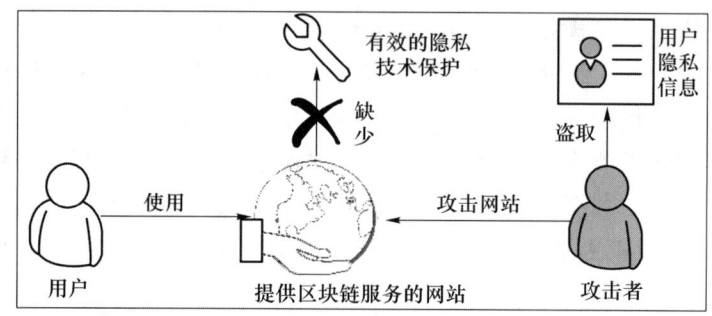

(b) 使用应用遭受恶意攻击的威胁

图 8-5 应用层面临的数据隐私威胁

8.3 网络层数据隐私保护方案

8.3.1 网络层数据隐私保护分析

网络层负责整个底层的通信过程,在区块链中起着举足轻重的作用。而在区块链最早的应用比特币系统中,由于节点访问间无需批准,因此任何用户都可以通过运行比特币程序成为区块链的节点,节点使用 P2P 协议进行相互通信和数据传输。该机制不仅可以使得攻击者对整个网络的通信信息进行监听,而且还能让攻击者获得主动权。因此,网络层隐私保护的重点是限制节点抵抗被动和主动攻击的权利。

8.3.2 网络层数据隐私主要保护技术

网络层数据隐私主要保护技术大致分为三类,具体如图 8-6 所示。

(1) 限制接入。对区块链的节点进行管理授权,未经授权的节点不能访问网络并获取相关的交易信息和阻止信息。例如,P2P 网络技术、数据验证机制等。

(2) 恶意节点监测和屏蔽。在公共链架构中无法直接约束节点对网络的访问,但是检测机制可以被用来发现恶意节点并将其加入禁止访问名单,这样可以防止恶意节点继续获取隐私信息。

(3) 网络层数据混淆。为了预防攻击者利用网络拓扑来获取身份隐私信息,有些研究者提出在拥有隐私保护功能的网络上放置区块链。例如,洋葱网络[18]、暗网[19]和Riffle[20]。

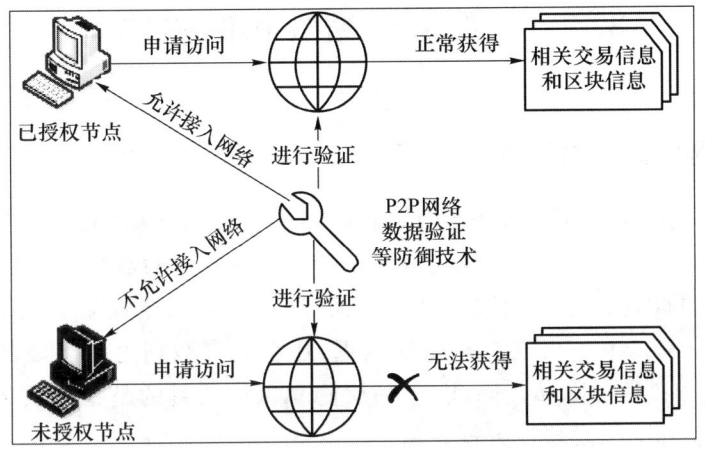

(a) 限制接入

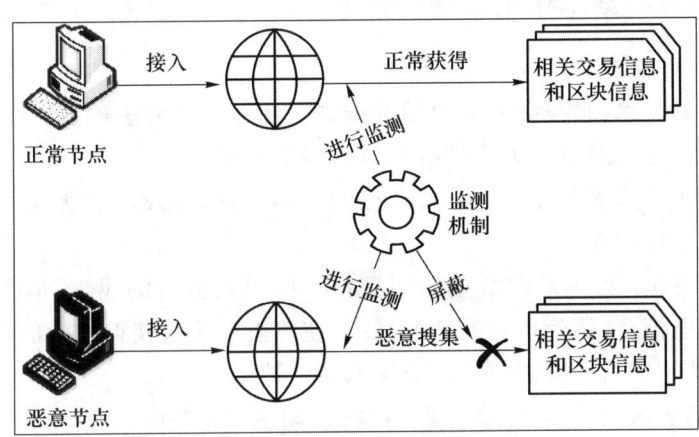

(b) 恶意节点监测和屏蔽

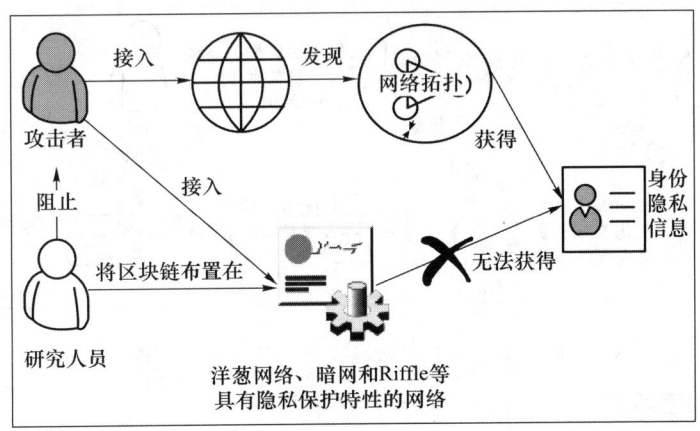

(c) 网络层数据混淆

图8-6 网络层数据隐私主要保护技术

8.4 交易层数据隐私保护方案

8.4.1 交易层数据隐私保护分析

交易层与为区块链中的所有事务生成、验证、存储和使用数据的过程相关。可以说,交易层数据隐私保护是最重要的,因此区块链技术设计了一种特殊的数据结构和共识机制,确保交易的稳定性、无法窜改性和分布式同一性。然而,这些机制也导致交易隐私面临被披露的风险:完整和开放的交易账本不仅会披露交易数据,还会暴露数据之后隐藏的交易者之间的联系,甚至会暴露交易者身份隐私。因此,交易层隐私保护的目的是在区块链的基本共识机制下,尽力将数据信息和知识隐藏在数据背后。

8.4.2 交易层数据隐私主要保护技术

1. 基于数据失真的技术

基于数据失真的技术的原理是,对原始数据进行扰乱达到无法辨别原有数据的效果,从而完成数据隐私保护。这些经过处理后的数据具有以下特点:

(1) 无法溯源重建。攻击者无法寻出真正的原始数据,即攻击者无法根据处理后的数据对真正的原始数据进行重建。

(2) 无法分析获真。处理后的数据依旧保留一些原始数据的属性,但是从处理后的数据获得的信息是混合的信息,从而达到混淆的目的,使攻击者无法获得准确的数据并增加分析的难度,从而保障了基于数据失真的技术的应用的切实性。

目前,主流的基于数据失真的技术采用噪声、阻塞、随机化[21]等技术来扰动原始数据。图 8-7 展示了目前主流的基于数据失真的技术的隐私保护原理。

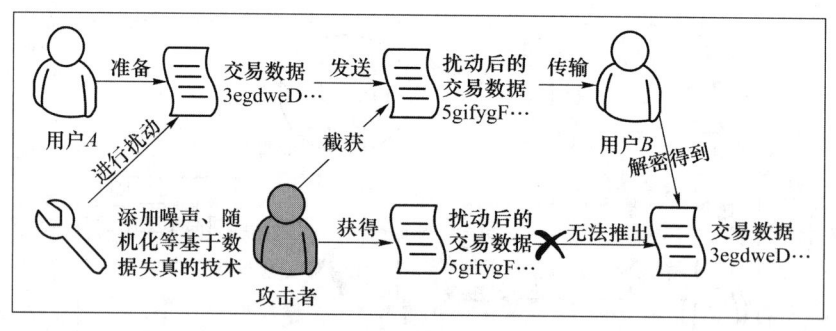

图 8-7 目前主流的基于数据失真的技术的隐私保护原理

2. 基于数据加密的技术

目前,基于数据加密的技术广泛应用于区块链交易隐私保护,这也是区块链数据隐私保护的核心。这些技术使得攻击者无法通过加密事务信息进行分析,从而使其无法获取特定的事务信息。目前,主流的基于数据加密的技术有混币机制[22]、数字签名机制[23]、同态加密技术[24]、代理重加密技术[25]和零知识证明技术[26]等。下面对这些技术进行详细阐述。

1) 混币机制

在保持交易结果的情况下对交易过程进行改变,使得攻击者不可能直接获得完整的交易信息,这个方法叫作"混合货币"。使用这种方法,交易信息是通过第三方进行传达的,并不会直接在交易双方之间进行传递,这使得攻击者不可能获取交易双方真正的通信信息,进而使得沟通的匿名性得到实现。通俗来说,交易过程中除了发送者和接收者之外,还有第三方参与,因为很多输入和输出都存在于一个交易中,所以恶意第三方几乎不可能在这些输入和输出中找出交易双方的沟通信息,所以能够确保用户的信息安全。

依据在混币的过程中是否存在第三方节点,混币机制可以分为两类:基于中心节点的混合机制和去中心化的混合机制。混合过程的执行可以由受信任的第三方或协议实现。表8-4给出了两类混币机制的原理和优缺点。

表 8-4 两类混币机制的原理和优缺点

混币机制类别	原理	优点	缺点
基于中心节点的混币机制	该机制的混币过程由第三方节点集中执行	此类方法简单易行,不用对技术进行改良,各种数字货币均适用	① 额外收费和交易延迟 ② 第三方可能偷窃资金 ③ 第三方可能泄露混币过程
去中心化的混币机制	该机制不需要第三方的参与,货币混合过程能够由多个签订了货币混合协议的客户一同完成	混币过程安全,不需要第三方参与,客户无需承担另外的服务花费	① 依然需要第三方节点协助 ② 参与混币的用户可能暴露自己的混币信息 ③ 无法保证所有混币参与方守信用

2) 数字签名机制

数字签名机制是区块链交易层的隐私保护中使用最广泛的机制,其使用非对称加密[27]和数字摘要技术[27]来确保传输过程中数据的完整性,可以保障交易双方的身份信息真实可靠。

(1) 非对称加密技术。非对称加密技术生成公钥和私钥。私钥由拥有者掌握,对外人保密。如果用私钥加密数据,则只能用公钥来解密;相反,公钥加密的数据只能由私钥解密。

(2) 数字摘要技术。数字摘要技术是一种散列函数,它将任意长度的信息转换为固定长度的信息。

数字签名机制的流程如图 8-8 所示。

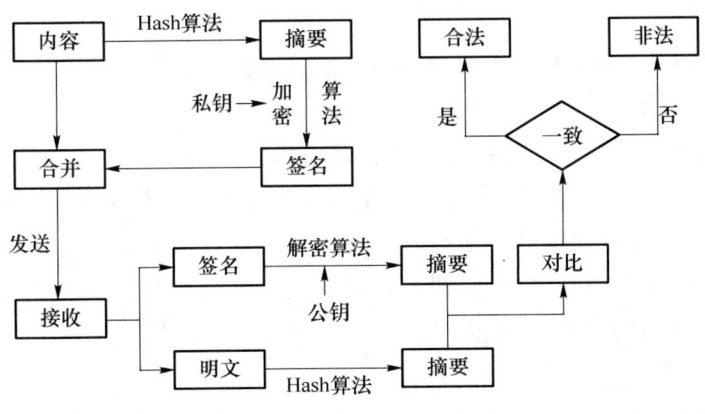

图 8-8 数字签名机制的流程图

数字签名过程涉及公钥、私钥和散列函数等方法,它们有两个目的:一是实现不可抵赖性,证明消息确实是由消息的发送方签名和发送的;二是实现消息完整性。数字签名技术首先使用发送方的私钥加密摘要信息,并将其与原始文本一起发送给接收方。接收方只能通过收到的发送方的公钥才能解密,然后对接收到的原始文本进行相同的哈希操作生成摘要消息,并同解密的摘要信息比较;如果它们一样,则证明接收到的信息在传输过程中没有被篡改,是完整的。

3) 同态加密技术

同态加密是一种在不访问数据本身的情况下处理数据的方法。简单地说,就是一种加密形式,该加密形式可以让用户使用特殊的代数方法对密文进行计算,其结果等同于对明文执行一样的代数计算操作后再加密。换句话说,该技术允许人们在对加密数据进行操作的时候较方便地得到无误的结果,而不用在过程中执行对数据解密的敏感操作,更重要的是,在将数据和代数计算方法交给第三方时,能从根本上解决机密性问题,例如如今各种云计算应用程序,以云计算应用场景为例,如图8-9所示。

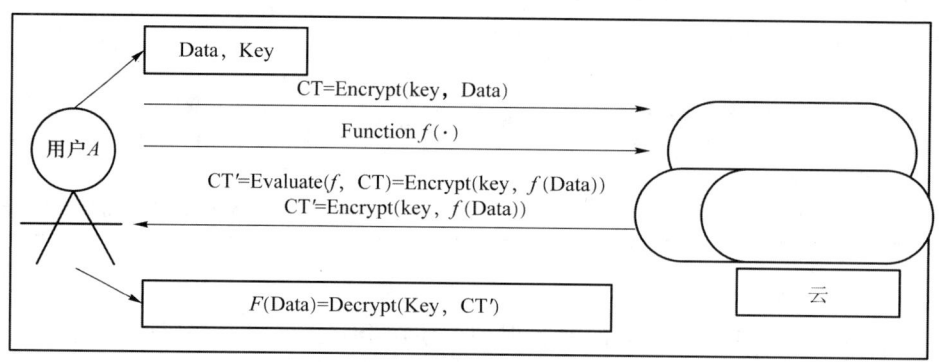

图8-9　云计算应用场景

用户使用云,以同态加密技术对数据进行加密,以下是具体的执行流程。

(1) 用户发送明文数据:用户 A 对数据进行加密,并把加密后的数据发送给云。

(2) 用户发送加密方法:用户 A 向云传输数据的执行方法,即函数 $f(\cdot)$。

(3) 云端处理返回密文:云在函数 $f(\cdot)$ 下对数据进行处理,并且将处理后的结果发送给用户 A。

(4) 用户解密得到结果:用户 A 对数据进行解密,得到结果。

4) 代理重加密技术

代理重加密是委托可信第三方或半诚实代理将由公钥加密的密文转换为可以由对方的私钥解锁以完成密码共享的密文。现实生活中使用的云计算服务几乎没有办法保证信息的安全性,唯一的解决方案是在对数据进行加密后将其置于云端并以密文形式获取,并且让发送方希望共享的接收方得到密文的真实信息,即本来只有发送方公钥加密和私钥解密的过程变成了发送方的公钥加密、接收方的私钥解密的过程。

5) 零知识证明技术

它指的是被验证方能够在不透露任何有价值信息的条件下,使得验证方确信被验证方的断言是正确的。零知识证明实际上是一种协议,是一系列两方或多方达成任务的流程。被验证方向验证方证明并使其认为他或她知道或拥有消息,但是证明过程中不能向验证方泄露出有关验证消息的任何信息。大量事实证明,零知识证明在保护区块链隐私方面极其实用。

以图 8-10 为例,进一步说明零知识证明的含义。该案例中有一个洞穴,入口处存在道路 A 和 B,两条道路在洞穴深处被一扇门隔开。只有输入正确的开门密码,门才能打开。这里涉及两个角色 P(被验证方)和 V(验证方),P 尝试向 V 证明他知道打开门的密码,但 P 不会直接告诉 V 密码,所以他们可以按以下步骤进行验证。

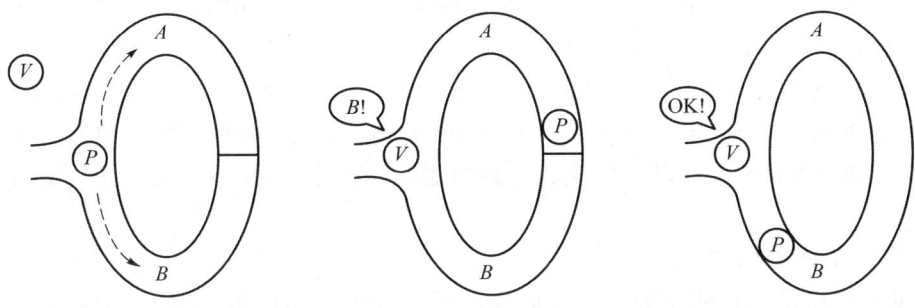

图 8-10 典型的零知识证明示例

步骤 1:P 从 A、B 两条路中随机选择一条走进去;这时,V 在洞外等着,无法了解 P 的选择。

步骤 2:V 进入山洞,然后 V 喊着让 P 从 A、B 中的一个道路出来。

步骤 3:P 听到 V 的声音后便从对应的那条路走出来。

步骤 4:V 重复让 P 执行 N 次,如果 P 每次都能做对,那么 V 便有 $1-(0.5)^N$ 的把握相信 P。例如,$N=5$,可靠性就是 96.9%,已经足够高了。更重要的是,直到最后 V 都不知道密码,这便是零知识证明。

8.5 应用层数据隐私保护方案

8.5.1 应用层数据隐私保护分析

应用层包括外部使用区块链技术的过程。外部使用包括区块链应用程序(一般用户使用)和应用程序的接口(调用区块链的程序)。当用户使用区块链应用程序时,其交易数据和身份隐私就可能泄露。例如,用户在社交应用(如微信)上发布个人的比特币地址。因此,应用层隐私保护的核心是提高用户隐私安全觉悟和提升相关区块链应用程序的隐私防护质量。

8.5.2 应用层数据隐私主要保护技术

1. 具有隐私保护机制的货币

可以使用拥有隐私保护机制的区块链应用保护应用层数据隐私,如替代货币(门罗币、达世币等)。下面对典型替代货币进行详细阐述。

(1) 门罗币(Monero)。Monero 的目标是成为一种个人的、不能被追踪的安全货币。由于交易中涉及的地址和金额(含发送方和接收方)在账本中是独有的,这意味着钱包余额也是个人的。Monero 利用环形签名①的办法实现交易隐私(首次运用于 2017 年 1 月,2017 年 9 月往后对全部交易授权),这对环形签名来说是一个演化。由于区块链上无法得到地址和余额,因此这也方便商家和个人对自己的净资产进行掩藏。

(2) 达世币(Dash)。Dash 基于 POW 共识机制,它在网络上使用两种节点:"Masternodes"(主节点)和"Miners"(矿工节点)。主节点的功能有两种:一种是即时传送(允许在 1 s 内让主节点达成共识),作用是使产生的交易不可逆转;另一种是个人传送(屏蔽发送方和接收方的账户),作用是使用混币技术来掩盖给定交易的用户信息。由于网络是基于 POW 共识机制的,因此还要发掘节点运算 Hash 值以加密方式保护 Dash 区块链。区块奖励分成三份,其中,主节点和矿工节点均占 45%,剩余的 10%分给基金会作为 Dash 的"区块税",目的是继续维持和发展业务。Dash 依赖主节点发送匿名事务,但不需要这种类型的事务。与 Monero 的区别在于:Dash 可以在区块链上看到地址和存储量,并且可以审核未使用匿名发送执行的交易。

2. 具有隐私保护机制的程序

可以尽量应用带有隐私保护机制的区块链程序保护应用层数据隐私:冷钱包[29]、多重签名技术[30]等。下面对这些技术进行详细阐述。

(1) 冷钱包。冷钱包是指由信息技术公司创新的比特币存储技术,针对区块链数字资产安全存储给出的解决方案。冷钱包结合了数字货币存储、多种交易密码设置、最新市场信息以及硬分叉解决方案,并且使用二维码通信允许私钥永远不触及网络,这可以有效地防止黑客窃取。

(2) 多重签名技术。多重签名技术是一种由多个用户签署和验证相同信息的技术。在区块链领域,它可以被简单地理解为数字资产的多个签名。例如,当用户打算在数字钱包中使用资产时,需要对用户的私钥进行签名和认证,以便进行转移或交易。当数字钱包采用多重签名技术时,资产的使用需要经过多个私钥签名认证。在现实生活中,文档经常需要几个单元或部门分别签名(或盖章)才有效,而多重签名技术就是搞定网络环境中此类问题的一种好方法。

8.6 区块链数据隐私保护未来研究方向

随着区块链技术广泛地应用到互联网、医疗、金融等各领域中,区块链系统的隐私保护越来越受重视,所以针对区块链数据隐私的攻击与保护将会成为一个研究热点。除此之外,目前的技术还不能完全解决区块链隐私保护面临的威胁和攻击,而且现在区块链隐私的各类保护机制仍存在很大的提升空间。因此,本节主要分析各类保护机制的缺陷,并结合现有技术提出区块链数据隐私保护未来的研究方向。

8.6.1 安全多方计算

作为具有强去中心化性质的分布式账本,如何在保证各参与方数据安全的同时实现数据

---

① 环形签名[28](RingCT):对 Monero 的区块链来说,存在三种方式进行隐私保障。环形签名允许发件人混在其他交易输出当中,进而实现交易接收地址的不可见,并且环形签名对交易金额进行透明化。因此,Monero 具有不透明的区块链。这正有别于比特币的可溯源且不可见的区块链。因此,Monero 被认为是"私人的、可选的透明"。

交换共享是区块链研究的一个亟待解决的问题。安全多方计算（Secure Multiparty Computation，SMC）是一种密码学协议，旨在使参与方彼此之间共享的数据并进行计算，同时确保各方的数据保密性和隐私性。SMC 的目标是在不暴露私有数据的情况下进行计算，从而保护参与方的隐私。

在 SMC 中，各参与方之间通过使用密码学技术进行通信和计算。这些技术包括加密算法、公钥密码学、数字签名和零知识证明等。通过使用这些技术，SMC 允许参与方在不共享原始数据的情况下进行计算，并只将计算结果返回各方。

SMC 的基本思想是将计算任务分解为多个子任务，并由各方分别处理其对应的子任务。每个参与方只知道自己的输入和输出，而不了解其他参与方的输入。通过在计算过程中进行加密和协议设计，SMC 确保了数据的保密性。

在 SMC 中，参与方之间通过交换加密消息和协议消息进行计算。这些消息经过密文处理，只有拥有相应密钥的参与方才能解密和处理。这样，即使其他参与方截获了消息，也无法获得原始数据或计算结果。

8.6.2 可信执行环境

区块链系统对于安全性的要求并不局限于软件环境，还包括硬件环境。硬件环境的安全性是区块链系统安全性的基础与保证。可信执行环境（Trusted Execution Environment，TEE）是一种安全的硬件或软件环境，旨在保护敏感数据和执行关键代码免受恶意软件或攻击者的干扰和窃取。它提供了一种可信赖的执行环境，确保数据和代码在被处理期间的完整性、机密性和可用性。

TEE 通常由以下两个主要的部分构成：

(1) 安全处理器。安全处理器是一种专门设计的硬件芯片，被用于创建和维护可信执行环境。它提供了一组安全功能，包括安全存储、加密/解密、密钥管理和隔离保护等。通过硬件隔离和安全边界，安全处理器能够防止非授权访问和恶意攻击。

(2) 可信软件栈。可信软件栈是 TEE 的软件组件，运行在安全处理器之上。它包括安全操作系统（secure operating system，如 TrustZone）、可信应用程序（trusted applications）和安全服务（secure services）。这些组件协同工作，确保敏感数据的保护和安全计算的执行。

可信执行环境的关键特性包括安全隔离、完整性和机密性、可信验证。

(1) 安全隔离：可信执行环境通过硬件和软件的隔离机制，将敏感数据和关键代码与普通应用程序隔离开来，防止未经授权的访问和恶意攻击。

(2) 完整性和机密性：可信执行环境提供了数据加密、密钥管理和安全传输等功能，以确保数据在传输和处理过程中的完整性和机密性。

(3) 可信验证：可信执行环境能够验证软件和硬件组件的身份和完整性，防止恶意软件攻击和未经授权的修改。

8.6.3 联邦学习

联邦学习为区块链数据隐私保护技术提供了新的解决方案。联邦学习是一种分布式机器学习技术，其核心思想是通过在多个拥有本地数据的数据源之间进行分布式模型训练，在不需要交换本地个体或样本数据的前提下，仅通过交换模型参数或中间结果的方式，构建基于虚拟融合数据下的全局模型，从而实现数据隐私保护和数据共享计算的平衡，即"数据可用不可见"

"数据不动模型动"的应用新范式。

在联邦学习的基础上,部分研究专家提出了联邦学习的下一代分布式学习范式——蜂群学习方法。与联邦学习相比,蜂群学习在保有"数据本地存储,模型参数上传"特征的同时,在网络结构设计中去除了参数聚合中心,转而在去中心化结构网络中完成模型参数聚合过程。

区块链作为一种去中心化、数据加密、不可篡改的分布式共享数据库,可以为联邦学习的数据交换提供数据保密功能,保证各参与方之间的数据安全和模型训练的数据一致性。区块链的价值驱动激励机制也能够增加各参与方之间提供数据、更新网络模型参数的积极性。

本 章 小 结

现如今,不管是在现实社会还是在虚拟网络,人们的隐私都被侵犯着,特别是人们在公共领域产生的大部分信息都可能被第三方进行监控、保存和利用,而区块链技术能够很好地控制这种侵犯隐私行为的影响,尤其是在数据隐私保护方面。区块链技术是一种去中心化、多参与方的分布式交易数据库,且目前还在不断发展的过程中,其面临的安全问题也从多角度、多维度体现出来,尤其是在数据隐私保护方面。

总的来说,伴随着学科交叉以及区块链技术和应用的发展,区块链势必和云计算、人工智能、大数据等互联网技术相互融合,将引出更多安全问题,需要我们尽快研究出对应的数据隐私保护方法。例如,在技术方面,可以采用智能合约、分布式账本交互协议、防欺诈机制保护隐私;在标准方面,可以制定区块链安全参考架构、区块链安全管理指南等安全标准;在国家政策方面,可以制定和出台针对区块链隐私安全的监管措施和法规等。

思 考 题

1. 导致区块链出现隐私保护问题的原因主要有哪些?
2. 在区块链中,哪一层出现的问题最容易导致用户出现经济损失?
3. 如何衡量区块链隐私保护方法的有效性?

参 考 文 献

[1] NAKAMOTO S. Bitcoin:A peer-to-peer electronic cash system[EB/OL]. (2008-09-12)[2023-11-18]. https://bitcoin.org/en/bitcoin-paper.
[2] 张宪,蒋钰钊,闫莺. 区块链隐私技术综述[J]. 信息安全研究,2017,3(11):981-989.
[3] DASH. Dash is digital cash[EB/OL]. (2024-01-18)[2024-05-13]. https://www.dash.org.
[4] XU J, WEI L, ZHANG Y, et al. Dynamic Fully Homomorphic encryption-based Merkle Tree for lightweight streaming authenticated data structures[J]. Journal of Network and Computer Applications,2018,107(01):113-124.

[5] MARSHALL B, ALOR R, MANUEL S, et al. Proofs of Useful Work[OB/OL]. http://eprint.iacr.org/2017/203.

[6] 袁勇,王飞跃. 区块链技术发展现状与展望[J]. 自动化学报,2016,42(04):481-494.

[7] 李为为,刘志云. 基于区块链技术的加密算法应用研究[J]. 绥化学院学报,2018,38(11):163-165.

[8] 宋英齐,冯荣权. 零知识证明在区块链中的应用综述[J]. 广州大学学报(自然科学版),2022,21(04):21-36.

[9] ZHANG R, XUE R, LIU L. Security and Privacy on Blockchain[J]. Acm Computing Surveys, 2019,52(03):1-34.

[10] 中国信息通信研究院. 区块链白皮书[R]. 北京:中国信通院,2021.

[11] RON D, SHAMIR A. Quantitative analysis of the full bitcoin transaction graph[C]// Internatio-nal Conference on Financial Cryptography and Data Security. Berlin, Heidelberg:Springer, 2013:6-24.

[12] ZHANG Y, HAN Y, WEN J. SMER: a secure method of exchanging resources in heterogeneous internet of things[J]. Frontiers of Computer Science, 2019, 13(06):1198-1209.

[13] 于伟. 椭圆曲线密码学若干算法研究[D]. 合肥:中国科学技术大学,2013.

[14] 戴鹏. 基于实用拜占庭共识算法(PBFT)的区块链模型的评估与改进[D]. 北京:北京邮电大学,2019.

[15] 付利青,田海博. 基于智能合约的以太币投票协议[J]. 软件学报,2019,30(11):3486-3502.

[16] Zcash. Zcash is cash for the new age[EB/OL]. (2016-01-20)[2024-05-13]. https://z.cash/.

[17] 张洪,段海新,吴建平. 基于IP地址聚类的反垃圾邮件信誉系统[J]. 清华大学学报(自然科学版),2010,50(10):1723-1727.

[18] 马彦兵. 基于洋葱网络的流量确认攻击及其防御技术研究[D]. 北京:北京邮电大学,2018.

[19] 罗军舟,杨明,凌振,等. 匿名通信与暗网研究综述[J]. 计算机研究与发展,2019,56(01):103-130.

[20] RENATO B. Dala-Corte, Lucas F. Inter and intraspecific variation in fish body size constrains microhabitat use in a subtropical drainage[J]. Environmental Biology of Fishes, 2018, 101(7):1205-1217.

[21] 黄茂峰. 基于数据扰动的隐私保护数据发布技术研究[D]. 南京:东南大学,2013.

[22] 祝烈煌,董慧,沈蒙. 区块链交易数据隐私保护机制[J]. 大数据,2018,4(01):46-56.

[23] 王兴威,侯书会. 一种改进的高效的代理盲签名方案[J]. 计算机科学,2019,46(01):358-361.

[24] BRAKERSKI Z, GENTRY C, VAIKUNTANATHAN V. (Leveled) Fully Homomorphic Encryption without Bootstrapping [J]. Acm Transactions on Computation Theory, 2014, 6(3):1-36.

[25] 冯朝胜,罗王平,秦志光,等. 支持多种特性的基于属性代理重加密方案[J]. 通信学

报, 2019, 40(06): 177-189.

[26] 邓燚, 陈宇. 零知识证明: 从数学, 密码学到金融科技[J]. 中国计算机学会通讯, 2018, 14(10): 20-22.

[27] 阎红灿, 陈子昂, 刘盈. 面向区块链应用的密码算法研究[J]. 华北理工大学学报(自然科学版), 2023, 45(02): 76-83.

[28] REN H, ZHANG P, SHENTU Q. Compact Ring Signature in the Standard Model for Blockchain[C]// International Conference on Information Security Practice and Experience. Cham, Switzerland: Springer, 2018: 50-65.

[29] MAXWELL G, POELSTRA A, SEURIN Y, et al. SimpleSchnorr multi-signatures with applications to Bitcoin[J]. Designs Codes and Cryptography, 2019, 87(09): 2139-2164.

[30] 伊丽江, 白国强, 肖国镇. 代理多重签名[J]. 计算机研究与发展, 2001, 38(02): 204-206.

第 9 章 大数据隐私保护策略

> **本章学习要点**
> - 了解大数据隐私保护标准化组织
> - 了解国内外大数据隐私保护标准
> - 了解企业管理层面的大数据隐私保护策略
> - 掌握个人层面的大数据隐私保护策略

案例:苹果公司(Apple Inc.)是全球知名的科技公司之一,其产品和品牌影响了整个科技行业和消费市场。苹果一直致力于保护用户的隐私,并且在其产品和服务中采取了一系列举措来保护用户的个人数据。2021年,苹果推出了"App Tracking Transparency"(应用跟踪透明度)的功能。过去,应用程序可以在用户同意的情况下跟踪他们的行为,并收集个人数据用于广告目的。但是,随着越来越多的人关注数据隐私问题,苹果决定提供更多的控制权给用户。通过"App Tracking Transparency"功能,用户可以选择是否允许应用程序跟踪他们的活动,并在应用程序请求跟踪时收到弹窗提醒。这为用户提供了更大的隐私保护权限,使他们能够更好地控制自己的数据。苹果的这一举措引发了广泛的讨论和影响,对整个数字广告生态系统产生了深远的影响。一些广告商和应用开发者对此表示不满,因为这可能影响他们的广告收入。然而,这一举措得到了用户和隐私倡导组织的赞赏,因为它提高了用户的隐私权利和数据安全程度。通过这个案例,我们意识到单纯依靠国家层面的标准化工作是不够的,还需要关注企业管理层面和个人层面的工作。为了设计良好的大数据隐私保护策略,我们应该在哪些方面着力?如何在企业管理层面和个人层面进行工作,以最大限度地保护个人隐私?

大数据隐私保护策略是为保护大数据隐私安全而采取的一系列规则和措施,其目的是防止数据隐私泄露和滥用。不同实体的情况不同,在实施大数据隐私保护策略时,可能会根据具体情况采取不同的原则和措施。值得注意的是,大数据隐私保护策略的对象并不局限于某个特定区域,而是涵盖了全球各地的大数据应用和数据交换。因此,建立一套全球性的大数据隐私保护标准是非常必要的。目前,一些国际组织和机构已经制定了一些大数据隐私保护的标准和规范,如 ISO/IEC 29100 等。

本章主要介绍大数据隐私保护策略相关知识。9.1节介绍大数据隐私保护标准化工作相关的组织与标准,并提出大数据隐私标准提案,9.2节与9.3节分别从企业管理及个人层面分析大数据隐私保护策略。

9.1 大数据隐私保护标准化工作

9.1.1 大数据隐私保护标准化组织

在全球经济衰退、新冠疫情暴发的影响下,世界经济运行的不稳定性与不确定性因素持续增加,相比商品和资本的流动受阻,数字化驱动的新一轮全球化仍保持高速增长[1]。

大数据场景下的信息系统标准化工作亟待完善,需要从保密性、完整性、可用性和可管理性四个维度保证其隐私安全,不仅需要满足传统信息安全管理体系和标准,还需聚焦于专门应用于大数据安全标准化工作的相关需求。

(1) 保密性:为保障大数据在收集、传输、存储、处理等环节中不被未授权用户访问和泄露,对包含个人敏感信息的数据要采取加密、脱敏等手段进行保护。

(2) 完整性:为保证大数据在采集、传输、存储、处理等环节中不被篡改或损坏,应对数据进行签名、加密等措施,防止数据被篡改或冒充。

(3) 可用性:保证大数据在使用和处理过程中的可用性,确保数据及其使用的系统和服务可靠、高效、稳定,并能满足用户的需求和期望。

(4) 可管理性:建立完善的管理体系和控制机制,制定相关政策和标准,确保数据的合规性和可持续性。

近年来,国内外已经有很多标准化组织逐渐开展大数据隐私保护标准化工作。例如,国际电工技术委员会(International Electrotechnical Commission,IEC)及国际标准化组织(International Organization for Standardization,ISO)共同成立了信息技术联合委员会(Joint Technical Committee on Information Technology,JTC 1),负责信息技术领域的标准化工作,包括信息采集、标识、处理、安全、传输、交换、表达、管理、组织、存储和检索的技术、系统及工具的规范和设计的国际标准化工作,其下属组织有大数据工作组(IEC JTC 1 Working Group 9, ISO/IEC JTC 1/WG 9)、信息安全标准化分技术委员会(Information Security Technology Subcommittee,ISO/IEC JTC 1/SC 27)等。又如,国际电信联盟电信标准化部门(ITU-T for ITU Telecommunication Standardization Sector,ITU-T)、美国国家标准与技术研究院(National Institute of Standards and Technology,NIST)等。国内的大数据安全标准化组织主要有全国信息技术标准化委员会(China National Information Technology Standardization Network,TC28)、全国信息安全标准化技术委员会(National Information Security Standardization Technical Committee,TC260)等。当然,在大数据隐私保护标准化工作中,国际组织和国内组织的标准化工作有时候会有一些差异,因此需要根据具体情况进行选择和调整。

以下简要介绍 ISO/IEC JTC 1、ITU-T、NIST 这三个国际标准化组织。截止到 2022 年 5 月,这三个标准化组织制定的与大数据相关的安全标准主要有以下几个,如表 9-1 所示。

表 9-1 国际大数据安全标准

组织	标准编号	标准名称
ISO/IEC JTC 1	ISO/IEC 20547-1:2020	信息技术 大数据参考架构-第 1 部分:框架和应用过程
	ISO/IEC 20547-2:2018	信息技术 大数据参考架构-第 2 部分:用例和派生要求
	ISO/IEC 20547-3:2020	信息技术 大数据参考架构-第 3 部分:参考体系结构
	ISO/IEC 20547-4:2020	信息技术 大数据参考架构-第 4 部分:安全与隐私
	ISO/IEC 20547-5:2018	信息技术 大数据参考架构-第 5 部分:标准路线图
	ISO/IEC 20546:2019	信息技术 大数据-概述和词汇
ITU-T	X. srfb	移动互联网服务中的大数据分析安全要求和框架
	X. GSBDaas	大数据服务安全指南
	X. sgBDIP	大数据基础设施和平台安全指南
	X. sgtBD	电信大数据生命周期管理安全指南
NIST	SP 1500	《NIST 大数据互操作框架》系列标准(第一版)
	SP 800-210	云系统通用访问控制指南

(1) ISO/IEC JTC 1

ISO/IEC JTC 1/SC 27 是 ISO/IEC JTC 1 下属信息安全标准化分技术委员会,工作范围涵盖信息和信息通信技术保护的标准研制和修订。SC 27 下设五个工作组,分别为信息安全管理体系工作组(Working Group 1,WG1),密码技术与安全机制工作组(Working Group 2,WG2),安全评价、测试和规范工作组(Working Group 3,WG3),安全控制与服务工作组(Working Group 4,WG4)和身份管理与隐私保护技术工作组(Working Group 5,WG5)。当前,SC 27 数据安全相关的标准和研究项目已有很多,截止到 2022 年 5 月,已经发布的 ISO 标准有 217 个,目前正在进行中的 ISO 标准也有几十种,大多来自 WG4 和 WG5。特别要说明的是,ISO/IEC JTC 1 于 2014 年 11 月成立了专门针对大数据的 ISO/IEC JTC 1 WG 9,同时,ISO/IEC JTC 1/SC 27 与其他国际组织、行业组织以及其他技术委员会之间也有合作,如与 NIST 之间的合作。

(2) ITU-T

国际电联电信标准化部门的主要工作为制定名为 ITU-T 建议书的国际标准。其中,国际电信联盟第十三研究组(简称 ITU-T SG13)是聚焦于 IMT-2020、云计算和可信网络基础设施的未来网络研究组,主要负责制定大数据相关的标准,例如已发布的 ITU-T Y. 3600《大数据-基于云计算的要求和能力》等;国际电信联盟第十七研究组(简称 ITU-T SG17),主要负责制定的大数据安全相关标准包括《移动互联网服务中的大数据分析安全要求和框架》《大数据服务安全指南》《电子商务业务数据生命周期管理安全参考架构》等。此外,ITU-T 系列建议书也提出了一些与大数据安全相关的思考,如 ITU-T Y. 3605《大数据-参考架构》、ITU-T X. 1752《大数据基础设施和平台的安全导则》。

(3) NIST

NIST 是一个历史悠久的综合性物理科学实验室,其下设五大实验室,其中与大数据安全相关的实验室为通信技术实验室(Communications Technology Laboratory,CTL)和信息技术实验室(Information Technology Laboratory,ITL)。近年来,NIST 对大数据隐私保护标准的制定做出不少贡献,其于 2012 年 6 月开始进行大数据相关基本概念、技术和标准需求等研究,之后更是成立了 NIST 大数据公开工作组,并紧随其后发布 NIST SP 1500《NIST 大数据互操作框架》系列标准(第一版)等一系列大数据隐私保护标准。

以下简要介绍 TC28、TC260 这两个国内标准化组织。2017—2020 年,这两个标准化组织制定的与大数据相关的安全标准主要有以下几条,如表 9-2 所示。

表 9-2 2017—2020 年国内大数据安全标准

组织	标准编号	标准名称
TC28	GB/T 35295-2017	信息技术 大数据 术语
	GB/T 35589-2017	信息技术 大数据 技术参考模型
	GB/T 37722-2019	信息技术 大数据存储与处理系统功能要求
	GB/T 37721-2019	信息技术 大数据分析系统功能要求
	GB/T 38555-2020	信息技术 大数据 工业产品核心元数据
	GB/T 38672-2020	信息技术 大数据 接口基本要求
	GB/T 38667-2020	信息技术 大数据 数据分类指南
	GB/T 38666-2020	信息技术 大数据 工业应用参考架构
	GB/T 38633-2020	信息技术 大数据 系统运维和管理功能要求
	GB/T 38664.3-2020	信息技术 大数据 政务数据开放共享 第 3 部分:开放程度评价
	GB/T 38676-2020	信息技术 大数据 存储与处理系统功能测试要求
	GB/T 38664.1-2020	信息技术 大数据 政务数据开放共享 第 1 部分:总则
	GB/T 38675-2020	信息技术 大数据计算系统通用要求
	GB/T 38673-2020	信息技术 大数据 大数据系统基本要求
	GB/T 38643-2020	信息技术 大数据 分析系统功能测试要求
	GB/T 38664.2-2020	信息技术 大数据 政务数据开放共享 第 2 部分:基本要求
TC260	GB/T 35274-2017	信息安全技术 大数据服务安全能力要求
	GB/T 37973-2019	信息安全技术 大数据安全管理指南

(1) TC28

全国信息安全标准化技术委员会以推动规范我国大数据产业发展为初衷,于 2014 年 12 月成立了大数据标准化工作组,对应前面提到的 ISO/IEC JTC 1 WG 9 大数据工作组,主要负责制定和完善我国大数据领域标准体系,组织开展大数据相关技术和标准的研究,推动国际标准化活动,目前已发布如《信息技术 大数据 术语》《信息技术 数据交易服务平台交易数据描述》等诸多国家标准。

(2) TC260

全国信息安全标准化技术委员会为推动我国大数据安全标准化,于 2016 年 4 月成立大数据安全标准特别工作组 SWG BDS,主要负责制定和完善我国大数据安全领域标准体系,组织开展大数据安全相关技术和标准研究。目前已发布诸如《信息安全技术 个人信息安全规范》《信息安全技术 大数据服务安全能力要求》《信息安全技术 大数据安全管理指南》《信息安全技术 信息安全控制评估指南》《信息安全技术 行业间和组织间通信的信息安全管理》等国家标准。

9.1.2 大数据隐私保护相关标准

区别于传统数据安全,大数据隐私保护更加严苛。与传统数据相比,大数据的海量性、多样性、真实性、高速性使其面临更多安全危机。从数据大量集中这一特点出发,大数据安全保护不仅需要满足传统数据安全相关需求,还需满足可扩展性方面的更高要求;从数据共享的角度来看,数据的角色发生巨大变化,数据要素已然成为国民经济核心生产要素。近年来,智慧城市建设飞速发展,大数据概念的实质性落地不再是虚无缥缈的梦想,大数据安全的重要性与需求也随之进一步提升。以下从传统数据安全标准、个人信息保护标准、大数据安全标准三方面分别介绍其中的几个典型标准,如表9-3所示。

表 9-3 大数据隐私保护相关标准

分类	标准编号	标准名称	标准对象	标准内容
传统数据安全标准	GB/T 37932-2019	信息安全技术 数据交易服务安全要求	数据交易安全评估	从数据提供方、数据需求方和数据交易服务机构三个层面提出对数据交易参与方的相关安全需求分析
	GB/T 37988-2019	信息安全技术 数据安全能力成熟度模型	组织机构数据安全评估	组织机构数据安全能力的成熟度模型架构
	GB/T 35273-2020	信息安全技术 个人信息安全规范	个人信息	规定了开展收集、存储、使用、共享、转让、公开披露、删除等个人信息处理活动的原则和安全要求
	GB/T 39477-2020	信息安全技术 政务信息共享 数据安全技术要求	政务数据	数据安全技术要求、基础设施安全技术要求
	GB/T 39725-2020	信息安全技术 健康医疗数据安全指南	健康医疗数据	健康医疗数据安全目标、使用披露原则、实施方法、基本控制措施集、典型应用场景
	暂无	信息安全技术 数据出境安全评估指南	个人信息和重要出境数据	个人信息和重要出境数据评估的流程、要点、方法
个人信息保护标准	GB/T 37964-2019	信息安全技术 个人信息去标识化指南	微数据	个人信息去标识化的目标和原则,去标识化过程与管理措施
	GB/T 35273-2020	信息安全技术 个人信息安全规范	个人数据	新增多项业务功能的自主选择、用户画像的使用限制、个性化展示的使用,回应个人信息暴露的问题
	GB/T 39335-2020	信息安全技术 个人信息安全影响评估指南	个人信息安全影响评估	个人信息的范围、规范性引用文件、术语和定义、评估原理、评估实施流程、评估性合规示例及评估要点、高风险个人信息处理活动示例、个人信息安全评估常用工作表、个人信息安全影响评估参考办法
大数据安全标准	GB/T 35274-2017	信息安全技术 大数据服务安全能力要求	大数据服务安全能力评估	大数据服务安全能力要求评估标准
	GB/T 37973-2019	信息安全技术 大数据安全管理指南	大数据的安全管理评估	大数据安全管理基本概念,大数据安全管理的基本原则,数据分类分级的原则、流程及方法,指导组织评估大数据安全风险的方法
	T/CI 292-2024	医疗健康大数据安全要求	医疗健康大数据	从组织安全管理能力、数据处理安全能力和安全风险管理能力三个方面,提出对医疗健康大数据采取必要的安全管控措施,确保医疗健康大数据使用和发布共享过程的合法性和合规性

除此之外,广东、山西、山东、内蒙古、陕西等地方也都成立了大数据技术委员会,发布了许多具有地方特色的大数据安全标准,也为大数据治理提供了地方层面的有效标准支撑,能够更好地服务于当地大数据产业[2]。

9.1.3 大数据安全与隐私标准提案

近年来,全球数据泄露事件频发,根据风险基础安全相关数据显示,2020 年全球数据泄露达到惊人的 360 亿条[3]。腾讯安全副总裁于旸曾经说过"安全是数字化的底座,是保障数字经济高质量发展的重要基石。"[4]大数据安全标准化工作更是数字安全治理工作的重中之重。结合《大数据安全与隐私保护实现指南》与相关研究[5,6]中对《大数据安全与隐私保护实现指南》的相关描述,得到大数据安全与隐私标准提案分为大数据安全与大数据隐私两部分内容。其中,大数据安全标准提案如图 9-1 所示。

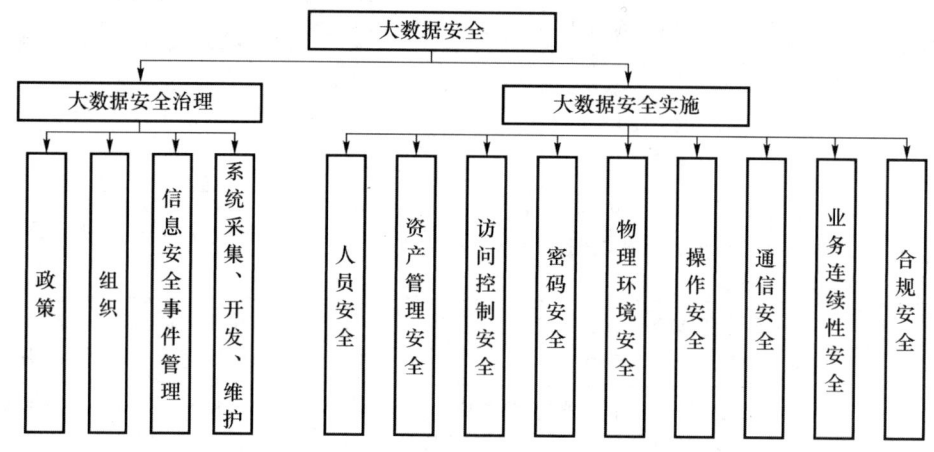

图 9-1 大数据安全标准提案

大数据安全包含大数据安全治理和大数据安全实施两大部分,细分为 13 个方面的内容:

(1) 大数据安全政策。应当完善大数据安全相关政策。

(2) 大数据安全组织。应当以处理大数据相关工作为目的,建立大数据安全组织。

(3) 大数据信息安全事件管理。应对数据安全事件实施应急响应机制。

(4) 大数据系统采集、开发、维护。应完善身份验证机制,定期对过期数据进行集中销毁,定期对企业数据中心或云平台进行安全检查等。

(5) 大数据人员安全。应保证大数据工作相关的人员安全。

(6) 大数据资产管理安全。应针对不同数据使用人群实施不同的安全管理策略及保障措施,针对不同级别或类别的数据进行分类分级治理,形成具体数据资源清单,以便准确掌握数据分布情况[7]。

(7) 大数据访问控制安全。应严格管控接触到数据的相关人员的使用权限。

(8) 大数据密码安全。可加密数据应支持加密/解密、密钥管理操作,其他数据应支持对密文数据进行透明处理。

(9) 大数据物理环境安全。应严格管控能够接触到数据存储设备的人员,安装监控设备、人脸识别设备等,以保护存储环境安全。

(10) 大数据操作安全。大数据系统应满足不同场景需求,依据用户、应用不同的所属权限,动态调整脱敏算法。

（11）大数据通信安全。应保证数据传输过程中不发生泄露，保证大数据通信安全。

（12）大数据业务连续性安全。数据脱敏后应当不影响当前业务连续性，不对系统性能造成较大影响。

（13）大数据合规安全。应满足数据合规，定期进行数据安全合规评估。

大数据隐私标准提案如图 9-2 所示。

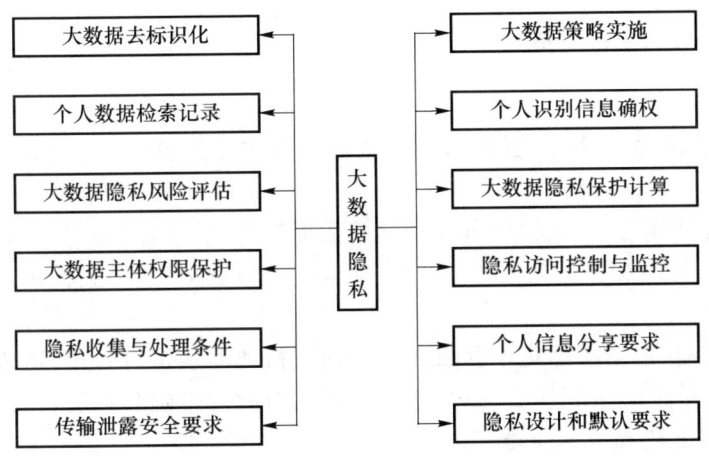

图 9-2　大数据隐私标准提案

大数据隐私标准包含大数据去标识化、大数据策略实施等 12 个方面的内容。

（1）大数据去标识化。

（2）大数据策略实施。

（3）个人数据检索记录。数据源应能自动识别敏感数据并自动分类定级。

（4）个人识别信息确权。应采用相关手段实现个人识别信息的可追溯性。

（5）大数据隐私风险评估。应对数据存储设备和系统进行必要的安全管控，包括设备操作终端鉴权、完善系统访问控制策略，以及定期进行安全风险评估。

（6）大数据隐私保护计算。可采用同态加密、安全多方计算、差分隐私技术等隐私保护计算保护大数据隐私。

（7）大数据主体权限保护。大数据系统应清晰记录数据使用相关操作。

（8）隐私访问控制与监控。应提供身份识别、权限管理、监控预警等操作。

（9）隐私收集与处理条件。数据收集方应事先通过签署知情同意书等方式告知用户收集信息的目的、方式、用途等必要信息。

（10）个人信息分享要求。个人信息分享应满足相关规定，不得向他人分享违规、违法视频、文件等数据信息。

（11）传输泄露安全要求。大数据系统运营方应完善相关审批流程，避免敏感数据泄露。

（12）隐私设计和默认要求。应按照数据生命周期的顺序制定相关数据使用流程、机制以及进行系统建设。

9.2　企业管理层面的大数据隐私保护策略

企业管理层面的隐私保护是指企业在组织内部制定的策略和管理模式，有别于法律层面的保护。"管理与技术同步",可借鉴其他国家的政策、法律手段,以确保个人信息使用的安全性、有效性和可靠性。在数据战日益激烈的大数据时代,企业数据资产的优劣已成为企业间竞争的重要筹码,越来越多的企业开始重视数据治理,将数据治理视为组织发展的重要战略。为此,国内外的一些组织在该领域进行了相关研究与实践,并取得了一定成果。因此,不同于法律保护策略,管理层面对大数据隐私的保护更偏重企业自己的数据安全治理与企业自律模式。

9.2.1 企业数据的泄露

1. 传输不当

传输数据时,恶意攻击者通过网络监听、拦截等方式对传输数据进行窃取、篡改和伪造。

2. 存储不当

(1) 存储设备维修、丢失或被盗可能会导致数据泄露。

(2) 打印纸质资料或者未关电脑等失误操作很容易被别人看到、拍摄、记录下来,造成企业内部数据泄露。

(3) 企业服务器、数据库等集中存放数据的地方被恶意攻击者入侵,造成数据泄露。

(4) 出于对原单位的报复等心理,企业员工离职时故意带走公司资料,发送给公司的竞争者或者发布到网络上造成数据泄露。

3. 使用不当

(1) 企业内部文档权限不当。在企业内部,机密信息往往会分为秘密、机密和绝密等不同的涉密等级。当前,多数单位的涉密信息的权限划分是相当粗放的,很难细分到相应的个人。因此,内部数据和文档在权限管控方面的失控,会导致不具备权限的人员获得涉密信息,或者使低权限的人员获得高涉密信息。

(2) 企业内部人员无意/恶意泄密。单位人员对于信息安全重要性的认识不足,会导致涉密人员在无意中泄露数据;企业内部关键数据文档未加密,导致员工可随意复制、存储文件资料,最终不良员工可通过微信等工具传输到外部。

(3) 企业对外信息发布管控不严。员工对外发布信息权限设置不当,或者在企业之间进行合作时,频繁的信息交互导致数据泄露,以至于不具备权限的对方企业人员获得涉密信息,甚至流传到竞争对手公司。

9.2.2 企业数据隐私保护面临的挑战

后疫情时代,企业数字化转型需求愈发强烈,企业数据隐私保护面临巨大挑战[8]。特别是新冠疫情发生之后,各企业开始采用居家办公等减少接触的办公方式,使得线上数据流量激增,这对企业数据安全提出了新需求;同时,大数据时代的数据滥用、数据隐私泄露等问题使得传统企业数据隐私保护逐渐暴露出许多问题。

1. 不同大数据隐私保护策略之间适配度低

巨大的数据量、多源异构的数据类型、流通速度快等大数据特征导致其与传统封闭环境下的数据应用安全环境有所区别。大数据应用一般采用底层复杂、开放的分布式计算和存储架构为其提供大量数据的分布式存储和高效计算服务,这些大数据隐私保护标准化的技术和架构使得大数据应用之间的网络边界变得模糊,传统的基于边界的安全保护措施不再有效。同时,新形势下的高级持续性威胁(Advanced Packaging Tool,APT)、分布式拒绝服务攻击(Distributed Denial of Service,DDoS)、基于机器学习的模型推断等新型攻击手段的出现,也使得传统的防御、检测等隐私防护策略的缺陷逐渐暴露,传统策略与新型策略之间仍存在技术差异,难以完全适配。

2. 大数据应用安全防护级别仍需提升

现有大数据应用多采用通用的大数据管理平台和技术,如基于 Hadoop 生态架构的 HBase/Hive、Cassandra/Spark、MongoDB 等,这些平台和技术往往没有将大数据用户身份验证、授权等安全审计方面的功能作为重点,尽管现有已有相关软件增加了这方面的功能,如 Kerberos 身份鉴别机制的其他访问过程,但大数据信息系统的整体安全防护能力仍较为薄弱。此外,大数据应用的开源性使得其对软件漏洞与恶意后门的防范能力不足。

3. 数据可用性验证需求增加

大数据来源广泛,因此其可信程度有所下降,一些不法分子可能会伪造数据引导用户或者系统得到错误的结果,从而实现有效攻击。随着数据可用性验证需求的增加,传统数据可用性验证方式的种种缺点逐渐暴露,由于采集终端性能限制、数据量不足、数据来源过多等现实原因,现阶段的大数据可用性验证存在很大困难。

4. 数据所有者权益难以保障,激励机制仍需完善

大数据应用过程中涉及包含数据使用方、提供方、安全提供方等一系列数据相关角色。因此,在大数据交换流通过程中,数据所有者的权益难以被保障,可能导致数据所有者的所有权、使用权分离的情况,或因为数据交易平台对数据提供者的共识机制与激励机制的不完善而造成数据提供者积极性下降,这些都会引发数据滥用、权属不明确等问题,严重损害数据所有者的相关权益。

5. 数据合规压力激增

无论是我国的《网络安全法》《数据安全法》《个人信息保护法》这三驾数据隐私保护领域的马车,还是欧盟的《通用数据保护法案》(GDPR)、美国的《加利福尼亚州消费者隐私保护法案》(CCPA)等,各国都在不断加大隐私保护和数据合规的监管力度。企业面临复杂且细粒度的监管挑战。企业的安全合规团队在进行隐私合规工作时,往往需要多部门联动,因此应该重视不同部门的诉求差异,减少给建立企业整体的隐私合规体系带来的跨部门合作困难。除了企业内部的合规措施,监管机构也在不断加大对违规行为的处罚力度。因此,企业需要保持警惕,及时了解监管政策和要求,避免违规行为带来的风险和损失。

9.2.3 企业数据安全治理策略

2021 年发布的《华为云隐私保护白皮书》中明确提到了企业对于数据的处理应遵守合法,正当,透明,目的限制,数据最小化,存储期限最小化,可归责性,完整性与保密性等基本原则[9]。基于这些原则,总结得到企业数据安全治理策略应包含以下三个部分:企业数据隐私保护、构建可信赖的企业数据安全云平台模型和企业自律模式。

1. 企业数据隐私保护

企业数据隐私保护包括:

(1) 企业应定期进行数据安全审查。如应定期审查企业内部大数据相关部门的数据隐私安全。

(2) 企业应减少公有云平台的使用,使用私有云部署,将企业数据与其他数据进行分离。

(3) 关注数据安全的"三驾马车"。"数据密态时代"的到来,面对数据安全、网络安全、数据确权、数字鸿沟等新问题,企业对"数据可用不可见"的需求越发强烈,存储数据、使用数据、共享数据都应该在合法合规的前提下进行,企业需重点参考数据安全领域的《网络安全法》《数据安全法》《个人信息保护法》这"三驾马车"。

(4) 数据匿名化。通过加密操作或加入噪声(如差分隐私机制)等数据匿名化操作保护企业数据财产。

2. 企业数据安全云平台模型

企业数据安全云平台模型包括:企业数据安全云平台治理目标、企业数据安全云平台保障机制、企业数据安全云平台治理技术、企业数据安全云平台监督与评估。如图9-3所示。

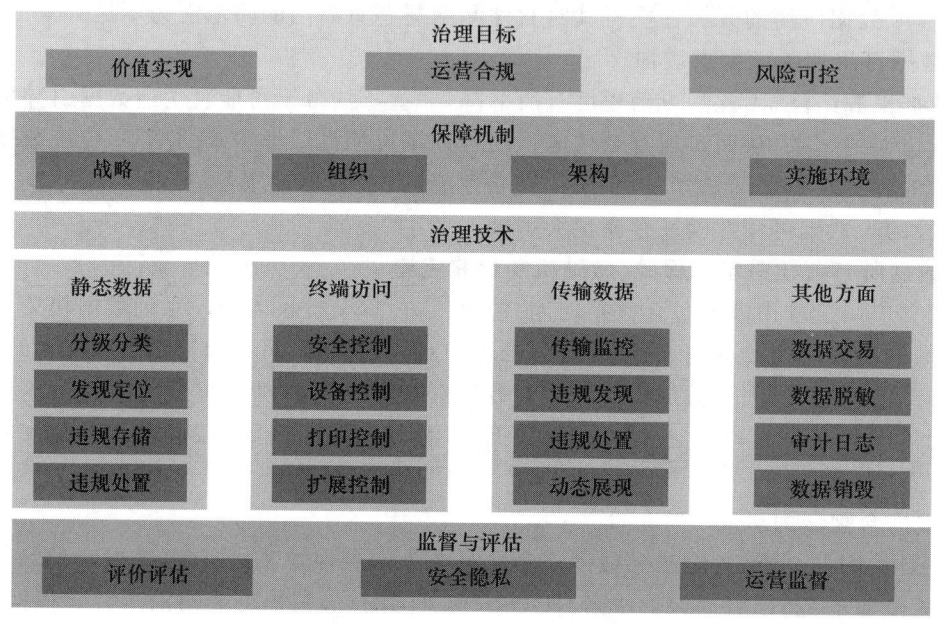

图9-3 企业数据安全云平台模型

1) 企业数据安全云平台治理目标

治理目标主要包括价值实现、运营合规和风险可控三个方面,用以确保云服务的安全可信性和业务连续性。

(1) 价值实现。它是指组织应与利益相关方沟通,建立统一的对数据价值的理解,用以指导数据治理责任主体制定通过数据安全治理得到的预期收益目标,并持续开展对价值实现过程的评估、指导和监督,以满足利益相关方对数据安全治理的预期,确保服务可信性、业务连续性。

(2) 运营合规。它是指组织应建立符合法律、规范和行业准则的数据合规管理体系,并通过评价评估、数据审计和优化改进,保证数据的合规,促进数据价值的实现。

(3) 风险可控。它是指组织应建立数据风险管理机制,识别数据带来的风险,评估组织的风险容忍度,指导风险应对机制和策略的建设,并评估和监督风险管理的实施。

2) 企业数据安全云平台保障机制

保障机制主要指在实施数据安全治理过程中需要具备的相关保障,以确保数据安全治理的执行,包括战略、组织、架构和实施环境。

(1) 战略。在大数据安全治理过程中,大数据战略应与组织的整体战略保持一致,满足业务战略和IT战略的需求和要求,规划组织内外部数据资源及未来的数据需求,并根据业务需求持续改进数据质量,提高大数据利用率,为业务创新和战略决策提供有力支持,实现数据的服务创新和价值创造。

(2) 组织。应健全数据安全治理的组织机制,明确数据安全管理的角色和责任,指导数据安全管理机构及制度的建立,并开展评估和监督,以确保数据安全治理的实施。

(3) 架构。组织应建立满足业务战略的数据架构、架构管理策略和管理体系,并持续开展评估、监督和改进,以满足数据战略的要求。

(4) 实施环境。它主要包括内外部环境和促成因素。内部环境是指组织应识别政策、法律、法规要求,并采取措施以实现数据安全治理目标;外部环境主要指竞争环境,即组织应识别竞争环境中影响数据安全治理目标实现的信息,并在需要时更新;促成因素主要指组织的人员、能力、技术支撑、文化等相关因素。

3) 企业数据安全云平台治理技术

企业数据安全云平台治理主要包括在云平台中存储静态数据的安全治理、终端访问云数据的安全治理、云平台中传输数据的安全治理以及其他方面的治理。

(1) 静态数据。它指云平台中存储静态数据的安全治理,包括数据分级分类、敏感数据的发现定位、违规存储和违规处置。

(2) 终端访问。它是指对终端访问云平台数据的安全治理,包括安全控制、设备控制、打印控制以及扩展控制。

(3) 传输数据。它是指对云平台中传输数据的安全治理,包括传输监控、违规发现、违规处置以及动态展现。

(4) 其他方面。它是指组织在运营实施中,通常还会涉及数据的交易、归档、销毁等过程,因此大数据的安全治理应该与数据的实际情况相结合,采取加密、脱敏、保留交易记录、规范交易接口、建立数据归档与销毁机制等治理措施。

4) 企业数据安全云平台监督与评估

监督与评估是指监督数据安全治理的实施过程,评估数据安全治理实施的符合性和质量。通过定期开展对数据存储、传输、使用环节的安全审计,对数据安全管理能力进行监督,并且反馈监督与评估的结果及建议,持续改进数据安全治理的实施过程,提升数据安全治理实施的有效性。

3. 企业自律模式

除了遵循相关法律法规和标准,企业还应采用自律模式来加强数据安全治理。这包括相关企业共同制定本行业数据隐私保护标准、大数据安全与隐私认证、应用相关技术保护大数据隐私安全等措施。企业自律模式的实施有助于建立良好的数据安全文化和提高数据安全水平。

1) 相关企业共同制定本行业数据隐私保护标准

相关企业共同成立本行业内的大数据使用标准联盟,以制定大数据隐私保护标准,规范本行业内的企业行为。联盟成员企业需遵守相关标准,但这些标准不具有强制性,仅依靠联盟内部与社会公众压力规范企业自身行为。

美国早就采用这种模式规范本国企业的大数据使用。典型的例子是,美国在线隐私联盟曾经发布用以指导网络与其他电子行业隐私保护的一份指南,其中明确规定此联盟成员必须执行此指南,但是此指南不具有强制执行性,其发布目的是为网络与其他电子行业的隐私保护工作提供一个能被行业内部广泛接受的标准模板。中国也逐渐开展类似工作。如《网络安全法》《数据安全法》《个人信息保护法》的颁布就是很好的例子,企业用户应该在这些规定的指引下,进行数据采集、使用等的合规操作。

2) 大数据安全与隐私认证

大数据安全与隐私认证也是一种企业实现大数据隐私保护的自律模式,经过大数据安全与隐私认证后的相关企业与网站才能被允许进行正常活动,但这些企业必须服从不同形式的监管。目前,国际上的认证组织有 TRUSTe、BBBOnline 与 WebTrust 等。

3) 技术保护大数据隐私安全

通过相关技术支持保证企业内部的大数据隐私安全。当消费者进入某个收集个人信息的第三方网站时,该网站会提醒用户其某些个人信息正在被收集,即在不违背消费者意愿的前提下企业被允许收集某些信息。

在数据隐私保护方面,企业应制定隐私保护政策,并采取措施对数据进行分类和定位,最小化数据收集和存储期限,并建立违规处理机制。对于企业数据安全云平台模型,企业应实施安全控制、设备控制和传输监控等措施,以保护数据的完整性和保密性,并确保云平台的安全性。与此同时,企业自律模式在数据安全治理中起到关键作用。企业应树立数据安全意识,制定出行业内的数据隐私保护标准,设立数据安全管理团队,并进行定期的安全评估和审查。企业需要遵循合法、正当、透明等原则来确保数据的安全性和合规性,只有在这样的基础上,企业才能建立可信赖的数据环境,并在数据安全方面获得持续的进展。

9.3 个人层面的大数据隐私保护策略

个人层面的大数据隐私保护是一个复杂的社会问题,除了需要先进的保护技术外,还需要结合国家制定的相关政策法规来保护好个人隐私,确保个人免遭人身安全威胁以及财产损失。

在保护隐私的问题上,国外给予了相当的重视,并且制定了较为完善的法律政策。如美国制定了《联邦隐私权法》《电子通信隐私法》;欧盟制定了《个人数据保护指令》《电信事业个人数据处理及隐私保护指令》等相关法令。国内近些年也出台了《电信和互联网用户个人信息保护规定》等涉及个人信息保护的法规条例。但是在大数据时代,这些保护条例尚不能很好地满足个人隐私数据保护的需求。因此,应根据大数据的特点以及个人隐私数据的特征建立完善的个人隐私保护法律法规,做到法律和行业规范与技术进步保持同步,从而规范各类主体对个人隐私数据的采集、存储、使用和发布。

9.3.1 个人隐私的泄露

个人隐私一般是指公民的与公共利益无关的私生活秘密,是公民不愿公开或不愿为他人所知的个人身体或私生活方面的秘密信息。

根据隐私的内容不同,隐私可以分为:

(1) 个人信息隐私,如身份证号、银行账号、家庭成员、婚姻状况、财产状况等。

(2) 个人通信隐私,如电话号码、QQ 号、微信号、邮箱等社交号码。

(3) 个人身体隐私,如身高、体重、血压、血型、指纹、DNA 等个人生物数据。

(4) 个人空间隐私,如工作单位、家庭住址、行动轨迹等。

(5) 个人上网隐私,如上网记录、网络购物记录等。

将个人隐私信息根据其性质和敏感程度划分为：

(1) 显式标识符（Individually identifying attributes，ID）：显式标识符是指个人隐私信息中能够直接表明个体身份的属性。它们是与个人直接相关的标识信息，可以准确显示个体身份的特征，如姓名、身份证号码（PID）、社会安全号码（SSN）和手机号码。

(2) 准标识符（Quasi-Identifier attributes，QI）：准标识符是指个人隐私信息中潜在地能够显示个体属性的属性集合。虽然它不能直接标识个体身份，但它与其他数据的结合可能会暴露个体的身份，如性别、年龄和邮政编码。

(3) 敏感属性（Sensitive Attributes，SA）：敏感属性是指个人隐私信息中包含的对个体隐私具有敏感性的属性。它们描述了个体隐私的细节信息，可能涉及个体的财产、健康、职业等方面，如信用卡号、地址、出生年月、收入、职业、银行资料、疾病信息、残疾情况和薪水等。

(4) 非敏感属性（other attributes）：非敏感属性指的是个人隐私信息中不属于显式标识符、准标识符和敏感属性的其他属性。这些属性通常与个体的基本背景和一般情况相关，如教育程度、婚姻状况等。

综上所述，显式标识符包含直接识别个体身份的属性，准标识符是能够潜在地确认个体身份的属性集合，敏感属性描述个体隐私的细节信息，而非敏感属性则指其他不属于前三类的属性。

这两种个人隐私信息的分类从不同角度反映了个人在社会活动中的某种私密行为，而所有这些合法的个人隐私均应该得到法律的正当保护，但仍会因为个人或者其他原因引发个人隐私泄露危机。造成个人隐私泄露的主要途径有以下几种情况。

(1) 个人隐私泄露方式的隐秘性。个人隐私数据的安全性和重要性是毋庸置疑的，公民个人在使用互联网的过程中竭尽所能地保护隐私数据，但仍会有泄露的危险，且有时并不知晓是从何时何处泄露的。这是由互联网的开放性和虚拟性决定的，侵权人在互联网上利用虚假的身份信息进行掩饰，通过一系列侵权行为获取和传播个人隐私信息。此外，网络的技术性使专业技术人员在使用互联网的过程中存在巨大的技术差距，而这种差距就会使一般互联网用户在毫不察觉的情况下将个人隐私泄露。

(2) 侵权行为的跨地域性。网络空间最典型的特点就是跨地域性，因大数据传播速度快、不同国家之间政策与法律的差异性，间接导致不法分子的数据侵权行为具有国际性，涉及国际司法的相关问题，使得相关案件维权难上加难，这就需要全世界范围内的多国合作共同保护个人隐私数据。

(3) 行业使用大数据时缺乏自律性。公民个人在享受大数据提供的个性化贴心服务的同时，行业也享受着"大数据"带来的巨额利润。这些个人隐私会被一些不良商家任意收集、开发利用后非法买卖，造成个人隐私的泄露。拥有个人隐私数据的公司、企业等对公民信息的安全管理、监督力度也没有统一标准，执行不严；行业联盟或者自律性组织尚没有协调相关从业机构出台行业自律方面的规定来保护消费者的个人隐私及相关信息。

9.3.2 个人数据隐私保护面临的挑战

1. 数据贩卖行为愈发严重

大数据行业繁荣与隐忧共存，诸如暗网一类的数据贩卖平台已成为大数据产业的灰色地带，这对个人人身安全、财产安全造成了极大危害[10]：

(1) 不法分子利用爬虫等数据窃取技术非法获取个人隐私数据，并在数据贩卖平台上进行倒卖；

(2) 企业内部不良员工或者离职员工出于不好的目的，倒卖企业机密数据；

(3) 大数据收集平台在收集到用户的隐私数据后，违规进行数据兜售变现。

2. 数据跨境流动造成安全威胁

数据作为国家重要的生产要素与战略资源，其日益频繁的跨境流动将会给国家带来巨大的潜在安全威胁：

(1) 重要情报信息跨境流动造成的影响不可预估；

(2) 领先技术数据信息被泄露到境外后，其在国际市场上的竞争优势会被大大削弱。

3. 高价值特殊数据泄露风险加剧

政务、医疗及生物识别信息等高价值特殊敏感数据泄露风险大幅上升：

(1) 政务数据具有极高的社会与经济价值，如不法分子获取到这些信息将获得极高的利益回报；

(2) 医疗数据具有高度隐私性与稀缺性，特别是疫情防控期间，这些信息更是成为攻击者关注的重点；

(3) 如人脸识别信息、指纹信息等生物识别数据具有易采集性和特征敏感性，不法攻击者容易将其视为重要目标。

4. 大型互联网平台企业滥采滥用个人信息并实施数据垄断

互联网企业大多基于用户数据的大量收集才能为用户提供良好的使用体验，这使得数据成为企业发展、盈利的重点，也引发了用户信息滥用加剧、行业内部垄断严重的大数据应用问题。

9.3.3　个人隐私保护策略

网络充斥在生活的各个角落。个人的工作资料、银行卡账号、支付宝密码，甚至是一些私密照片等，随时有可能落入他人手里；用户的各种网上行为也会被搜索引擎、广告商监控。因此，个人应更加重视数据隐私保护。

1. 规范地设置与使用 Cookie

浏览器的 Cookie 信息使 Web 可以提供给用户专属的信息，不仅使用户得到专属的服务，还解决了 HTTP 协议在浏览者识别时遇到的困难。Cookie 指当浏览某网站时，网站存储在计算机上的一个小文本文件〔比如 IE 浏览器的 Cookie 文件实际上就是一个 txt 文本文件，只不过换行符标记为 Unix 换行标记(0x0A)〕，伴随着用户请求和页面在 Web 服务器和浏览器之间传递。它记录了用户的 ID、密码、浏览过的网页、停留的时间等信息，用于用户身份的辨别。Cookie 通常是以 user@domain 格式命名的，user 是本地用户名，domain 是所访问网站的域名。

因此，规范地设置与使用 Cookie，令其既能够为用户创造利益，又能够预防因其造成的私人数据披露。措施如下：

(1) 使用较新版本的浏览器。原因是，较新版本的浏览器能够提供应各样数据保障效力，从而使消费者的敏感数据不被泄露。

(2) 在 IE 浏览器里设置"选择如何在 Internet 区域中处理 cookie"，如覆盖自动 cookie 处理。设置方法：设定 Internet 选项，保护浏览器隐私数据安全，如图 9-4 所示；通过其"高级隐私策略设置"功能对其进行详细编辑设定,如图9-5所示,并通过站点管理对其进行分类操作,如图9-6所示。添加相应站点实现对不同站点的Cookie信息处理,这样通过对浏览器属性进行调整,就可以在一定程度上对浏览器的Cookie信息进行编辑和设定了。

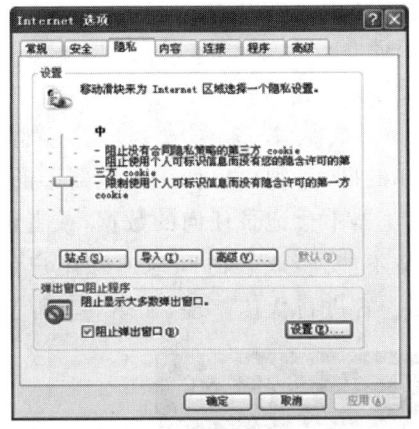
图 9-4　Internet 选项

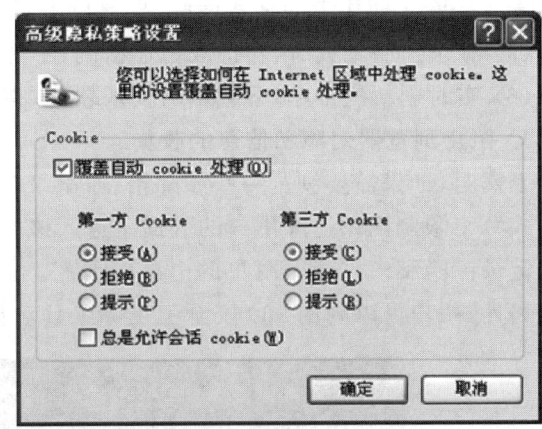
图 9-5　高级隐私策略设置

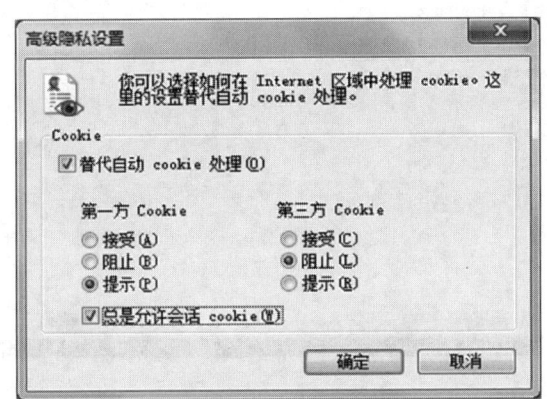
图 9-6　IE 浏览器中 cookie 隐私操作的设置

（3）安装和设置 cookie 控制工具。如 cookie crusher 和特警软件。

① cookie crusher。cookie crusher 不仅能够控制（比如新增、修正以及删除）电脑里过去新增的 cookie,而且能够选择是否接纳出自站点的 cookie。

② 特警软件。诺顿信息安全特警是一种信息安全保证工具,能够保证电脑抵御黑客或病毒的侵犯,从而很好地预防信息披露。

2. 清除电脑遗留痕迹

因为在用户进入网页的时候,浏览器实时将用户搜索的数据存储进它的有关设置内,因此当用户再搜索时就能够用较短的时间搜索到,从而加快搜索的速度。所以,使用完电脑以后,应当立刻清理记录以防止用户数据披露;对于一些牵涉隐私的文件,不能简单地放到回收站,必须使用"文件粉碎器"彻底删除。消除电脑遗留痕迹的详细操作如下:

（1）用户要经常删掉近来浏览网页或查阅资料的历史浏览痕迹;

（2）实时删除垃圾站内容,从而预防采取数据恢复的手段得到本已经清理了的资料;

（3）用户要经常删掉应用程序产生的记录，如 Word、Excel、Media Player 等，能够从文件菜单里寻找到近期打开的资料，从而导致消费者敏感信息披露；

（4）用户要经常删掉路径 C:\windows\temp 下的少许临时资料。这些临时资料能够协助攻击者推断出使用者的某些偏好，导致攻击者能够推理出使用者的行为；

（5）登录上网工具时，勿选取记住密码，不然将轻易被披露；

（6）实时刷新病毒库，下载木马查杀软件，查处木马程序。

3．阻止浏览器对隐私信息的收集

上网时，如果需要浏览一些如邮箱、通讯录等涉及隐私的网页，则可以使用浏览器中的"隐私模式"，来限制网站追踪用户的数据。进入该模式后，浏览器不会记录任何的数据，或者留下访问记录。隐私模式确保用户的电脑"干净"，可保证网站不能连续、长时间地追踪用户的信息。另外，用户可以利用 360 安全卫士等工具对相应隐私内容进行快速整理，如图 9-7 所示。

图 9-7　360 安全卫士隐私清理操作的设置

4．定期更换 IP 地址

搜索服务商还会根据用户搜索时的连接 IP，结合用户的搜索内容来组织收集到的用户信息，通过定期更换 IP 地址可解决这个问题。对于使用静态 IP 的个人或组织用户，可以考虑使用 VPN 等加密连接工具，或者选择互联网上的公开代理服务器。

5．切勿将全部的生日数据加载在社交网络数据中

身份窃取者一般将生日数据作为破解技术的基础，如果你想让你的朋友知道你的生日，就仅仅告诉他们月份和日期，最好省略年份。

6．使用多样的用户名和密码

使用多样的用户名和密码是保护个人信息安全的重要步骤。在当今网络环境中，安全性至关重要，因此我们应该尽可能将不同的用户名和密码用于不同的在线账户和平台。这样做可以最大程度地降低个人信息泄露和账户被入侵的风险。采用多样的用户名和密码组合，可以有效地防止黑客利用同一组凭据在多个网站上进行攻击。因此，保持用户名和密码的多样性不仅是一种良好的安全实践，也是保护个人隐私和数据安全的关键措施。

7. 谨慎使用定位服务

在使用定位服务时，需要谨慎行事。尽管这些服务可以为我们提供方便，如导航、社交分享和商家推荐等，但是我们也要注意隐私和安全的风险。定位服务可能会追踪我们的位置信息，如果不加控制地使用，可能会泄露个人隐私，甚至引发安全问题。因此，在使用定位服务时，我们应该审慎考虑哪些应用真正需要我们的位置信息，并且应定期审查和更新我们的隐私设置，以确保我们的个人信息不被滥用或泄露。

8. 粉碎含有隐私的信息

如果你想扔掉信用卡、银行对账单、快递包裹单，或是其他关于你隐私的复印件，首先要把它们撕成很小的碎片。同理，删除文件时也应使用文件粉碎机，如图 9-8 所示。

9. 在社交网络上强化你的隐私设定和关闭旧账户

在社交网络上，加强隐私设定并关闭不再使用的旧账户是至关重要的步骤。隐私设定的强化需要不断地进行，以确保我们的个人信息受到有效的保护。举例来说，Facebook 这样的平台提供了免费的工具，帮助我们轻松地调整隐私设置，保护我们的信息免受未经授权的访问。此外，关闭那些我们不再使用或者已经废弃的旧账户也是很重要的。这样可以降低个人信息的泄露风险，并确保我们的在线存在更加安全和可控。

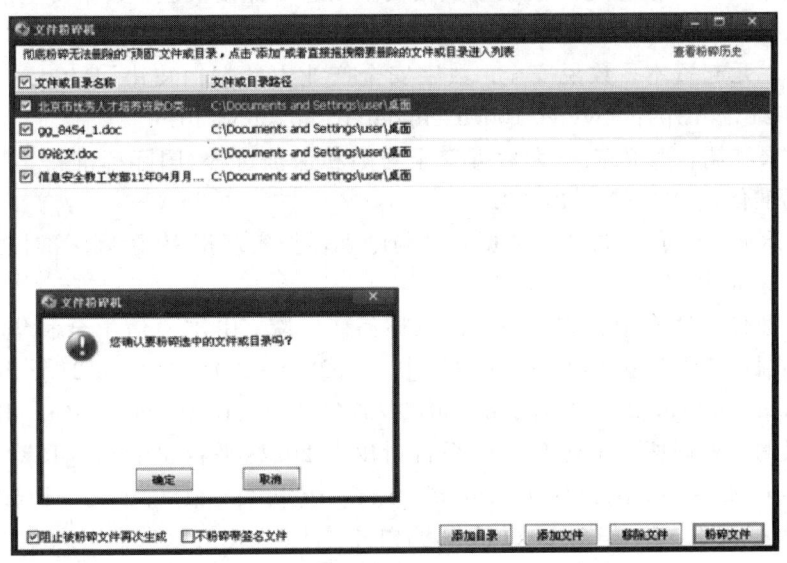

图 9-8 使用文件粉碎机删除文件

本 章 小 结

本章主要介绍大数据隐私保护策略相关知识，并从不同层面进行解析。不管是企业管理层面还是个人层面的大数据隐私保护策略研究，其根本目标都是保护我们的数据财产安全免遭泄露或不被不法分子利用。个人强化数据保护意识，企业遵守相关行业规范，只有这样才能适应网络经济的发展，才能在大数据时代占据主动地位。

思 考 题

1. 国际上和国内比较认可的大数据隐私保护标准化组织分别有哪些?
2. 如何防止企业数据泄露,请列举至少三条具体方法?
3. 如何在日常生活中保护个人数据隐私?

参 考 文 献

[1] 中国信息通信研究院. 大数据白皮书[R/OL]. (2023-01-04)[2023-05-21]. http://www.caict.ac.cn/kxyj/qwfb/bps/202301/t20230104_413644.htm.

[2] 中国通信标准化协会. 数据治理标准化白皮书[R/OL]. (2021-12-20)[2023-05-21]. https://www.ccsa.org.cn/achivement/?id=52&title=白皮书.

[3] 中关村网络安全与信息化产业联盟数据安全治理专业委员会. 数据安全治理白皮书4.0[R/OL]. (2022-05-27)[2023-05-21]. https://www.zisia.org/news/467.html.

[4] 腾讯安全,元起资本,数说安全. 数字安全产业大数据白皮书[R/OL]. (2022-05-31)[2023-05-21]. https://www.100ec.cn/detail--6612658.html.

[5] 李克鹏,朱红儒,张玉东.《大数据安全与隐私保护过程》国际标准提案研究[J]. 信息技术与标准化,2018(5):21-23.

[6] 张滨,冯运波,于乐,等.《大数据安全与隐私保护实现指南》国际标准提案研究[J]. 信息技术与标准化,2018(5):50-55.

[7] 中国移动通信集团有限公司,中国信息通信研究院,中国通信学会和华为技术有限公司. 5G数据安全防护白皮书[R/OL]. (2022-04-22)[2023-05-21]. https://www.china-cic.cn/upload/202204/22/e836072f757449b5916b0da69a796b4a.pdf.

[8] 工业互联网产业联盟. 工业互联网平台白皮书2021(平台价值篇)[R/OL]. (2021-12-24)[2023-05-21]. https://www.aii-alliance.org/index/c189/n2784.html.

[9] 华为技术有限公司. 华为云隐私保护白皮书[R/OL]. (2021-01-22)[2023-05-21]. https://www.huaweicloud.com/special/baipishu-ysbh.html.

[10] 中国电子信息产业发展研究院,赛迪智库网络安全研究所. 数据安全治理白皮书[R/OL]. (2021-06)[2023-05-21]. https://ccidgroup.com/info/1096/33214.htm.

第 10 章
大数据安全与隐私保护法律法规

本章学习要点
- 掌握隐私权相关定义
- 了解大数据时代数据安全法律现状
- 掌握我国几部典型数据保护法律的重要内容
- 通过学习相关内容,形成个人隐私防护意识

案例 1:2022 年 6 月,我国西北工业大学的邮件系统遭到境外组织的入侵,导致许多师生的个人信息被泄露,给他们的隐私带来了巨大威胁。这起事件引发了社会对于大数据安全和隐私保护的关注。此次事件再次提醒我们,大数据时代的到来不仅带来了巨大的机遇和变革,也带来了新的风险和挑战,建立完善的大数据安全和隐私保护制度,是保障个人权利和公共利益的重要举措,也是构建数字化社会的必要条件。

案例 2:作为一家面向全国用户的大型出行平台,滴滴在过去几年内取得了快速发展,并吸引了海量用户。但同时也遭遇了数据安全和隐私保护方面的问题,滴滴因过度收集用户隐私数据,违反《网络安全法》《数据安全法》《个人信息保护法》,被罚款 80.26 亿。这一事件揭示了大数据时代,个人信息保护等对应的法律法规须被进一步完善、强化执行,同时表明任何违反隐私保护相关法律的行为都会被明确制止,因此,我们需要认真学习这些法律法规,加强个人信息保护意识。

本章旨在介绍大数据安全与隐私保护相关法律法规,这些法律法规能够加强对于大数据安全和隐私的保护,以应对未来类似事件的发生,帮助企业和个人更好地保护自己的隐私和数据安全。大数据安全与隐私保护相关法律法规是数据安全治理与建设领域的最顶层指引,研究这些内容有助于理解大数据应用场景的安全需求,积极开展数据安全治理与防护。

10.1 大数据时代中国公民的隐私困境

当前,我们正处于大数据时代,无论是商业领域、政治领域还是社交娱乐领域,数据已经成了一种重要的生产要素。然而,在享受大数据带来的便利和发展成果的同时,我们也面临着前所未有的隐私安全风险和挑战。本节以中国公民为研究对象,探讨大数据时代下中国公民的隐私困境以及解决之道。

1. 大数据时代下中国公民隐私泄露的现状

在大数据时代,很多机构和企业都在积极地收集和利用用户的数据,这些数据包括但不限于个人信息、搜索历史、购物记录等等。然而,随着数据的积累和应用,相关机构和企业往往会因为数据管理不善或者恶意行为导致用户隐私泄露。其中,最常见的隐私泄露方式是数据被黑客攻击窃取,另外,很多网站和应用程序存在漏洞,使得黑客可以轻易获取用户的个人信息,这些情况也屡见不鲜。

此外,在大数据时代下,一些机构和企业还会因为利益驱动或者其他原因收集和利用用户的数据。例如,一些社交媒体平台会通过分析用户的行为和兴趣来定向投放广告,而机构也会通过监控和数据分析来维护社会稳定和国家安全。但是,这种做法往往涉及用户隐私的侵犯,引发公众对于个人权利的担忧。

以上例子表明,在大数据时代下,中国公民的隐私面临着前所未有的风险和挑战。

2. 大数据时代下中国公民隐私保护的问题

在当前的法律框架下,中国公民的隐私保护主要由《中华人民共和国网络安全法》和《中华人民共和国个人信息保护法》等法规来规范。然而,这些法规的实施效果并不尽如人意。现有法规的制定和修订相对滞后。虽然网络安全法和个人信息保护法相继颁布,但公众对于大数据时代的个人权利仍充满担忧。另外,由于个人信息保护法中并没有针对隐私泄露的具体划定和处理流程,因此一些机构和企业在面对类似事件时,往往存在推卸责任、缺乏有效处罚等问题。这种情况无论是从用户保护还是从机构合规的角度来看,都是十分不利的。

3. 解决大数据时代下中国公民隐私困境的途径

针对上述问题,我们可以通过以下途径来解决大数据时代下中国公民隐私困境。

(1)制定更加精细的法规。针对新型黑客攻击、数字化隐私保护等问题,制定更为具体的法规,以便更好地应对各类隐私泄露风险。

(2)增强监管力度。我国应该加强对机构和企业的监管,增加对于违规机构和企业的处罚力度。同时,建立健全的投诉举报机制和信息公开渠道,让公众有更多的讨论和参与空间。

(3)提高个人信息保护意识。公众应该提高自我保护意识,正确使用互联网和数字产品,并避免在不安全的渠道上泄露个人信息。此外,政府和机构也应该加强对于公众的信息安全教育。

(4)推动技术创新。大数据时代下,技术创新是解决隐私安全问题的重要途径。例如,可以利用区块链技术来保护用户隐私,并且将数据使用的流程更加透明化,从而提高用户对于数据使用的信任度。

(5)加强国际合作。因为数据泄露和隐私侵犯已经成了全球性的问题,因此,各国之间应该加强合作,共同制定和推进国际标准,以便更好地保护全球范围内的用户隐私权益。

总体而言,大数据时代下,中国公民的隐私困境需要受到更多的关注。只有通过制定更为具体的法规、增强监管力度、提升公众意识以及推动技术创新和国际合作等途径,才能够建立起一个更加安全、健康和可持续的数字社会环境。

10.2 数据化时代我国个人信息、个人隐私保护之间的关系

过去不少人有这样错误的观点,即认为个人信息与个人隐私无异,保护个人信息就相当于保护个人隐私。其实,个人信息是指对特定个体来说与之相关联的各类信息的总和,其范围远远大于个人隐私的范围,因此个人信息并不等于个人隐私。

我国已将对个人隐私的解释及个人信息保护编入《民法典》的相应篇章,填补了个人信息民法保护的空白。《民法典》规定的隐私权是不包含个人信息的狭义隐私权,并将其作为一项具体人格权予以保护。从《民法典》的规定可以看出,隐私与个人信息在定义上是有明显区分的,《民法典》将隐私作为一项基本人权进行保护,而并未采取"个人信息权"的表述,因此《民法典》对于个人信息的保护还没有上升为公民权利的高度,而仅仅将其作为一项民事权益。虽然个人隐私和个人信息是两个概念,但是两者并非毫无关联,他们存在共同的部分,《民法典》对此有明确的规定,即对于个人信息中的私密信息,适用有关隐私权的规定,私密信息就是个人隐私与个人信息的交叉部分。同时,个人隐私并不仅仅包含私密信息,个人不愿公开的且不影响公共利益的私密活动空间、私人事务等都包含在隐私之内。因此,隐私权保护的除了私密信息外,还包含私密的活动空间以及私人事务等。

依据《个人信息安全规范》的规定,我们把个人信息依照重要程度分为三个层次:第一层是隐私信息,此类信息就是前文提到的"私密信息",重要程度最高;第二层为个人敏感信息,与隐私信息存在交叉联系,重要程度次之;第三层是一般个人信息。其中,隐私信息和个人敏感信息看似毫无关联,实际上两者存在交叉,理解两者的区别和联系对于理解隐私权保护的范围具有重要意义。有学者提出,区分这两者的关键,在于认定隐私信息的法律是具有能动性的,对其判断并非固定不变的,需要根据所处的情景作出判断,而对个人敏感信息的法律认定只需参照客观固定的划分标准。二者的联系是隐私信息里也包含了一部分个人敏感信息。因此,大数据时代的隐私信息可以分为两大类:

(1) 公民不愿为所有人知晓的社会公认的敏感信息;

(2) 仅允许为部分人所知的,能够通过大数据分析间接反映出信息的个人志向的,且不属于敏感信息范畴的信息。

区分个人信息与个人隐私、私密信息与非私密信息或者一般信息的意义在于保护模式的不同。私密信息适用的是隐私权保护模式,其保护目标是使隐私不被人所知道或仅仅允许被特定人所知;非私密信息适用的是个人信息保护模式,主要是为了确保个人信息不被滥用。尽管对它们的区分便于个人隐私与个人信息的保护,但是数据化时代我们不能忽略这样的情况:不属于隐私信息的数据经过后台的汇总处理后产生新的信息,这些信息对于信息主体来说是不愿公开或被他人知晓的,性质上属于私密信息,而这部分的信息由于已经在不知情的情况下被获知,再加上对此类信息的使用与管理缺乏有力的监管,极易造成用户大规模的隐私权的侵犯,而这部分在性质上属于私密信息的信息保护也成了大数据时代隐私权保护的重点方向。

10.3 大数据时代我国隐私权保护法律制度的现状及问题

据不完全统计，我国已出台关于大数据个人隐私保护、网络数据安全等相关法律、行政法规、部门规章、规范性文件等共计两百多部[1]，已经形成了涵盖大数据等级保护、个人信息管理、跨境数据保护等不同领域的全方位大数据安全法律法规体系。大数据技术作为一项新兴的技术，其已经广泛应用于国家的现代化治理中，行政机关已经充分认识到推动政府转变治理方式、创新治理模式、加快政府治理能力和治理体系现代化建设都离不开大数据技术的支持。因此，无论是促进决策科学化、推进公共服务个性化，还是提升社会治理水平现代化，都需要运用到大数据技术，但其前提是获取和分析大量的数据，这也让更多的个人信息逐渐汇集到行政机关的手中，引发了人们对于行政机关控制下的个人信息安全的担忧。正如华东政法大学高富平教授所说"个人信息不仅关涉个人利益，而且关涉他人和整个社会利益，个人信息具有公共性和社会性，个人信息的保护应当从个人控制走向社会控制"。尤其是在行政机关掌握了大量个人信息的背景下，传统的私法领域已经难以满足保护个人信息的需求，因此有必要在大数据背景下加强对个人信息的行政法保护，我国为此相继出台多项法律法规，如表10-1所示。

表10-1 我国个人信息与隐私权保护立法现状

法律名称	颁布时间	会议	要点	意义
网络安全法	2016年11月7日	第十二届全国人大常委会第二十四次会议	强调对收集的用户信息严格保密，维护网络数据的完整性、保密性和可用性，实行网络安全等级保护制度	此法是顺应我国网络空间安全化、法制化大趋势的时代产物，规范了公民在互联网上的行为，对个人隐私有保护作用
数据安全法	2021年6月10日	第十三届全国人大常委会第二十九次会议	保障数据安全，促进数据开发利用，维护国家主权和安全	明确了国家实施大数据战略，推进数据基础设施建设，鼓励和支持数据在各行业、各领域的创新应用，促进数据开发利用，保障数据依法有序自由流动，维护数据安全等；规定各参与方的职责，强调企业的数据安全保护职责
个人信息保护法	2021年8月20日	第十三届全国人大常委会第三十次会议	强调个人信息在数据流通过程中的安全合规	同《数据安全法》《网络安全法》共同组成数据保护领域的"三驾马车"，个人数据信息保护正式进入新时代
关键信息基础设施安全保护条例	2021年4月27日	国务院第133次常务会议	保障关键信息基础设施安全，维护网络安全	保障经济社会健康发展，维护公共利益和公民合法权益
密码法	2019年10月26日	第十三届全国人大常委会第十四次会议	规范密码应用和管理，促进密码事业发展，保障网络与信息安全，维护国家安全和社会公共利益，保护公民、法人和其他组织的合法权益	促进密码技术进步、产业发展和规范应用，维护国家安全、社会公共利益以及公民、法人和其他组织的合法权益[2]

续表

法律名称	颁布时间	会议	要点	意义
民法典	2020年5月28日	第十三届全国人民代表大会第三次会议	对个人信息保护、网络数据利用、电子合同效力、平台责任认定等互联网新型问题进行了积极回应	明确了自然人对个人信息享有的民事权益是人格权益,彰显了我国法律对自然人人格尊严和人格自由的尊重;为《个人信息保护法》《数据安全法》的立法工作提供了依据

10.3.1 中国数据安全"三驾马车"崛起的意义与解读

1. 对《个人信息保护法》的解读

《中华人民共和国个人信息保护法》简称《个人信息保护法》或《个信法》,是我国第一部专门规定公民个人信息保护的基础性法律。该法于2021年6月10日颁布,自2021年9月1日起正式生效[3]。其立法目的为规定个人信息的收集、使用、存储、保护等方面的义务和责任,强调了对个人隐私的保护和违法行为的处罚;意义在于确立了个人信息保护的立法基础,规范了信息数据的流通和使用,保障了公民个人信息安全,促进了数字经济的健康发展。

该法在《民法典》《网络安全法》《消费者权益保护法》等法律基础上,为个人信息保护提供了更具系统性、针对性和可操作性的法律指导,其明确了公民个人信息受到法律保护,任何组织或个人需要收集、使用或提供公民个人信息时必须遵循合法、正当、必要原则,并告知公民,同时公民有权利查看、更正、删除自己的个人信息,并可撤回已经给出的同意。该法还规定了行政处罚、民事赔偿、刑事责任等相关责任和处罚措施,以保障公民个人信息安全。此外,该法为特定情况下的个人信息保护作出规定,如涉及重大公共利益、个人安全等情况,并设立了个人信息保护委员会,负责个人信息保护相关工作的指导与协调。总之,《个信法》的实施将有助于加强公民个人信息保护的制度建设和法治保障,有效维护公民个人信息权益和数据安全,推动数字经济发展。此外,该法的出台也表明我国在信息保护方面不断完善法律体系,进一步促进了网络安全的发展和国际间的网络安全合作。

进入信息化社会,人们在体验各种便利的同时,面临的信息过度采集、非法买卖、擅自公开、盗取泄露的风险也不断凸显,诸如2016年京东电商平台数据泄露等各种隐私泄露事件频繁发生[4]。滥用人脸识别等信息技术、不合理应用自动化决策等新情况屡屡成为舆论焦点。在信息数据已经成为资本、技术以外的新型战略资源和竞争优势的背景下,数字经济活动急需系统的法律规则指引。随着信息产业应用全球化发展,个人信息跨境流动日益成为各国政府监管的重点[5]。加强个人信息保护法治建设,既是尊重和保护人权、维护和实现人民群众个人信息权益的必然要求,也是明确信息处理边界和合规预期,实现数字经济健康长远发展的现实需要。

《个信法》坚持问题导向,充分吸收国际成功立法经验,立足中国国情,对个人信息的收集、存储、使用、加工、传输、提供、公开、删除等处理活动全流程作出制度设计;对关键基础设施运营者,处理个人信息达到国家网信部门规定数量的个人信息处理者,提供重要互联网平台服务、用户数量巨大、业务类型复杂的个人信息处理者,以及国家机关等特殊主体制定了专门的管理要求。

《个信法》规定和发展了个人信息权益内容,在进一步确认了个人信息知情权、决定权、查阅权、复制权、更正权、补充权的同时,还丰富了删除权的场景和创设了个人信息的可携带权。在以下五种情况下,个人信息处理者应当主动删除个人信息:①个人撤回同意;②处理目的已实现、无法实现或者为实现处理目的不再必要;③个人信息处理者停止提供产品或者服务,或者保存期限已届满;④个人信息处理者违反法律、行政法规或者违反约定处理个人信息;⑤法律、行政法规规定的其他情形。个人请求将个人信息转移至其指定的个人信息处理者,符合国家网信部门规定条件的,个人信息处理者应当提供转移的途径。《个信法》细化了个人信息处理的基本要求,拓展了包括同意规则在内的合法性基础场景。基于个人同意处理个人信息的,该同意应当由个人在充分知情的前提下自愿、明确作出。对于自动化决策、公共场所等特殊场景下的信息处理活动,进一步严格了管理要求。利用个人信息进行自动化决策,应当保证决策的透明度和结果公平、公正,不得对个人在交易价格等交易条件上实行不合理的差别待遇。在公共场所安装图像采集、个人身份识别设备,应当为维护公共安全所必需,遵守国家有关规定,并设置显著的提示标识。

　　《个信法》加强了敏感个人信息的保护,对包括生物识别、宗教信仰、特定身份、医疗健康、金融账户、行踪轨迹等的信息,以及不满十四周岁未成年人的个人信息,规定了更严格的处理要求。这些信息一旦泄露或者非法使用,容易导致自然人的人格尊严受到侵害或者人身、财产安全受到危害。只有在具有特定的目的和充分的必要性,并采取严格保护措施的情形下,个人信息处理者方可处理敏感个人信息。而且,处理敏感个人信息应当取得个人的单独同意。

　　《个信法》对个人信息向中国境外提供的条件作了严格规定,并从不得降低个人信息保护标准的角度,要求个人信息处理者应当采取必要措施,保障境外接收方处理个人信息的活动达到该法规定的个人信息保护标准。此外,也结合当前国际形势,就双边多边便利性安排作了衔接性规定,对境外侵害性活动、歧视性措施宣示和授权了反制措施。

　　除了权利、义务规则的设计,《个信法》也对法律责任作出严格规定,规定了严重违法的巨额罚款制度、损害赔偿的过错责任推定原则,并为公益诉讼提供了法律依据。

2. 对《数据安全法》的解读

《中华人民共和国数据安全法》简称《数据安全法》或《数安法》,是我国专门规定数据安全保护的一部基础性法律。该法于2021年6月10日通过,自同日起正式生效。其主要内容为针对重要数据资源实施分类保护、加强数据安全管理,确保数据安全、维护国家安全和公共利益,促进数字经济健康发展;《数安法》的推出为保障国家信息安全和公民个人信息安全,促进数据资源安全合理流转和使用,推动数字经济高质量发展做出巨大贡献[6]。

《数安法》覆盖了数据的采集、存储、处理、使用、传输等全过程,并从数据主体、数据控制者、数据处理者等角度对数据安全作出了规定,其中涉及重要数据的保护和管理,以及网络安全审查等内容,具有突出意义。该法规定了数据主体的权利,包括知情权、参与权和监督权等[7]。同时,对数据控制者和处理者制定了需要遵守的基本原则和义务,包括遵循合法、正当、必要原则,保证数据安全等。此外,该法还制定了数据安全评估、网络安全审查等特殊管理措施,提升了我国数据安全管理的能力。总之,《数安法》为规范数据活动行为,加强数据安全保障提供了法律支持。它的实施将进一步推动信息化建设和数字经济发展,有利于保障公民个人信息安全,也体现了我国在信息化建设和网络安全管理方面的不断努力和创新。

《数安法》[8]共七章五十一条,分别为总则、数据安全与发展、数据安全制度、数据安全保护义务、政务数据安全与开放、法律责任及附则。总则部分提出制定《数安法》的主要目的,并对数据、数据活动、数据安全的概念进行了明确的定义。数据安全与发展、数据安全制度、数据安全保护义务、政务数据安全与开放是《数安法》的核心内容,而法律责任及附则是对前面章节所涉及的法律问题进行说明,以下对《数安法》的四部分核心内容进行解读。

1) 数据安全与发展

该部分确立了国家坚持维护数据安全和促进数据开发利用并重的原则,在确保数据安全的前提下,鼓励数据依法合理有效利用,保障数据依法有序自由流动,促进以数据为关键要素的数字经济发展。《数安法》第十三条进一步明确了国家发展数据驱动的数字经济的决心,主要包括国家实施大数据战略、各省制定数字经济发展规划、国家培育数据交易市场、大力推进电子政务建设和政务数据安全开放等举措,以数据开发利用和产业发展来促进数字经济发展。第十四条和第十五条提出推进数据开发利用技术和数据安全标准体系的建设是数据安全发展之本。第十六条提出要依法开展数据安全监测、评估、认证等数据活动。第十七条提出对数据交易的发展不但要建立健全数据交易管理制度,而且要规范数据交易行为和培育数据交易市场,这与第四章数据安全保护义务和第六章法律责任部分紧密关联。

2) 数据安全制度

该部分凸显了数据安全制度建设的重要性。《数安法》第十九条提出对数据实行分级分类保护,国家要根据数据的重要程度以及危害程度确定重要数据保护目录,数据分级分类保护是数据安全制度建设的基础。《网络安全法》主要侧重对技术安全的防护,突出了网络安全等级保护评估的重要作用,但《网络安全法》中对网络安全内控制度的构建略显薄弱,这就导致一些网络安全事件在内部发生。而《数安法》将数据安全制度单独作为一章进行规定,并且从数据分级分类保护、数据安全风险机制、数据安全应急处理机制、数据安全审查制度、数据实施出口管制、反制歧视性措施方面提出了规范与要求,弥补了当前重技术而轻内控制度建设的空缺,进一步减少因内控制度缺失而导致的安全事件。

3) 数据安全保护义务

该部分确定了数据活动中不同主体的数据安全保护义务,可以看出第三章与第四章衔接较为紧密,呈现出递进关系。《数安法》第二十五条提出开展数据活动要依照法律法规和国家标准的要求,建立全流程数据安全管理制度,组织开展数据安全教育培训,采取相应的技术措施,以及采取其他必要的措施确保数据安全。该条与第三章国家建立数据安全制度相关联,是对开展数据活动主体设置的安全保护义务。第三十条提出在数据交易过程中,不但要说明数据来源,还要审核交易双方的身份,并留存审核交易记录。针对不履行数据安全保护义务或未采取必要安全措施的组织或个人,将会面临组织最高罚款 100 万元,个人最高罚款 10 万元的行政处罚。

4) 政务数据安全与开放

《数安法》将政务数据的安全与开放单独作为一章,充分说明了国家对政务数据安全与开放的重视程度。从数据的来源来看,目前大数据资源主要掌握在政府手中,因此政务数据的安全与开放是充分发挥大数据价值的关键。该章从数据产生与流转的全过程切入,对数据的收集、使用、存储、加工、提供进行了明确的要求。第三十六条要求国家机关也应当建立健全数据安全管理制度,落实数据安全保护责任,实现国家机构与运营者的衔接。第三十九条是对我国政府数据开放制度的进一步细化,明确国家制定政务数据开放目录,构建统一规范、互联互通、安全可控的政务数据开放平台。第四十条将具有公共事务管理职能的组织,为履行公共事务管理职能开展的数据活动划定为该章的适用范围。

随着社会的进步,数据资源的价值逐渐上升,尤其是在数据要素成为经济社会发展新动能后,数据产业已经形成一条完整的链路,它涉及数据收集、存储、加工、使用、交付、流通等诸多环节,国家为促进数字经济的快速发展,在政策上积极鼓励数据开发与利用,但数据安全保护的政策法规较为滞后[9]。《数安法》的出台将填补此鸿沟,作为我国数据安全保护体系构建的顶层设计,它将使数据安全领域的政策和法规紧密结合,未来国家会围绕《数安法》不断出台配套政策为我国数据安全保护体系建设提供有力支撑。

3. 对《网络安全法》的解读

"没有网络安全就没有国家安全,没有信息化就没有现代化"。2017年6月1日起开始施行的《中华人民共和国网络安全法》[10](简称《网络安全法》)是落实总体国家安全观的重要举措。为加强对网络空间的保护,维护国家安全和公共利益,促进网络安全和信息化发展,《网络安全法》规定了包括网络基础设施安全保护、个人信息和重要数据的保护、网络安全事件的应急处置、网络安全监管等多个方面的网络安全治理工作。

《网络安全法》涵盖了广泛的领域,包括网络基础设施、网络运营商、网络安全产品、网络安全检测等方面。该法明确规定了网络运营者的责任和义务,强化了对网络安全的保护和监管;规定了网络安全的基本要求,包括保障网络安全、预防网络安全风险、应急处置网络安全事件、提高网络安全保障能力等。同时,《网络安全法》还强调加强个人信息保护,禁止侵犯公民个人信息和数据,保护公民合法权益。此外,《网络安全法》还规定了网络安全相关的行政管理措施和刑事责任,包括行政处罚、经济制裁、刑事追究等。对于违反网络安全法律法规的行为,将受到相应的处罚。总之,《网络安全法》的实施有助于加强网络安全管理,维护公民个人信息和数据安全,促进数字经济发展;它的出台也表明了我国在网络安全领域的不断努力和创新,对于推动国际间网络安全合作与交流具有重要意义。

《网络安全法》共有七章七十九条,内容十分丰富,对网络安全各方面的事项都进行了规定,包括:总则、网络安全支持与促进、网络运行安全、网络信息安全、监测预警与应急处置、法律责任以及附则。下面对其中的三部分核心内容进行解读。

1) 明确当前网络安全工作的相关定义

明确此法施行的初衷。施行《网络安全法》的最根本需求是保持网络空间稳定可靠运行,网络数据的完整性、保密性和安全性,功能可用性,以法律的形式澄清上述内容,统一并规范社会各方的思想与行为。

明确网络安全领域涉及的相关概念。对网络、网络安全、网络运营者、网络数据、个人信息、关键信息基础设施保护范围等给出清晰定义。《网络安全法》第四条明确提出了我国网络安全战略的主要内容:明确保障网络安全的基本要求和主要目标,提出重点领域的网络安全政策、工作任务和措施。第七条明确规定,我国致力于"推动构建和平、安全、开放、合作的网络空间,建立多边、民主、透明的网络治理体系"。这是我国第一次通过国家法律的形式向世界宣示网络空间治理目标,明确表达了我国的网络空间治理诉求。上述规定提高了我国网络治理公共政策的透明度,与我国的网络大国地位相称,有利于提升我国对网络空间的国际话语权和规则制定权,促成网络空间国际规则的出台。

2) 明确当前网络安全工作的基本原则

(1) 网络空间主权原则。《网络安全法》第一条明确规定要维护我国网络空间主权。网络空间主权是一国国家主权在网络空间中的自然延伸和表现。各国自主选择网络发展道路、网络管理模式、互联网公共政策和平等参与国际网络空间治理的权利应当得到尊重。

(2) 网络安全与信息化发展并重原则。《网络安全法》第三条明确规定,国家坚持网络安全与信息化并重,遵循积极利用、科学发展、依法管理、确保安全的方针;既要推进网络基础设施建设,鼓励网络技术创新和应用,又要建立健全网络安全保障体系,提高网络安全保护能力。

(3) 共同治理原则。《网络安全法》坚持共同治理原则,要求采取措施鼓励全社会共同参与,政府部门、网络建设者、网络运营者、网络服务提供者、网络行业相关组织、高等院校、职业学校、社会公众等都应根据各自的角色参与网络安全治理工作。

3) 明确当前网络安全工作的重点

《网络安全法》第二章至第五章从五方面对网络安全有关事项进行了规定,勾勒了我国网络安全工作的轮廓:以关键信息基础设施保护为重心,强调落实运营者责任,注重保护个人权益,加强动态感知快速反应,以技术、产业、人才为保障,立体化地推进网络安全工作。

《网络安全法》是我国第一部全面规范网络空间安全管理方面问题的基础性法律,是我国网络空间法治建设的重要里程碑,是依法治网、化解网络风险的法律重器,是让互联网在法治轨道上健康运行的重要保障。《网络安全法》将近年来一些成熟的好做法制度化,并为将来可能的制度创新做了原则性规定,这能够为网络安全工作提供切实法律保障。

这里要重点说明的是,《网络安全法》与《数据安全法》存在一些区别。《数据安全法》聚焦于数据全生命周期的安全,涉及内容更为广泛,而《网络安全法》规范的是计算资源与环境安全,更加具象;此外,《数据安全法》体现的是国家安全层面的法律,《个人信息保护法》更聚焦于个体安全,而《网络安全法》更加系统和明确地规定了分级数据保护。总之,《网络安全法》《个人信息保护法》《数据安全法》这"三驾马车"存在差异,各自分管不同领域的个人信息与隐私保护,共同构成信息技术领域安全的完整法律框架。

10.3.2 《关键信息基础设施安全保护条例》的解读

2021年9月1日生效的《关键信息基础设施安全保护条例》是我国网络安全领域的一项重要法规。该条例明确了关键信息基础设施的范围和安全保护要求,对相关单位建立健全安全管理制度、完善应急预案、加强监管等提出了具体要求。其实施意义重大,有助于加强我国网络安全保护,增强相关单位安全意识与防范能力,防范网络安全风险;还可以促进国家信息化建设与发展,在推动数字经济发展、优化营商环境方面具有积极作用。此外,本条例的出台也表明我国网络安全管理体系日趋完善,对国际间网络安全合作与交流具有积极意义。此条例的核心内容可概括为以下几点。

1. 关键信息基础设施的认定

《关键信息基础设施安全保护条例》明确了对国家安全、经济安全、社会稳定等方面均有重要影响的部门或单位,以及对个人隐私、重要数据、国际流量和广播电视机房等具有重要影响的实体,都应被认定为关键信息基础设施。

同时,在认定关键信息基础设施时,还应考虑一系列因素,如其所在的行业和领域是不是关键性的,运营的规模和活动类型是否具有重要意义等。除了列出的具体范畴外,还能根据实际情况提出其他认定标准,以确保各类可能具有重要影响的实体也能够得到保护。通过对关键信息基础设施进行统计、认定和监管,可以充分保证国家重要信息系统的可靠性和安全性,并为相关行业制定针对性的保障方案,从而增强国家的信息化安全防范水平。

2. 产业安全标准的制定

此部分主要涉及通过相关部门和行业组织共同会商制定具体的标准和要求,保障关键信息基础设施在不断变化的技术和网络环境中的安全性和可靠性。

首先,条例要求国家有关部门指导和协调有关行业和领域制定相关的标准和规范。由此可以看出国家对关键信息基础设施安全的重视程度,同时也展示了这些行业和领域在保障国家信息安全稳定方面承担的责任与义务;其次,条例还要求各级政府和有关部门加强对关键信息基础设施领域自主创新、科技研究等方面的支持,以促进基础设施安全水平的提高,并推动这些设施为企业与社会发挥更大的作用;最后,条例还明确要求企业和机构建立健全的安全管理制度,制定符合行业标准和规范的安全保障措施,并定期进行安全漏洞排查和修复工作,以充分保证关键信息基础设施的隐私安全。总之,《关键信息基础设施安全保护条例》中的产业安全标准制定部分,以完善的标准要求和支持政策为基础,促进了关键信息基础设施领域的规范化和标准化发展,同时也为保障国家信息安全稳定起到了重要作用。

3. 安全风险评估和安全保护措施的要求

此部分主要涉及关键信息基础设施的安全风险评估、对风险的应对措施、安全防范管理等方面的规定。

首先,条例要求企业或机构在建立并完善安全管理制度的同时,组织开展定期的安全风险评估,针对各种可能的安全威胁进行识别和评估。这一要求是为了让企业或机构认识到信息安全具有系统性和复杂性,并通过评估获取信息安全风险的全貌,以便确定相应对策及投入的合理程度。其次,条例还给出了与评估结果相匹配的安全保护措施,包括加密技术、网络隔离、灾备容灾等,以最大程度地降低关键信息基础设施的风险,并指出采取多重安全保障措施作为防范从而有效地控制风险,是防范关键信息基础设施被攻击的重要手段。最后,条例强调企业和机构必须根据制度要求和风险评估结果,及时开展安全技术措施的升级与变更,并对网络运行情况进行监测和记录;总之,《关键信息基础设施安全保护条例》中的安全风险评估和安全保护措施要求部分是重要的规范性法律文件,指导着我国各个领域的信息安全保障工作,提高了企业和机构在维护国家信息安全方面的法律意识、安全意识以及技术防护措施的实效性。

4. 监督管理措施的规定

此部分主要涉及两个方面:一是建立关键信息基础设施安全监督管理机制,确保该领域安全自查和违法行为的查处;二是对于企业或机构在安全管理上存在的疏漏或违法行为,明确了法律责任和处罚。

具体来说,条例要求国家相关部门依法监督管理关键信息基础设施行业,加强对企业和机构的安全检查,以及针对主管部门、运营单位、维护管理单位等不同方面,明确其法律责任和监督管理职责,确保安全责任制下达实施,并开展经常性跟踪监测,防止重要基础设施出现安全漏洞导致信息泄露或其他安全事件发生;另外,条例还规定了企业或机构在安全管理上的违法行为,并对其给予相应的处罚措施,包括警告、罚款、责令限期改正、暂扣或吊销安全评估机构资质等。这些严肃的处罚措施更好地惩戒了企业或机构在管理上不规范、破坏关键信息基础设施安全的行为,有效地提高了企业或机构对信息安全的重视程度。

10.3.3 《民法典》中对个人信息与个人隐私保护的相关立法现状及不足

《民法典》是我国的一部民事领域的综合性法律,于2021年1月1日正式实施。其中,第六编中设立了个人信息与隐私保护的相关条款。在个人信息保护方面,《民法典》规定,任何组织或者个人收集、使用、提供公民个人信息时必须遵循合法、正当、必要原则,并告知公民;同时,公民也有权利查看、更正、删除自己的个人信息等。在个人隐私保护方面,《民法典》明确规定公民享有人身自由、尊重、荣誉和隐私权利,禁止非法侵入公民住所、非法搜查、监视、窃听和非法获取、使用、提供公民个人信息等行为。对于侵犯公民个人隐私的行为,公民有权要求停止侵害、恢复名誉、消除影响并赔偿损失等。《民法典》的实施将有效保护公民的个人信息和隐私权益，推动网络环境的健康发展，促进数字经济的发展。它的出台也表明我国网络安全管理体系逐渐完善，对国际间的网络安全合作与交流具有积极意义。

10.4 大数据时代国外公民隐私权保护法律制度及启示

10.4.1 国外大数据隐私权保护法律制度解读

在数字化转型的时代背景下，各国都十分重视数据在经济发展中的作用[11]。美国、欧盟、日本都在大数据隐私权立法方面做出了不少贡献。美国等国家和地区的重要隐私保护法律解读如表 10-2 所示。

表 10-2 美国等国家和地区的重要隐私保护法律解读

国家/组织	法律名称	时间	要点	意义
美国	联邦贸易委员会法（FTC Act）	1914 年	禁止不公平或欺骗行为的联邦消费者保护法	联邦贸易委员会可依据此法判定公司是否在消费者数据隐私保护方面存在不公平或欺骗行为，并采取相应执法行动
	公平信用报告法（FCRA）	1970 年	明确规定了消费者信用信息的使用用途	确保信用报告机构档案中包含的个人信息的公正性、准确性和隐私性
	信息自由法（FOIA）	1966 年	规定民众在获得行政情报方面的权利和行政机关在向民众提供行政情报方面的义务	赋予公众获取联邦政府机构持有的某些信息的权利
	电子通信隐私法（ECPA）	1986 年	详细规定了执法机关访问电子通信和相关数据的标准，对动态传输的有线、口头与电子通信保护作出了具体规定	将针对政府监听个人电话的限制措施扩展到电子数据传输，防止政府未经许可监控私人电子通信
	健康保险可携带和责任法案（HIPAA）	1996 年	对医疗信息的交易规则、医疗隐私、患者身份识别等问题作了详细规定	要求制定国家标准以保护敏感的患者健康信息，以免在未经患者同意或在患者不知情的情况下披露这些信息
	儿童在线隐私保护法（COPPA）	1998 年	做出了儿童的定义；个人信息的定义与举例；如何判定商业网站或线上服务是针对儿童的等	有助于规范未成年人上网行为，防止儿童进入色情网站和相关网站
	澄清域外合法使用数据法（CLOUD 法案）	2018 年	对微软公司和 FBI 之间的争议提出了解决方案，同时为外国执法部门调取存储在美国的通信内容数据提供通道	通过此法案，达到美国法律覆盖在全球运营的美国企业的效果
	美国数据隐私和保护法案（ADPPA）	2022 年	数据最小化；具体的忠诚义务；隐私设计；防止定价歧视	为个人提供广泛的保护，并对被保护的实体提出严格的要求，为保护个人数据创建一个强有力的国家框架

续表

国家/组织	法律名称	时间	要点	意义
欧盟	个人数据保护指令（DPD）	1995年	基本覆盖了个人数据从产生到流转的全过程；权利义务主体涵盖了包括公共机关、数据主体、监管负责人等在内的各环节的参与者	实现个人信息保护
	通用数据保护条例（GDPR）	2016年	面向所有收集、处理、储存、管理欧盟公民个人数据的企业，限制了这些企业收集与处理用户个人信息的权限	将个人信息的最终控制权交还用户本人
日本[12]	个人编号法案（My Number Act）	2013年	为所有居住在日本的个人（无论是日本人还是外国人）引入了一个全国性的社会安全ID号码系统	简化纳税流程，加快退休金、医疗保险和失业保障等社会福利的落实
	个人信息保护法（APPI）	2003年（2017年修订）	通过这部法律全方面地保障本国公民的个人信息免遭泄露、丢失或损坏，监督处理数据的员工和托管数据的第三方；修订版中重点强调人脸识别等生物识别信息的使用、跨境数据传输监管、数据报告泄露制度	以"个人信息"的概念界定为基础；以个人信息权的保护为核心；以个人信息保护机构的独立设置为落脚点

除了美国、欧盟、日本，其他国家和组织也在积极完善数据保护相关立法，这里不一一展开说明。

10.4.2 国外经验对我国的启示

纵观世界各国对公民个人隐私权保护的立法，尽管各国立法模式有所不同，但对个人隐私信息予以保护的原则都在立法中占有重要的地位。这也表明，在大数据时代的全球化背景下，保护公民的个人隐私不被侵犯逐渐成了世界各国公认的准则。

公民隐私权保护的原则应当反映隐私权保护制度的内在规律。从世界范围看，多数国家的政府信息公开法、个人信息保护法或者隐私法、行政程序法是配套起作用的，以形成完整的法律体系。美国等国家的相关立法和司法实践很好地平衡了公共利益与个人隐私利益，并且制度相对健全。

首先，美国等国家和组织针对公民的隐私权保护，在立法方面都制定了至少一部统领性质的法律规范，并辅以数个具体的实施规则，如美国的《信息自由法》和《隐私法》、德国的《联邦数据保护法》、欧盟的《个人数据保护指令》等。

其次，其他国家和地区为了在司法实践中更好地把握和确定所要保护的隐私权益，防止权力滥用或者不作为，都采取了各种方法试图圈定"个人隐私"的含义和范围，使得"隐私"这一概念在法律中的定义尽可能地明确清晰。例如，欧盟《个人数据保护指令》中以"可识别性"为一项信息是否为应受法律保护的个人隐私信息的判断标准，而后又以"个人数据"为立法保护的对象。因此，我国在接下来的相关法理研究和法律创制中也应注重对"个人隐私"含义和范围的解释，尽快制定"隐私"的认定规则，明确隐私的范围。

最后，法律的灵魂在于实践，而制度的贯彻落实离不开配套的专门机构和人员。为了保障制度能在司法实践中得以顺利实施,其他国家在制定相关法律规范的同时,也设置了专门的机构并辅以专业的人员,如德国的联邦数据保护专员制度以及日本的信息公开委员会制度等。

国外经验对我国的启示具体如下:

(1) 我国也应在机构的设置和人员的配置上更加专业化,尤其应当注重基层行政机关的专门性建设,使上层制度的设计得以真正落实。

(2) 各国对大型互联网企业数据安全违法违规行为的惩治力度不断增强,我国也应进一步通过高额处罚等手段对违规行为进行约束,以防止企业滥用数据侵害消费者隐私或进行非法数据贩卖。

(3) 全球个人医疗数据泄露事件频发、人脸识别等新技术的滥用导致个人生物信息长期处于高泄露风险状态,针对个人特殊敏感数据日益严峻的风险威胁,日本、美国等国家倾向于针对不同特征的个人数据采取精细化治理模式,因此我国关于医疗、生物识别等个人特殊信息的立法也应加快脚步。

本 章 小 结

本章首先介绍了大数据时代中国公民面临的隐私困境,分析了数字化时代我国个人信息和个人隐私保护之间的关系;然后描述了大数据时代我国隐私保护法律制度的现状,重点分析了三法一条例的重点内容,探索并总结了个人信息与隐私保护立法的意义;最后介绍了国外相关法律的经验。

思 考 题

1. 《网络安全法》与《数据安全法》有什么区别?
2. 我国重要的大数据保护法律有哪些?各自的主要内容是什么?
3. 国外的相关法律经验有哪些?请列举至少两个国家进行说明。

参 考 文 献

[1] 郭春镇,张慧. 我国网络安全法治中的国家能力研究[J]. 江海学刊,2021,331(01):163-170.
[2] 国家密码管理局政策法规室. 《中华人民共和国密码法》解读[J]. 秘书工作,2019(11):44-47.
[3] 李忠夏. 数字时代隐私权的宪法建构[J]. 华东政法大学学报,2021,24(03):42-54.
[4] 柳福东,张育铭. 民法典个人信息条款研究[J]. 社会科学家,2022302(06):110-119.
[5] 程啸. 论《民法典》与《个人信息保护法》的关系[J]. 法律科学(西北政法大学学报),2022,11(03):112-114.
[6] 中关村网络安全与信息化产业联盟,数据安全治理专业委员会. 数据安全治理白皮书

4.0[R/OL].(2022-05-13)[2023-06-17].https://www.zisia.org/news/467.html.

[7] 腾讯安全,元起资本,数说安全.数据安全产业大数据白皮书[R/OL].(2022-06-10)[2023-05-21].https://www.100ec.cn/detail--6612658.html.

[8] 中国电子信息产业发展研究院,赛迪智库网络安全研究所.数据安全治理白皮书[R/OL].(2021-06-16)[2023-05-21].https://ccidgroup.com/info/1096/33214.htm.

[9] 高志华.浅析数据安全与《数据安全法》[J].数字通信世界,2022(01):185-187.

[10] 中国信息通信研究院.中国网络安全产业白皮书[R/OL].(2022-01-25)[2023-06-17].http://www.caict.ac.cn/kxyj/qwfb/bps/202009/P020200916482039993423.pdf.

[11] 中国信息通信研究院.大数据白皮书[R/OL].(2023-01-04)[2023-05-21].http://www.caict.ac.cn/kxyj/qwfb/bps/202301/t20230104_413644.htm.

[12] 张红.大数据时代日本个人信息保护法探究[J].财经法学,2020(03):150-160.

附录 A 学习建议

阅读关于大数据安全与数据发布的文献,达到以下学习目的:

(1) 熟悉安全问题和数据安全的定义,熟悉隐私和隐私保护的概念,研究数据发布中隐私保护(PPDP)的意义,熟悉隐私保护的基本原理。

(2) 掌握 PPDP 中待发布数据表的记录属性分类和背景知识等常用概念。

(3) 熟悉常用的隐私保护技术,如泛化、抑制、扰动、置换等,重点掌握 k 匿名、差分隐私、联邦学习这三种技术。

(4) 掌握记录链接攻击、属性链接攻击、表链接攻击和概率攻击这几种攻击类型。

(5) 掌握针对各种攻击类型的隐私保护模型。

(6) 信息度量标准和常用算法。

(7) 熟悉安全多方计算技术,包括基本加密方法和分析多方协议。

(8) 熟悉隐私保护的管理和法律法规,了解我国数据安全"三驾马车"崛起的意义。

(9) 了解数据加密技术在隐私保护中的应用、数据扰动技术在隐私保护中的应用、基于多域隐私感知的访问控制技术、社交网络数据/位置数据的隐私保护应用。

对上述第(5)条学习目的进行具体描述如下。

(1) 最优 k 匿名模型:①熟悉掌握 k 匿名思想;②设计与实现最优 k 匿名解决方案,说明所采用的算法和信息度量标准;③分析 k 匿名模型的优点和缺点。

(2) l 多样性模型:①熟悉掌握 l 多样性概念;②设计与实现 l 多样性模型,说明所采用的算法和信息度量标准;③分析 l 多样性模型的优点和缺点。

(3) t-Closeness 模型:①熟悉掌握 t-Closeness 概念;②设计与实现 t-Closeness 模型,说明所采用的算法和信息度量标准;③分析 t-Closeness 模型的优点和缺点。

(4) 个性化隐私模型:①熟悉掌握个性化隐私概念;②设计与实现个性化隐私模型,说明所采用的算法和信息度量标准;③分析个性化隐私模型的优点和缺点。

(5) 差分隐私模型:①熟悉掌握差分隐私概念;②设计与实现差分隐私模型,说明所采用的算法和信息度量标准;③分析差分隐私模型的优点和缺点。

附录 B 相关算法

附录 B.1 k 匿名实验

【实验目的】
对指定数据集进行 k 匿名处理。(如 $k=3$)

【实验要求】
实验首先对数据划分区域,在获取完成分区集合后,汇总每个满足 k 匿名组中的准标识符和敏感属性的值。为此,可以将数值属性替换为其范围(如"年龄:24~28",即数值属性的"跨度"为该属性极值的范围),并将类别属性替换为其并集(如"就业情况:个体经营,雇员,工人",即类别属性的"跨度"为该属性并集的数量),当然也可以定义其他聚合方式。

【实验数据】
本实验以 adult 数据集(http://archive.ics.uci.edu/ml/machine-learning-databases/adult/)为例。adult 数据集包含 15 个属性,分别为 age(年龄)、workclass(工作类别)、fnlwgt(序号)、occupation(职业)、education(受教育程度)、education-num(受教育年限)、marital-status(婚姻状况)、relationship(社会角色)、race(人种)、sex(性别)、capital-gain(资本收益)、capital-loss(资本支出)、hours-per-week(每周工作时长)、native-county(祖国)、income(收入)。

【实验环境】
Python3.7,Jupyter Notebook。

```
# 引入 Pandas 作为数据集处理工具
# Pandas 纳入了大量库和一些标准的数据模型,提供了高效操作大型数据集所需的工具。
import math
import numpy as np
import pandas as pd
# 这是原始数据集中每个属性的名称列表

names = (
    'age',
    'workclass',
    'fnlwgt',# 此人在数据集中所占权重(可以理解为具有相同属性的人数)
    'education',
```

```python
    'education-num',
    'marital-status',
    'occupation',
    'relationship',
    'race',
    'sex',
    'capital-gain',
    'capital-loss',
    'hours-per-week',
    'native-country',
    'income',
)
# 这是非数值型属性字段的名称列表
# 正如上面提到的,数值型和非数值型的属性需要被区别对待

categorical = set(
    'workclass',
    'education',
    'marital-status',
    'occupation',
    'relationship',
    'sex',
    'native-country',
    'race',
    'income',
)
# 读取原始数据集,通过","分割列

df = pd.read_csv("./data/k-anonymity/adult.all.txt", sep = ",", header = None, names = names,
                 index_col = False, engine = 'python');
df.head()
# 设定程序中处理原始数据集时,上述列表中的属性作为类别类型

for name in categorical:
    df[name] = df[name].astype('category')
# 定义获取"跨度"的方法

def get_spans(df, partition, scale = None):
    spans = {}
    for column in df.columns:
        if column in categorical:
            span = len(df[column][partition].unique())
        else:
```

```python
            span = df[column][partition].max() - df[column][partition].min()
        if scale is not None:
            span = span/scale[column]
        spans[column] = span
    return spans
# 获取目标数据集中每个字段的数据跨度
# 在这里可以适当确定后续 k 的取值

full_spans = get_spans(df,df.index)
full_spans
# 定义拆分数据分区的方法

def split(df,partition,column):
    dfp = df[column][partition]
    if column in categorical:
        values = dfp.unique()
        lv = set(values[:len(values)//2])
        rv = set(values[len(values)//2:])
        return dfp.index[dfp.isin(lv)],dfp.index[dfp.isin(rv)]
    else:
        median = math.ceil(dfp.median())
        dfl = dfp.index[dfp<median]
        dfr = dfp.index[dfp>=median]
        return (dfl,dfr)
# 定义判断当前数据分区是否满足 k 匿名方法
# 这里的 k 值需要通过选取的准标识符的"跨度"自行定义

def is_k_anonymous(df,partition,sensitive_column,k=8):
    if len(partition)<k:
        return False
    return True
# 对数据分区设置 k 匿名的程序主入口

def partition_dataset(df,feature_columns,sensitive_column,scale,is_valid):
    finished_partitions = []
    partitions = [df.index]
    while partitions:
        partition = partitions.pop(0)
        spans = get_spans(df[feature_columns],partition,scale)
        for column,span in sorted(spans.items(),key=lambda x:-x[1]):
            lp,rp = split(df,partition,column)
            if not is_valid(df,lp,sensitive_column) or \
                not is_valid(df,rp,sensitive_column):
                continue
```

```python
            partitions.extend((lp,rp))
            break
        else:
            finished_partitions.append(partition)
    return finished_partitions
# 进行数据 k 匿名化处理


feature_columns = ['education-num','hours-per-week']
sensitive_column = 'income'
finished_partitions = partition_dataset(df,feature_columns,sensitive_column, full_spans, is_k_
                                    anonymous)
# 得到最终符合 k 匿名的数据分区的数量


len(finished_partitions)
# 定义数据聚合函数数值型取平均值


def agg_numerical_column(series):
    return [series.mean()]
def build_anonymized_dataset(df,partitions,feature_columns, sensitive_column,max_partitions = None):
    aggregations = {}
    for column in feature_columns:
        aggregations[column] = agg_numerical_column
    rows = []
    for i,partition in enumerate(partitions):
        if i % 100 == 1:
            print("Finished {} partitions...".format(i))
        if max_partitions is not None and i > max_partitions:
            break
        grouped_columns = df.loc[partition].agg(aggregations,squeeze = False)
        sensitive_counts = df.loc[partition].groupby(sensitive_column)\
                                    .agg({sensitive_column : 'count'})
        values = grouped_columns.iloc[0].to_dict()
        for sensitive_value,count in sensitive_counts[sensitive_column].items():
            if count == 0:
                continue
            values.update({
                sensitive_column : sensitive_value,
                'count' : count,
            })
            rows.append(values.copy())
    return pd.DataFrame(rows)
dfn = build_anonymized_dataset(df,finished_partitions, feature_columns,sensitive_column)

dfn.head()
```

附录 B.2　差分隐私拉普拉斯机制实验

【实验目的】

在指定数据集上,对查询结果加拉普拉斯噪声,输出加噪后的查询结果。

【实验要求】

在实验中,限制只查询 2010 年人口小于 50 000 的国家或地区的人口数(有 10 个国家和地区),并输出扰动后的查询结果。

【实验数据】

数据集使用 1960—2010 年世界人口数据(https://blog.csdn.net/qq_45864250/article/details/103080485?utm_medium=distribute.pc_relevant_download.none-task-blog-BlogCommendFromBaidu-1.nonecase&depth_1-utm_source=distribute.pc_relevant_download.none-task-blog-BlogCommendFromBaidu-1.nonecas),数据为 json 格式,该数据包括 1960—2010 年 220 个国家或地区的人口统计,包含 4 个字段:Country Name(国家名称),Country Code(国家代号),Year(年份),Value(人口数量)。

【实验环境】

Python3.7,Pycharm 编译器。

```
import pandas as pd
import numpy as np
import matplotlib.pyplot as plt
import math
import json
# import plotly.express as px
# from plotly.graph_objs import Bar,Layout
from plotly import offline
# Load Adult dataset
filename = 'population_data.json'
with open(filename) as f:
    pop_data = json.load(f)

//
populations,countries = [],[]
country_num = 0
for dataset in pop_data:
    if dataset['Year'] == '2010' and float(dataset['Value']) <= 50000:
        country = dataset['Country Name']
        country_num += 1
        population = dataset['Value']
        populations.append(population)
        countries.append(country)
```

```python
print(f"国家或地区数:{country_num}\n")
#可视化
data0 = [{
    'type':'bar',
    'x': countries,
    'y': populations,
    'marker': {
        'color':'rgb(0,0,255)',
        'line': {'width': 1.5,'color': 'rgb(0,0,255)'}
    },
    'opacity': 0.8,
}]
my_layout0 = {
    'title':'原始数据分布',
    'titlefont': {'size': 28},
    'xaxis': {
        'title':'国家',
        'titlefont': {'size': 24},
        'tickfont': {'size': 20},
    },
    'yaxis': {
        'title':'人口',
        'titlefont': {'size': 24},
        'tickfont': {'size': 20},
    },
}
fig0 = {'data': data0,'layout': my_layout0}
offline.plot(fig0,filename = 'js_repos_0.html')
location = 0.0
scale = 1
datacount = populations
print("各国或地区人口数")
print(datacount)
print(f"\n\n")
# Gets random laplacian noise for all values
Laplacian_noise = np.random.laplace(location,scale,len(datacount))
print("每一个直方图加的噪声量")
print(Laplacian_noise)
data = [{
    'type':'bar',
    'x': countries,
    'y': Laplacian_noise,
    'marker': {
```

```python
            'color': 'rgb(0,0,255)',
            'line': {'width': 1.5,'color': 'rgb(0,0,255)'}
        },
        'opacity': 0.8,
}]
my_layout = {
    'title': '噪声分布',
    'titlefont': {'size': 28},
    'xaxis': {
        'title': '国家',
        'titlefont': {'size': 24},
        'tickfont': {'size': 20},
    },
    'yaxis': {
        'title': '噪声量',
        'titlefont': {'size': 24},
        'tickfont': {'size': 20},
    },
}
fig = {'data': data,'layout': my_layout}
offline.plot(fig,filename = 'js_repos_1.html')

sum = 0
for Ln in Laplacian_noise:
    c = math.log(country_num/0.05,math.e) * scale
    if abs(Ln)< = c:
        sum + = 1
print(f"噪声被控制在范围{c}内的概率为{sum/country_num * 100}% \n\n")
# Add random noise generated from Laplace function to actual count

datacount = pd.to_numeric(datacount)#数据类型转换
noisydata = datacount + Laplacian_noise
print("扰动后数据")
print(noisydata)
print(f"\n\n")
# Generate noisy histogram
x = np.arange(-10.,10.,.01)
loc = location
pdf = np.exp(-abs(x-loc)/scale)/(2. * scale)
plt.plot(x,pdf)
plt.show()
# noisydata.plot(kind = "bar",color = 'g')
data = [{
```

```
            'type':'bar',
            'x': countries,
            'y': noisydata,
            'marker': {
                'color':'rgb(0,0,255)',
                'line': {'width': 1.5,'color': 'rgb(0,0,255)'}
            },
            'opacity': 0.8,
}]
my_layout = {
    'title':'扰动后数据分布',
    'titlefont': {'size': 28},
    'xaxis': {
        'title':'国家',
        'titlefont': {'size': 24},
        'tickfont': {'size': 20},
    },
    'yaxis': {
        'title':'人口',
        'titlefont': {'size': 24},
        'tickfont': {'size': 20},
    },
}
fig = {'data': data,'layout': my_layout}
# fig0 = {'data0': data0}
offline.plot(fig,filename ='js_repos_2.html')
```

附录 B.3 差分隐私指数机制实验

【实验目的】

在指定数据集上,对查询结果加指数噪声,输出加噪后的查询结果。

【实验要求】

数据集中记录了每个人的"学历",一共有 16 种不同的"学历"项。在实验中,查询 16 种"学历"中,哪种类型的"学历"人数最多。本实验中以人数×0.002 作为打分函数,显然在这个实验中 $\Delta u=1\times0.002$。(提示:由于指数函数的指数增长性,若将打分函数直接设定为人数,则 ε 需要设置得很小,否则不仅程序计算会发生溢出,而且隐私预算会非常小。)

【实验数据】

本实验以 adult 数据集为例(http://archive.ics.uci.edu/ml/machine-learning-databases/adult/)。adult 数据集包含 15 个属性,分别为 age(年龄)、workclass(工作类别)、fnlwgt(序号)、occupation(职业)、education(受教育程度)、education-num(受教育年限)、marital-status(婚姻状况)、relationship(社会角色)、race(人种)、sex(性别)、capital-gain(资本

收益)、capital-loss(资本支出)、hours-per-week(每周工作时长)、native-county(祖国)、income(收入)。

【实验环境】

Python3.7,Pycharm 编译器。

```python
import numpy as np
from utilis.readdata import *
from collections import Counter
import math
import matplotlib.pyplot as plt
import matplotlib as mpl
# from plotly import offline

class ExponentialMechanism():
    """
    exponential mechanism
    """
    def init_(self,records):
        self.records = records
        self.s = self._calculate_sensitivity()
        self._count_education_nums_prop()

    def calculate_sensitivity(self):

        return 1
    def count_education_nums_prop(self):
        """
        calculate the number and probability for education attribute
        """

        self.educnt = {}#统计各类受教育类型的人数,比如 Bachelors 共有 5 355 人
        eduidx = ATTNAME.index('education')
        for record in self.records:
            self.educnt[record[eduidx]] = self.educnt.get(record[eduidx],0) + 1
        self.eduprop = {}#统计各类受教育类型的人的比例,比如 Bachelors 占比约为 16.4%
        for key,val in self.educnt.items():
            self.eduprop[key] = val / len(self.records)
        print("\n 所有可能输出项及其人数")
        print(self.educnt)
        print("\n\n")
  mpl.rcParams['font.sans-serif'] = ['SimHei']
  mpl.rcParams['axes.unicode_minus'] = False
```

```python
def _exponential(self,u,e):
    x = math.exp(e * u * 0.002 / (2 * self.s))
    return x
def query_with_dp(self,e = 1,querynum = 1000):
    candidate = list(self.eduprop.keys())#可能输出项,共有16项
    print(candidate)
    print("\n\n")
    print([self.educnt[k] for k in candidate ])
    print("\n\n")
    candidatefreq = [self.educnt[k] for k in candidate]

    res = []
    weights = []
    i = 0
    print("所有可能的输出项经过打分函数后获得的权值")
    for freq in candidatefreq:
        weight = self._exponential(freq,e)
        print(f"{list(self.eduprop.keys())[i]}: {weight}\n")

        weights.append(weight)
        i += 1
    print("\n")

    mpl.rcParams['font.sans-serif'] = ['SimHei']
    mpl.rcParams['axes.unicode_minus'] = False
    sum_weights = [w/sum(weights) for w in weights]#归一化
    i = 0
    print("所有可能的输出项经归一化后的输出概率")
    for pro in sum_weights:
        print(f"{list(self.eduprop.keys())[i]}: {pro}\n")
        i += 1
        # print("\n\n")

    mpl.rcParams['font.sans-serif'] = ['SimHei']
    mpl.rcParams['axes.unicode_minus'] = False
    for _ in range(querynum):
        res.append(np.random.choice(candidate,p = sum_weights))
    return res
def calc_groundtruth(self):
    eduidx = ATTNAME.index('education')#找 education 在 ATTNAME 中的位置
    return Counter([record[eduidx] for record in self.records if record[eduidx] != '*']).\
        most_common(1)[0][0]


def calc_distortion(self,queryres):
```

```
            return 1-Counter(queryres)[self.calc_groundtruth()]/len(queryres)
if_name_ == "_main_":
    records = readdata()
    ExpMe = ExponentialMechanism(records)
    res1 = ExpMe.query_with_dp(1,100)
    print("\n查询 100 次后每次的查询输出结果以及对结果的统计")
    print(res1)
    print("\n")
    print(Counter(res1))
    mpl.rcParams['font.sans-serif'] = ['SimHei']
    mpl.rcParams['axes.unicode_minus'] = False
```

附录 B.4 差分隐私高斯机制实验

【实验目的】

在指定数据集上,对查询结果加高斯噪声,输出加噪后的查询结果。

【实验要求】

本实验通过对 Marital-status(婚姻状况)添加噪声,对比不同 ε 与 δ 取值下经过高斯机制加噪扰动后的查询结果。

【实验数据】

本实验以 adult 数据集(http://archive.ics.uci.edu/ml/machine-learning-databases/adult/)为例。adult 数据集包含 15 个属性,分别为 age(年龄)、workclass(工作类别)、fnlwgt(序号)、occupation(职业)、education(受教育程度)、education-num(受教育年限)、marital-status(婚姻状况)、relationship(社会角色)、race(人种)、sex(性别)、capital-gain(资本收益)、capital-loss(资本支出)、hours-per-week(每周工作时长)、native-county(祖国)、income(收入)。

【实验环境】

Python3.7,Jupyter Notebook。

```python
import numpy as np
import pandas as pd
import scipy as sp
import matplotlib.pyplot as plt
from sklearn.datasets import fetch_openml    # need sklearn >= 0.22
from sklearn.model_selection import train_test_split
from sklearn.preprocessing import StandardScaler,Normalizer
from sklearn.linear_model import LogisticRegression
from sklearn.preprocessing import LabelBinarizer

dataset_handle = fetch_openml(name = 'adult',version = 2,as_frame = True)
```

```python
dataset = dataset_handle.frame
n,d = dataset.shape
print(n,d)
dataset.head(10)


def bar_plot_pandas(series1,series2 = None,label1 = "Series 1",label2 = "Series 2",title = ""):
    if series2 is None:
        series1.plot.bar()
        plt.legend([label1])
    else:
        concat_series = pd.DataFrame({label1: series1,label2: series2}).reset_index()
        concat_series.plot.bar(x = "index",y = [label1,label2],xlabel = "",title = title)


def count_query(df,attribute,value):
    return len(df[df[attribute] == value])


def average_query(df,attribute):
    return np.mean(df[attribute])


def histogram_query(df,attribute):
    return pd.value_counts(df[attribute])


bar_plot_pandas(histogram_query(dataset,'relationship'),label1 = "relationship")


def gaussian_mechanism(q,s2,eps,delta,random_state = None):
    rng = np.random.RandomState(random_state)

    sigma = np.sqrt(2 * np.log(1.25/delta)) * s2/eps

    if hasattr(q,'shape'): # query output is multi-dimensional
        Y = rng.normal(scale = sigma,size = len(q))
    else: # query output is a scalar
        Y = rng.normal(scale = sigma)
    return q + Y


def relative_l1_error(q_true,q_est):
    if not(hasattr(q_true,'shape')):
```

```python
            return np.abs(q_true-q_est) / np.abs(q_true)
        else:
            return np.linalg.norm(q_true-q_est,ord = 1) / np.linalg.norm(q_true,ord = 1)


# fill with the list of queries in the format (name,query_function,sensitivity)
queries = [('Male count',count_query(dataset,'sex','Male'),1),('workclass histogram',histogram_
        query(dataset,'workclass'),np.sqrt(2))]

# fill with the list of values for epsilon and delta
eps_list = np.arange(0,0.1,0.01)[1:]
delta_list = [1e-12,1e-9,1e-6,1e-3]
n_runs = 10


for name,q,s in queries:

    fig = plt.figure()
    ax = fig.add_subplot(1,1,1)
    error = np.zeros(len(eps_list),len(delta_list),n_runs)
    for j,delta in enumerate(delta_list):
        for i,eps in enumerate(eps_list):
            for r in range(n_runs):
                q_est = gaussian_mechanism(q,s,eps,delta)
                error[i,j,r] = relative_l1_error(q,q_est)
        ax.errorbar(eps_list,error[:,j,:].mean(axis = 1),error[:,j,:].std(axis = 1), label =
            'Gaussian mechanism( $ \delta $ ='+ "{:.2e}".format(delta) +')')

    plt.xlabel(" $ \epsilon $ ")
    plt.ylabel(" $ \ell_1 $ error")
    plt.title("Query: " + name)
    ax.set_yscale('log')
    ax.legend()



q = histogram_query(dataset,'marital-status')
s = np.sqrt(2)
for delta in delta_list:
    for eps in eps_list:
        q_est = gaussian_mechanism(q,s,eps,delta)
        bar_plot_pandas(q,q_est,label1 = 'non-private',label2 = 'private',title = 'delta = '+
                str(delta) + ',eps ='+ str(eps))
```

附录 B.5　时序关联位置隐私发布算法 TRLP 实验

【实验目的】

时序关联位置隐私发布算法 TRLP 的具体实现过程,其中时序关联数据是指根据用户历史位置数据推测出在某一时刻其可能存在的位置。

【实验要求】

为了降低时序关联对位置隐私发布的影响,本实验通过隐马尔可夫模型对时序关联位置数据发布过程进行模拟,并设计满足本地化差分隐私的定制隐私策略,用于位置数据发布。

【实验环境】

Python3.7,Pycharm。

【实验数据】

Geolife 数据集。

【实验步骤】

(1) 构建位置坐标系[①]

```
def make_map_from_latlon(self,min_lon,max_lon,min_lat,max_lat):
    self.min_lon,self.max_lon,self.min_lat,self.max_lat = min_lon,max_lon,min_lat,max_lat
    bottom_length = distance_on_unit_sphere((self.min_lat,self.min_lon),(self.min_lat,self.max_lon))
    side_length = distance_on_unit_sphere((self.min_lat,self.min_lon),(self.max_lat,self.min_lon))
    self.lattice_length = bottom_length / self.n_x_lattice
    self.n_y_lattice = round(side_length / self.lattice_length)
    self.n_state = (self.n_x_lattice + 1) * (self.n_y_lattice + 1)
    print(self.n_state)
    self.all_states = list(range(self.n_state))
    self.all_coords = self.states_to_coords(self.all_states)
    self.graph_mat = np.zeros((self.n_state,self.n_state))
```

(2) 利用 Geolife 数据集训练隐马尔可夫状态转移矩阵

```
def make_transmat_from_state_trajs(self,state_trajs):
    transition_mat = np.zeros((self.n_state,self.n_state))
    for state_traj in state_trajs:
        pre_state = state_traj[0]
        for state in state_traj[1:]:
            transition_mat[pre_state,state] += 1 #
            pre_state = state
    self.transition_mat = self._normalize(transition_mat)
```

[①]　实验完整版下载地址:https://github.com/JessicaM9797/TRLP-master。

(3) 设计定制隐私策略扰动机制

```python
def _k_norm(self,vec):
    x,y = vec
    n_vertices = len(self.transformed_vertices)
    if n_vertices == 2:
        ks = (vec / self.transformed_vertices)
        k = ks[0][0]
        if np.isnan(k):
            k = ks[0][1]
        return abs(k)
    elif n_vertices == 1:
        return 0
    a = 0
    k = 0
    for i in range(n_vertices):
        j = i + 1
        if j == n_vertices:
            j = 0
        v1x,v1y = self.transformed_vertices[i][0],self.transformed_vertices[i][1]
        v2x,v2y = self.transformed_vertices[j][0],self.transformed_vertices[j][1]
        b = (v2x-(x/y) * v2y)/((x/y) * (v1y-v2y)-v1x + v2x)
        if b >= 0 and b <= 1:
            a = b/y * (v1y-v2y) + v2y/y
            if a > 0:
                k = 1/a
    return k
#计算凸包敏感度的面积
def compute_area_of_sensitivity_hull(self):
    area = 0
    #计算敏感度
    sensitivities = self._make_sensitivities(self.coords)
    #计算敏感度的凸包(形式为坐标对数组)
    vertices = self._make_convex_hull(sensitivities)
    n_vertices = len(vertices)
    if n_vertices == 1:
        return 0
    elif n_vertices == 2:
        return np.linalg.norm(vertices[0]-vertices[1])
    else:
        for i in range(n_vertices):
            j = 0 if i == n_vertices-1 else i + 1
            coord0 = vertices[i]
```

```python
            coord1 = vertices[j]
            area += (1/2) * np.abs(np.linalg.det(np.array([coord0,coord1])))
    return area
```

(4) 结合扰动机制发布位置数据

```python
def perturb_trajectory(traj,traj_processor,epsilon,mec,iter_num = 1):
    reports = {"true_trajectory": traj[:10],"perturbed_trajectories": []}
    mec.policy_mat = traj_processor.graph_mat
    for f in range(iter_num):
        if initial_constraint_domain_tp:
            initial_constraint_domain = initial_constraint_domain_tp.areas[initial_constraint_
            domain_tp.state_to_area_state(traj[0])]
            prob = 1/len(initial_constraint_domain)
            prior_distribution = np.zeros(len(traj_processor.transition_mat[0]))
            prior_distribution[np.array(initial_constraint_domain)] = prob
        else:
            prior_distribution = np.zeros(len(traj_processor.transition_mat[0]))
            prior_distribution[traj[0]] = 1
        perturbed_trajectory = np.zeros(len(traj[:1]))
        for i,true_state in enumerate(traj[:1]):
            pos_dist = traj_processor.compute_posterior_distribution(prior_distribution)
            state_nos = traj_processor.compute_possible_set(pos_dist,delta = 0)
            set_of_connected_states = traj_processor.make_set_of_connected_states(state_nos,
            traj_processor.graph_mat)
            connected_states_of_true_state = traj_processor.connected_states(true_state,set_
            of_connected_states)
            if connected_states_of_true_state == None:
                connected_states_of_true_state = traj_processor.areas[traj_processor.state_
                to_area_state(true_state)]
            connected_coords_of_true_state = traj_processor.states_to_coords(connected_
            states_of_true_state)
            true_coord = traj_processor.state_to_coord(true_state)
            mec.load(connected_coords_of_true_state,connected_states_of_true_state)
            mec.build_distribution(epsilon)
            perturbed_coord = mec.perturb(true_coord)
            perturbed_state = traj_processor.find_nearest_state(perturbed_coord)
            perturbed_trajectory[i] = perturbed_state
            prior_distribution = mec.inference(pos_dist,perturbed_coord)
        reports["perturbed_trajectories"].append(perturbed_trajectory)
    return reports
```